Das Mercury Programm

Technik und Geschichte

Mein besonderer Dank gilt den beiden Korrekturlesern
Mario Remler und Joachim Uhlig.

Das Copyright aller Bilder, sondern nicht anders vermerkt,
liegt bei der NASA.

Das Mercury Programm

Technik und Geschichte

Bibliografische Information der Deutschen Nationalbibliothek.
Die Deutsche Nationalbibliothek verzeichnet diese Publikation in der Deutschen
Nationalbibliografie; detaillierte bibliografische Daten sind im Internet über
http://dnb.d-nb.de abrufbar.

Edition Raumfahrt kompakt
© 2018 Bernd Leitenberger
http://www.raumfahrtbuecher.de
Herstellung und Verlag: Books on Demand GmbH, Norderstedt
ISBN-13:978-3-74814-913-2

Inhaltsverzeichnis

Vorwort...8
Die Geschichte...9
  1958..13
  1959..21
  1960..26
  1961..30
  1962..35
  1963..37
  Mercury und Gemini...38
  Die Kosten...40
Das Raumfahrzeug...43
  Struktur...45
  Kabine...49
  Lageregelung, Trennraketen, Retroraketen................................55
  Rettungsturm und ASIS...64
  Elektrisches System...71
  Elektronik und Anzeigen...73
  Sender und Empfänger..79
  Umweltkontrollsystem..84
  Der Raumanzug...89
  Sonstiges..94
  Zuverlässigkeit..97
  Produktion..100
Mercury und Wostok..102
  Die Wostok-Missionen...112
Die Trägerraketen...120
  Little Joe...124
  Mercury Jupiter und Mercury Scout.......................................130
  Mercury Redstone...132
  Mercury Atlas..156
Die Astronauten...179
  Berühmtheiten von Anfang an...185

Jedem Astronauten seine Aufgabe...189

Das Training...194

Slayton scheidet aus...202

Crewselektion...204

Missionsvorbereitung..206

Die Mercury Seven nach Mercury..209

Die Infrastruktur...216

Die Missionen...233

Abbruchszenarien...238

Little Joe 1 (21.8.1959)..242

Big Joe 1 (9.9.1959)..244

Little Joe 6 (4.10.1959)..248

Litte Joe 1A (4.11.1959)...250

Little Joe 2 (4.12.1959)..252

Little Joe 1B (21.1.1960)..255

Beach Abort (9.5.1960)...258

Mercury Atlas 1 (MA-1, 29.7.1960)..260

Little Joe 5 (8.11.1960)..265

Mercury Redstone 1 (MR-1, 21.11.1960)..267

Mercury Redstone 1A (MR-1A, 19.12.1960)...273

Mercury Redstone 2 (MR-2, 31.1.1961)...277

Mercury Atlas 2 (MA-2, 21.2.1961)...282

Little Joe 5A (18.3.1961)..285

Mercury Redstone BD (24.3.1961)...288

Mercury Atlas 3 (MA-3, 25.4.1961)...293

Little Joe 5B (28.4.1961)..296

Mercury Redstone 3 (MR-3, Freedom 7, 5.5.1961)...................................298

Mercury Redstone 4 (MR-4, Liberty Bell 7, 21.7.1961)............................304

Mercury Atlas 4 (MA-4, 13.9.1961)...310

Mercury Scout 1 (MS-1, 1.11.1961)...315

Mercury Atlas 5 (MA-5, 29.11.1961)..316

Mercury Atlas 6 (MA-6, Friendship 7, 20.2.1962)....................................320

Mercury Atlas 7 (MA-7, Aurora-7, 24.5.1962)...327

Mercury Atlas 8 (MA-8, Sigma 7, 3.10.1962)...334

Mercury Atlas 9 (MA-9, Faith 7, 15/16.5.1963)..340

Zusammenfassung..348

Eine Nachbetrachtung...350

Quellen..354

Abkürzungen..356

Literatur..360

Packungshinweis...364

Vorwort

Das Buch über das Gemini Programm war das erste von mir veröffentlichte Werk. Seitdem habe ich einige Bücher über Raumfahrt geschrieben, vor allem über Trägerraketen und Raumsonden. Ich interessiere mich für Technik, Raketen und Instrumente. Wenn man ein Buch über die bemannte Raumfahrt schreibt, dann erwarten die meisten Leser Anekdoten von den Astronauten und eine ausführliche Würdigung der Missionen. Natürlich interessieren sich die meisten Menschen für andere Menschen, nicht für Technik.

Meine bisherigen Bücher über die bemannte Raumfahrt beschränken sich daher nur auf die Technik (ISS, ATV). Wenn es um bemannte Missionen geht, dann habe ich Projekte besprochen, in denen man die wesentlichen Ereignisse kurz zusammenfassen kann (Gemini) oder wo es nur wenige Missionen (Skylab) gab. Ein Buch über Apollo, das Space Shuttle Programm oder gar die Missionen zur ISS zu schreiben, kam daher für mich nicht in Frage.

Lange habe ich mir überlegt, ob ich das Buch zu Gemini durch eines über Mercury ergänzen sollte. Zum einen spricht für das Thema, das das Programm überschaubar war, mit insgesamt nur sechs bemannten Flügen, davon lediglich vier in den Orbit. Ebenso war die Kapsel einfach aufgebaut, während man alleine über die Technik bei Apollo und dem Space Shuttle ganze Bände schreiben kann. Dagegen spricht, das das Publikumsinteresse an historischer Raumfahrt sehr gering ist.

Ich habe mich für das Buch entschlossen, weil sich 2018 der Projektbeginn von Mercury zum sechzigsten Male jährt. Zudem gibt es kein fundiertes Buch zu dem Programm in deutscher Sprache. Mit diesem Band will ich diese Lücke schließen. Der Fokus liegt auf der Technik und Geschichte, doch nicht nur. Ich habe mich bemüht das Thema umfassend zu behandeln, inklusive den Trägerraketen, der Infrastruktur und den Astronauten. Wer noch mehr über die Astronauten wissen will, dem sei das Astronautenbuch (siehe Literaturverzeichnis) ans Herz gelegt.

Ostfildern im Oktober 2018

Die Geschichte

Die Geschichte von Mercury beginnt lange vor dem offiziellen Projektbeginn. Schon mit der A-4 (Aggregat 4, auch unter der NS-Bezeichnung V-2 bekannt) wurden Lebewesen auf suborbitale Bahnen gestartet. Wernher von Braun wurde zum Befürworter eines bemannten Programms. Nachdem er und etwa 100 andere Techniker und Wissenschaftler von Deutschland in die USA ausgewandert waren, glaubte er zuerst, hier würde er seine Entwicklungen fortsetzen können. Stattdessen starteten die „Deutschen" vor allem A-4, welche die US-Army vor Übergabe der Herstellungsanlagen an die Sowjets in die USA geschafft hatten.

Von Braun hatte erwartet, dass er nun weitere Raketen entwickeln würde. Doch dazu kam es zuerst nicht. Die Situation war die, dass zwar bald der Zweite Weltkrieg vom Kalten Krieg abgelöst wurde, aber die USA nun abrüsteten. Sie sahen sich alleine im Besitz der Atombombe, der ultimativen Waffe. Dazu hatten sie die weltweit größte Bomberflotte. Die Bomber konnten die Atombombe bis nach Russland tragen. Wozu also eine Rakete entwickeln? Wenn das US-Militär an eine Alternative zum Flugzeug dachte, dann war das Ende der Vierziger Jahre ein unbemannter Marschflugkörper. Die ersten Raketentriebwerke, die entwickelt wurden, sollten einen solchen, die SM-64 Navaho, auf die für den Start des Staustrahltriebwerks nötige Geschwindigkeit beschleunigen.

1. Abbildung: Die deutschen Raketenexperten bei ihrer Ankunft in Fort Bliss

Die Situation änderte sich erst 1949, als Russland seine erste Atombombe zündete und kurz darauf der Koreakrieg ausbrach. Nun schien eine Konfrontation mit Russland wahrscheinlicher. Es könnte sogar zum atomaren Schlagabtausch kommen. Die Rakete war nun zumindest eine kostspielige Alternative zum Flugzeug. Anders als bei einem Flugzeug gab es gegen eine Rakete keine Abwehrmöglichkeiten. Die Vorwarnzeit war gering und mit einer Rakete war ein Erstschlag möglich – ein Flugzeug dagegen brauchte Stunden, um sein Ziel zu erreichen. Damit gab es genug Zeit für den Feind, selbst seine Bomber loszuschicken.

Von Brauns erste Aufgabe war es, Mittelstreckenraketen zu bauen. Sie waren größer als die A-4, hatten aber noch keine interkontinentale Reichweite. Zuerst die Redstone, eine technisch verbesserte A-4, dann die Jupiter. Die Zeit bis zu diesen Projekten nutzte er, um seine Visionen über die Weltraumfahrt dem US-Publikum vorzustellen. Am 22.3.1952 erschien der erste Artikel von ihm im US-Magazin Collier, in dem er mit dem provokanten Titel „What we are waiting for?" die Frage aufstellte, warum die USA kein Weltraumprogramm haben. Er sah schon jetzt die Möglichkeit, einen Satelliten zu starten (was mit der damals gerade entwickelten Redstone auch praktisch möglich war – nur ergänzt durch einige Feststoffraketen startete sie sechs Jahre später Explorer 1, den ersten US-Satelliten). In weiteren Folgen skizzierte er, wie seiner Ansicht nach die weitere Erforschung des Weltraums aussehen würde. Es war vor allem ein bemanntes Programm, das folgende Schritte vorsah:

1. Erforschung des Weltraums und der Erde mit unbemannten Satelliten.

2. Bemannte Flüge in den Orbit, um festzustellen, ob der Mensch überhaupt zu anderen Himmelskörpern gelangen kann.

3. Ein wiederverwendbares Vehikel, das mit regulären Starts Operationen im Weltraum zur Routine macht.

4. Eine permanente Raumstation, die zum einen zur Beobachtung der Erde dient, wie auch als Basislager für weitere Expeditionen zu Mond und Mars.

5. Bemannte Erforschung des Mondes, mit dem langfristigen Ziel, eine permanente Basis zu etablieren und eventuell den Mond zu kolonisieren.

6. Bemannte Erforschung des Mars, mit dem langfristigen Ziel einer Marskolonie

Diese Schritte wurden später zum NASA-Langzeitprogramm. Vergleicht man das Programm mit der realen Geschichte, so gibt es nur eine Abweichung: Durch den Wettlauf zum Mond kam die Erforschung des Mondes (Punkt 5) vor dem Space Shuttle (Punkt 3). Punkt 6 haben wir nach 60 Jahren Raumfahrt noch nicht erreicht. Das Programm war folgerichtig, Punkt 1 bis 3 leiteten von der unbemannten in die bemannte Phase über und vor allem das wiederverwendbare Vehikel war essentiell um die Transportkosten zu senken. Punkt 4 bis 6 beinhalten immer größere Herausforderungen, sei es Unabhängigkeit von der Erde, Entfernung oder der benötigten Transportkapazität.

2. Abbildung: Walt Disney und Wernher von Braun

In den Fünfziger Jahren wurde von Braun durch seine Öffentlichkeitsarbeit in den USA populär, weil Walt Disney auf die Artikel im Collier aufmerksam wurde. Von Braun wurde technischer Direktor bei einer Serie von drei Walt Disney-Filmen über die Weltraumfahrt. Sie erschienen 1955. Der erste Film beschäftigte sich mit Raketen und den Herausforderungen, Menschen in den Weltraum zu bringen. In ihm skizzierte von Braun einen 11 t schweren Gleiter, der stark dem späteren Projekt Dyna Soar ähnelte. Er meinte, das Projekt könnte, mitsamt seiner 800 t Treibstoff fassenden Rakete, beim Einsatz entsprechender Mittel in zehn Jahren umgesetzt werden.

Auch das Space Shuttle geht auf von Braun zurück. Damit war er seiner Zeit weit voraus, denn das Space Shuttle wurde erst 1969 vorgeschlagen und ab 1972 entwickelt. Die anderen Filme beschäftigten sich mit der Mondlandung und dem Flug zum Mars.

Diese Filme und die Artikel erreichten zwar die Öffentlichkeit, aber sie hatten keinen Einfluss auf die Politik. Doch sie machten von Braun bekannt und halfen ihm bei seinem späteren Aufstieg in der NASA. Die bemannte Raumfahrt wurde erst zu einem Thema, als mit Sputnik 1 das Weltraumzeitalter begann. Innerhalb weniger Monate startete Russland drei Sputniks.

Sputnik 1, eine 83 kg schwere Kugel mit vier Antennen, war eine Notlösung. Der geplante komplexe Satellit für die Erforschung des erdnahen Raums erwies sich als große Herausforderung und lag im Zeitplan zurück. Da die USA für 1957/58 den Start eines Satelliten angekündigt hatten, startete Koroljow Sputnik 1, um dem zuvorzukommen. Die internationalen Reaktionen beim Start am 4.10.1957 waren so groß, dass die russische Führung darauf drängte, zum vierzigsten Jahrestag der Oktoberrevolution, einen Monat später, etwas Spektakuläreres zu starten. Mit Sputnik 2 startete am 3.11.1957 die Hündin Laika in einem zylindrischen Kanister. Eine Landung war nicht vorgesehen. Offiziell wurde sie nach einigen Tagen durch Blausäuregas eingeschläfert, in Wahrheit starb sie schon kurz nach dem Start an einem Hitzeschlag, als die Temperaturen im Behälter stark ansteigen. Sputnik 3 war Mai 1958 dann der geplante schwere wissenschaftliche Satellit. Er wog 1,5 t, mehr als die Mercurykapsel.

In den USA war man nun überzeugt, das Russland als nächsten Schritt einen Menschen startet. Man befürchtete ein noch stärkeres negatives Medienecho als beim ersten Satelliten. Der erste US-Startversuch Vanguard 1, der am 6.12.1957 live im Fernsehen übertragen wurde, endete schon auf der Startrampe in einer Explosion.

1958

Erst jetzt bekam Wernher von Braun die Genehmigung einen Satelliten zu starten. Schon 1956 hätte eine Jupiter-C einen Orbit erreichen können, damit dies nicht der erste Satellitenstart ist, musste die Oberstufe durch Ballast ersetzt werden. Erst nach dem Fehlschlag der Vanguard bekamen Wernher von Braun und das ABMA ihre Chance und am 31.1.1958 wurde Explorer 1 von einer Redstone gestartet.

Im März 1958 wurde das Programm „**M**an **i**n **S**pace **S**oonest" (MISS) aus der Taufe gehoben. Dieses Air Force Programm selektierte am 25.6.1958 neun zivile und militärische Testpiloten als Astronauten. Sie sollten auf einer einfachen Kapsel mit einer Thor, später Atlas-Trägerrakete, in den Orbit gelangen. Anders als beim Mercuryprogramm waren unter den neun Piloten nur drei Air Force Piloten, drei kamen von Flugzeugherstellern (North Amercian Aviation und Douglas) und drei vom NACA (**N**ational **A**dvisory **C**ommittee for **A**eronautics). Darunter waren die beiden X-15 Piloten Joseph Walker und Neil Armstrong, der als Einziger der Gruppe in den Orbit gelangen sollte. Nach Gründung der NASA wurde MISS eingestellt und die bisherigen Forschungen und Arbeiten an die NASA übertragen. Keiner der selektierten Astronauten wurde übernommen.

In MISS erarbeitete die USAF zuerst, wie Sie vorgehen wollte. Es gab zahlreiche Entscheidungen zu treffen. Sollte man, wie von Braun vorgeschlagen, einen Gleiter bauen, der auf einem Flugplatz lan-

3. Abbildung: Pickering, Van Allen und Wernher von Braun feiern den erfolgreichen Start von Explorer 1

den konnte? Wenn man eine Kapsel bauen sollte, sollte sie aerodynamisch gesteuert sein (kann den Kurs beeinflussen) oder rein ballistisch landen (einfachere Konstruktion, aber mit höherer Belastung für den Passagier). Sollte sie über Land oder See niedergehen? Beides hatte Vor- und Nachteile. Die Landung auf dem Land ist härter, aber risikoärmer. Die See hat den Vorteil, dass es viel mehr Fläche gab und selbst größere Abweichungen von der Landezone nicht dazu führen, dass man in unwegsamen oder gar gefährlichen Gelände landet. Wie sollte der Hitzeschutzschild aufgebaut sein? Es gab drei verschiedene Techniken. Möglichkeit 1, die Energie beim Wiedereintritt gar nicht erst aufzunehmen (so bei den Space Shuttle umgesetzt). Möglichkeit 2, einen Schild zu verwenden, der viel Energie speichern kann (so genutzt bei den ersten Wiedereintrittsschilden für Atomsprengköpfe). Möglichkeit 3, das Materials des Schildes zu verdampfen. Die dabei benötigte Energie geht nicht auf das Raumfahrzeug über. Doch diese ablativen Schilde waren noch unerprobt.

Zeitgleich veröffentlichte Maxime Faget das erste Konzept für einen bemannten Satelliten ohne Flügel und ohne Auftrieb im April 1958. Aus ihm sollte die Mercurykapsel entstehen.

Wollten die USA das Ziel wirklich schnellstmöglich erreichen, musste man, wo es nur ging, auf schon existierende Technologien zurückgreifen. Die Risiken und vor allem die Entwicklungsdauer mussten minimiert werden. Schließlich hatten die Russen schon eine Rakete, die Sputnik 3 starten konnte. Sie hätte auch ein kleines Raumschiff starten können. Die USA mussten erst einen Träger für ein Raumschiff qualifizieren.

Schon vor MISS, im Januar/Februar 1958, sichteten Ingenieure bei der NACA die Optionen und engten die

4. Abbildung: Maxime Faget, offizielles Porträt

Wahl auf zwei Konzepte ein: eine einfache Kapsel, die ballistisch landet und ein Gleiter, der mit Flügeln manövrieren und wie ein Flugzeug landen kann. Bis April 1958 hatte man beide Optionen untersucht und befand, dass die Kapsel schneller entwickelt werden kann und weniger risikoreich war. Es war eine Lösung, die von vielen als „wenig elegant" angesehen wurde, aber eben auch die einfachste mit den wenigsten Risiken. Das Design des ballistisch fliegenden Kegelstumpfes, der für die Mercurykapsel gewählt wurde, wurde von Max Faget , Guy Tibedeaux, Alex Bond und Caldwell Johnson unter der Leitung von Bob Gilruth in den folgenden Monaten erarbeitet.

Im Juli 1958 bekam Bob Gilruth die Leitung einer **S**pace **T**ask **G**roup (STG), die anfangs aus 36 Mitarbeitern, vor allem Ingenieuren bestand. Darunter Männer, die später noch eine bedeutende Rolle im bemannten Weltraumprogramm spielen soll- ten wie Chris Kraft und Glenn Lynney. Offiziell wurde die STG am 5.11.1958 ge- gründet, sie war jedoch schon vorher aktiv. Schon im August verfügte Eisenhower, dass das zivile NACA mit dem Sitz in Langley, Virginia sich um das Vorhaben einen Menschen in den Orbit zu bringen, kümmern sollte.

Die Air Force stellte daraufhin MISS ein. Sie blieb dem Thema aber verbunden und plante nun den nächsten Schritt, den eines Gleitflugzeuges, genannt Dyna Soar. Es sollte mit einer Titan I gestartet werden. Das war ein Jahrzehnt vor dem Space Shuttle. Doch die Air Force entwickelte schon die X-15, ein Raketenflugzeug das Mach 6 und 100 km Höhe erreichte. Da lag es nahe, das sie das Konzept bis in den Orbit weiterentwickelte. Dyna Soar wurde aber immer schwerer, teurer und kom- plexer und so am 10.12.1963 eingestellt.

Seit dem August 1958 erarbeitete die STG vorläufige Spezifikationen des Raum- schiffs in Form eines **R**equest **f**or **P**roposal (RFP). Heute dauert das Erstellen eines RFP für ein Projekt etwa ein Jahr. In ihm wird das Projekt umrissen, angefangen von den grundlegenden Anforderungen (es ist eine Kapsel, es gibt eine Maximal- masse – vorgegeben durch die Atlas-Trägerrakete) bis hin zu den Feinheiten, z. B. welche Frequenzen der Sender nutzen soll, welche Sendeleistung er haben muss, etc. Das RFP bestand nicht nur aus den Anforderungen an die Hardware, sondern auch Anforderungen an das Bodennetz, oder wie man Messwerte von dem „Kumpel" (Guy) in der Kapsel gewinnen sollte (die Bezeichnung Astronaut gab es noch nicht) und Einzelheiten der Bergung.

Die Mitglieder der STG veröffentlichten im RFP nicht nur die Anforderungen, die man als Fragen ansehen kann (wie würdet ihr diese Aufgabe lösen?) sondern auch Antworten, basierend auf dem, was man schon erarbeitet hatte. Parallel dazu begann man mit Vorerprobungen z. B. mit dem Fallschirmsystem. Die STG erarbeitete das RFP innerhalb von zwei Monaten. Es wurde am 23.10.1958 an 40 Hersteller von Flugzeugen verschickt.

Normalerweise haben heute Firmen eine Frist von sechs Monaten, um auf das RFP zu antworten. Damals waren es zwei Wochen. 38 Firmen antworteten. Man ging die Rückmeldungen durch und lud am 7.11.1958 Vertreter zu einer Konferenz ein, in der man weitere Details vorstellte. Maxime Faget gab drei Grundanforderungen vor: Das Raumschiff sollte ballistisch landen. Es sollte separate Raketen für Fluchtturm und Retromanöver haben und einen Hitzeschutzschild auf Basis des Prinzips der Wärmesenke einsetzen.

19 Firmen boten nach der Tagung für das Projekt. Sie bekamen am 17.11.1958 die Spezifikationen für die Kapsel. Die Firmen mussten mit einer Frist von vier Wochen mit einem Umsetzungsplan antworten. Die 50-seitige Spezifikation listete technische Details, inklusive einer Zeichnung des bisher am besten getesteten Modells auf. Sie enthielt aber keine Vorgaben für die Zuverlässigkeit oder Budgetgrenzen. Bis 11.12.1958 konnten die Firmen antworten.

5. Abbildung: Robert Gilruth, offizielles Porträt

Während dieser Frist wurde am 26.11.1958 das Programm offiziell genehmigt. Robert Gilruth wurde Leiter der Mercury Programms.

Am 1.10.1958 ging die NACA durch den National Aeronautics and Space Act in die NASA (**N**ational **A**eronautics and **S**pace **A**dministration) über. Das Mercuryprojekt war das erste Großprojekt der NASA. Sie wurde am 29.7.1958 als zivile Raumfahrtbehörde gegründet. Damit wollte US-Präsident Eisenhower ein Zeichen setzen: Die ersten Monate der US-Raumfahrt waren geprägt von einer Rivalität der Waffengattungen. Einerseits startete die US-Navy die Vanguard-Rakete mit den gleichnamigen Satelliten. Auf der anderen Seite setzte die US-Army auf Redstone und Jupiter als Juno I+II mit Explorer-Satelliten und den Pionier-Mondsonden.

Daneben begann die USAF mit den ersten militärischen Starts der Thor, auch von ihr wurden Pionier-Raumsonden gestartet. Ein weiteres Projekt der Navy, Pilot, testete den Start von Minisatelliten von einem Kampfflugzeug aus. Eisenhower wollte vermeiden, dass das Militär das Thema Weltraum exklusiv besetzte, wie es in Russland bis heute der Fall ist.

Die NASA sollte die nationalen zivilen Forschungen im Bereich der Raumfahrt und Luftfahrt koordinieren und die verschiedenen Forschungseinrichtungen, die schon existierten, als Zentren der neuen Behörde koordinieren. Das Militär war jedoch nicht außen vor. Es konnte eigene Satelliten, Raketen und Programme entwickeln, dazu gehörten Aufklärung, Kommunikation, Navigation und Wettervorhersage. Doch auch hier wurde zentralisiert. Die US Air Force würde alle Starts durchführen, auch die zivilen Starts der NASA.

Das hatte zur Folge, dass die NASA im Mercuryprojekt mit der USAF verhandelte, wenn sie die Atlas für die Starts benötigte und mit der US-Army, wenn es um die Redstone ging. Vor allem die Zusammenarbeit mit der USAF war schwierig. Die Projektverantwortlichen wollten bei beiden Trägern zahlreiche Detailänderungen, um die Sicherheit zu verbessern. Während dies bei der Army weitestgehend reibungslos geschah, sah die Air Force die Atlas als eine ausgereifte, zuverlässige Rakete an, die man nicht verbessern musste.

Die Differenz kam nicht zuletzt durch Wernher von Braun zustande. Er war zusammen mit anderen Peenemündern bei der Army für die Trägerraketenentwicklung zuständig und es wurde die von ihm entwickelte Redstone genutzt. Von Braun sah die Entwicklung von militärischen Raketen als notwendiges Übel an, um die Träger zu bekommen, die er benötigte, um bemannte Raumfahrt zu betreiben. Nun gab es eine zivile Weltraumbehörde, mit dem Potenzial, seine Träume umzusetzen. Also warum der NASA Steine in den Weg legen? Er wechselte später zur NASA und wurde Leiter des Marshall Space Flight Centers, in dem er die Saturn I und V entwickelte.

Bei der Air Force war dies anders. Sie war ein eigenständiger Teil der US-Armee, mit einem Budget und Mitarbeiterstab, größer als bei der NASA. Die Atlas wurde mit großem Aufwand entwickelt. Sie war gut genug, Atomsprengköpfe zu starten. Diese Atlas sollte nun auf die Anforderung einer neuen, kleinen Regierungsbehörde verändert werden. Die USAF weigerte sich zuerst und behandelte auch die Projektverantwortlichen der NASA von oben herab. Dies änderte sich erst mit dem Fehlschlag von MA-1 (S. 260). In der Folge versagte die Atlas auch bei zahlreichen unbemannten Satellitenstarts und militärischen Tests.

Erste Kontakte wurden schon am 20.11.1958 mit dem Militär geknüpft. Es war klar, dass das Programm nicht ohne das Militär auskam. Man benötigte die Air Force, die eine Atlas stellen sollte. Eine vorläufige Bestellung, noch für die Atlas C, wurde am 24.11.1958 aufgegeben. Ebenfalls benötigte man die Air Force für den Start, der von der **Cape Canaveral Air Force Station (CCAF)** in Florida aus erfolgen sollte. Die Navy benötigte man für die Bergung des Raumschiffs und die Army für die Redstone für die ersten suborbitalen Flüge.

Im Dezember/Januar wurden die elf Rückläufer der Ausschreibungen gesichtet und geprüft. Sie kamen von Avco, Convair/Astronautics, Lockheed, McDonnell, Martin, North American, Northrop, Republic, Douglas, Grumman, and Chance-Vought. Mit Ausnahme von Douglas, Grumman und Chance-Vought hatten alle Firmen seit mindestens einem Jahr an internen Studien für ein bemanntes Raumschiff gearbeitet oder waren an Projekten der USAF für die bemannte Raumfahrt beteiligt.

Vier Vorschläge wurden aus technischen Gründen ausgesondert. Sie verletzten die Spezifikationen. Dann wurden die Vorschläge weiter von einem Management, Cost, and Production Assessment Committee untersucht, das vier weitere Vorschläge aussortierte. Zuletzt entschied ein Board unter der Leitung von Abe Silverstein über die restlichen drei Vorschläge.

Es gab zwei Firmen, die fast gleichauf lagen. Grumman bekam die beste Bewertung in der technischen Kompetenz. Im Managementbereich und bei den Kosten war McDonnell führend. Keith Glennan, der erste NASA Administrator entschied sich am 12.1.1959 für McDonnell. Der Grund war, das Grumman schon durch zahlreiche Aufträge der Navy für neue Flugzeuge eingedeckt war und Glennan befürchtete, die Firma hätte nicht die Kapazitäten frei, den Auftrag durchzuführen.

Innerhalb von fünf Monaten hatte Projekt Mercury die erste Phase eines Raumfahrtprojektes durchlaufen. Das dauert heute mindestens zwei Jahre. Schon vorher, am 29.12.1958, bekam North American den Auftrag für die Little Joe, die den Rettungsturm testete. Er musste vor dem ersten Start einer Kapsel qualifiziert sein. Den Namen „Project Mercury" erhielt das Unternehmen am 26.11.1958. Vorgesehen waren im ursprünglichen Plan 12 Kapseln im Schnitt 18,3 Millionen Dollar teuer, plus einem garantierten Gewinn von 1,5 Millionen Dollar pro Kapsel für den Hersteller.

Parallel erfolgten Ende Dezember 1958/Anfang 1959 schon Abwurftests von Mockups in Originalgröße, um ihre Aerodynamik zu testen. Dazu wurde die Kapsel mit einem C-130 Transportflugzeug in große Höhen gebracht und dann ausgeklinkt. Parallel erfolgten Tests von Modellen der Kapsel in einem Überschall-Windkanal im Langley Forschungszentrum.

Ebenso testete man auf anderen Raketen, inwieweit Primaten einen Raketenstart und die Belastungen aushalten. Am 13.12.1958 wurde „Gordo", ein trainierter Totenkopf-Affe in dem Konus einer Jupiter gestartet. Die Bergung des Konus scheiterte, doch die Telemetrie zeigte, dass der Affe die 10 g beim Start und 40 g beim Wiedereintritt sowie 8,3 Minuten Schwerelosigkeit überlebt hatte.

Gute Nachrichten gab es auch von der Atlas. Am 28.11.1958 war erstmals ein Test der zukünftigen Trägerrakete über die volle Distanz von 6.300 Meilen erfolgreich. Daraufhin brachte man mit dem nächsten Test am 18.12.1958 die nachrichtentechnische Nutzlast SCORE mit der letzten Atlas B in den Orbit.

Anfang Dezember 1958 erarbeitete man die Details der Bergungsoperationen sowie die Spezifikationen des Big Joe Tests. Man besuchte am 1.12.1958 die **A**rmy **B**allistic **M**issile **A**gency (ABMA) um die Nutzung von Jupiter Trägerraketen für suborbitale Tests zu evaluieren und diskutierte über die Kosten der Träger. Schneller ging es mit der Air Force voran: schon am nächsten Tag, dem 2.12.1958 bestellte man neun Atlas-Trägerraketen von der Air Force.

Am 9.12.1958 gab es den ersten Entwurf des Selektionsprozesses für die Astronauten. Die NASA wollte 150 Kandidaten benennen. Nach interner Diskussion sollten 36 zu Tests eingeladen werden, welche die Zahl auf 21 reduzieren sollten. Weitere Tests würden die Gruppe auf zwölf reduzieren und nach neun Monaten Training sollten sechs übrig bleiben. Doch schon am Monatsende wurde dieser Plan als zu langwierig verworfen. Am 5.1.1959 wurden neue formelle Spezifikationen für die zukünftigen Astronauten veröffentlicht.

Die Bezeichnung „Mercury Projekt" wurde erstmals von NASA-Administrator Keith Glennan am 17.12.1958 öffentlich in einer Rede erwähnt. Vorher lief das Unternehmen intern unter der Bezeichnung „Project Astronaut".

1959

Das neue Jahr startete mit der Beauftragung von McDonnell als Hersteller. Erste Verhandlungen gab es ab dem 14.1.1959. Parallel dazu arbeitete McDonnell schon an der Kapsel und konnte am 25.1.1959 das erste Modell ausliefern, einen Trainer zum Üben des Ein-/Aussteigens im Wasser. Im Februar vergab McDonnell bereits die Subaufträge für Untersysteme an andere Firmen, obwohl der endgültige Vertrag erst am 6.2.1959 unterzeichnet wurde.

Zeitgleich begann das Rekrutieren der Astronauten. Am 5.1.1959 wurde das Anforderungsprofil an die Kommandanten aller Teststaffeln verschickt, vom 1. bis 14.2.1959 wurden die 110 Kandidaten, die infrage kamen, in drei Gruppen unterteilt und die ersten beiden Gruppen nach Washington eingeladen. Die dritte Gruppe wurde gar nicht erst eingeladen, da schon 53 der ersten 69 bereit waren, sich für das Programm zu bewerben. Man wählte 32 von ihnen für weitere Tests aus – mehr als genug, da nur sechs Astronauten benötigt wurden. Ab dem 15.2.1959 begann die medizinische Voruntersuchung der 32 Bewerber.

Ebenfalls im Februar begannen Verhandlungen mit den Streitkräften, wer für was verantwortlich war. Die kleine STG zog meist den kürzeren. So würden Army und Air Force die Raketen starten, erst nach dem Abheben war die NASA verantwortlich. Ebenso waren Air Force und Navy für Bergung und Bahnverfolgung zuständig. Ursprünglich wollte sogar die Army die Kapsel und die Redstone (Letzteres wurde später gestrichen) selbst bergen.

Ab dem 10.2.1959 wurden in einem Hyperschall-Windkanal 70 Modelle der Mercurykapsel auf ihr aerodynamisches Verhalten getestet. Am 17.2.1959 schätzte bei einer Befragung des Senats der erste NASA-Administrator Glennan die Projektkosten auf 200 Millionen Dollar.

Nach der Vorstellung der sieben Mercuryastronauten am 9.4.1959 hatten diese in den ersten Monaten relativ wenig mit dem Programm zu tun. Obwohl sie als letzter Bestandteil des Programms selektiert waren, gab es noch kaum Trainer, mit denen sie trainieren konnten. Nur ein Trainer für das Training auf und unter dem Wasser stand bereit. Dabei stellte sich heraus, dass Slayton und Grissom nicht schwimmen konnten. Sie bekamen daher zuerst eine theoretische Einweisung in die Grundlagen der Raumfahrt, danach folgte physisches Training z.B in Zentrifugen.

Nach verschiedenen Vortests von Feststoffantrieben entschied man sich im April für einen Turm auf der Kapsel als die beste Lösung für den Fluchtturm. Ebenfalls im April testete McDonnell die Impaktstruktur oberhalb des Hitzeschutzschildes mit einem Schwein auf der Astronautencouch. Man erwog sogar, Schweine mit der Little Joe zu starten, verwarf das aber, weil Schweine nicht längere Zeit auf dem Rücken liegen konnten. Auch der Fallschirm machte Probleme. Er war bei Höhen über 3.000 m instabil und wurde durch ein anderes Modell ausgetauscht.

Im Mai strich man ein Ballonprogramm, bei dem die Kapsel durch Ballone in 25 km Höhe geschleppt werden sollte. Anschließend plante man, die Kapseln auszuklinken, um die Fallschirme und Aerodynamik zu testen. Die Ergebnisse ließen sich genauso durch normale Tests in Windkanälen gewinnen. Ebenfalls im Mai wurden die ersten beiden Little Joe Rahmen von North American ausgeliefert. Eine Jupiter startete zwei Rhesusaffen auf eine suborbitale Bahn. Sie überlebten den Trip, doch ihre Kapsel konnte wegen rauer See im Zielgebiet nicht geborgen werden.

Zwischen Mai und August 1959 konstruierte man, nachdem die Astronauten dies anregten, eine schnell zu öffnende Seitenluke für das Raumschiff. Diese und weitere Änderungen sollten aber erst in der zweiten Serie von Raumschiffen ab 1961 zum Einsatz kommen.

Im Juni wurde die erste Kapsel, das Mockup für den Big Joe Test ausgeliefert. Im selben Monat gab es die Ausschreibung für die Ausstattung der Bodenstationen des Kontrollnetzwerkes. Im Juli wurde dafür Western Elektric selektiert.

Im Juni wurde McDonnell von der Einschätzung überrascht, dass auf die Kapsel bis zu 149 db Schalldruck einwirken konnte. Die Firma hatte das Raumschiff nur auf 128 db ausgelegt und die NASA hielt schon 128 db für zu hoch für den Piloten. Die Schmerzschwelle liegt bei 134 db. So laut ist ein Gewehr beim Schuss für den Schützen.

Im Juli bekamen die Astronauten ihre Arbeitsaufgaben zugeteilt und begannen das Zentrifugentraining. Vier F-102 Jagdflugzeuge wurden für sie angeschafft, da sie sonst ihren Pilotenstatus ohne Nachweis von Flugstunden auf Düsenflugzeugen verlieren würden.

Im August fand der erste, unabsichtliche Test des Rettungsturms statt (Little Joe 1, S. 242). Er musste daher im November wiederholt werden. Der Pilotfallschirm wurde für Höhen unterhalb von 21 km und Geschwindigkeiten kleiner Mach 1,5 qualifiziert, deutlich höher als die Anforderungen bei der Mission, bei der er sich unterhalb von 12 km öffnet. Damit konnte man im selben Monat an die Tests des Hauptfallschirms gehen. Für die Tests wurde die Kapsel von einem C-130 Transporter im Flug ausgeklinkt und der Fallschirm entfaltet.

Im August 1959 wird beim ersten Zentrifugentraining bei Deke Slayton eine Veränderung im Ruhe-EKG festgestellt. Ein Luftwaffenarzt stellte idiopathisches Vorhofflimmern als Ursache fest, bescheinigt ihm aber, das dies ihn nicht als Astronaut beeinträchtigt.

Im September 1959 fand der Test der Big Joe (S. 244) statt. Am Hitzeschutzschild wurden bis zu 1.900°C erreicht, trotzdem wurde nur ein Drittel abgetragen. Auch wenn die Zielgeschwindigkeit nicht erreicht wurde, betrachtete Maxime Faget damit den Hitzeschutzschild als ausreichend getestet, da man auf die Abtragung bei höheren Geschwindigkeiten extrapolieren konnte. Ein zweiter Start der Big Joe wurde daraufhin gestrichen.

McDonnell wurde beauftragt, für die Astronauten ein Handbuch zu schreiben. Mediziner legten im September fest, dass die Astronauten Nahrung mit 3.200 Kalorien pro Tag und 0,5 l Wasser/Stunde erhalten sollten. Die Menge an Wasser wirkt hoch, doch wie sich später zeigen würde, schwitzten die Astronauten stark. Es war heiß in den Anzügen und noch heißer in der Kapsel. Scott Carpenter verlor 2,7 kg Masse in nur viereinhalb Stunden.

Im Oktober wurde nach 15 Tests die Qualifikation des Fallschirms abgeschlossen. Auch die Qualifikation der Little Joe (LJ-6, S. 248) fand erfolgreich statt. Ebenfalls im Oktober wurde der erste Hitzeschutzschild für eine Produktionskapsel ausgeliefert.

Im November fand der erste reguläre Test des Fluchtturms mit Little Joe 1A (S. 250) statt. Der Fluchtturm zündete 10 s zu spät, sodass der Test wiederholt werden musste. Im selben Monat wurde das Layout des Missionskontrollzentrums festgelegt und die Astronauten erhielten ihre ersten Raumanzüge. Es wurde beschlossen bei zwei Flügen der Little Joe Affen in einem Biopack mitzuführen, und das Design der Liege der Astronauten wurde abgeschlossen.

Schon im Dezember wurde der erste Start von Affen mit Little Joe 2 (S. 252) durchgeführt und der Rhesusaffe Sam erfolgreich geborgen. Im gleichen Monat wurden die Retroraketen der Kapsel qualifiziert. Bis dahin hatte die NASA schon 22,83 Millionen Dollar für Atlas Trägerraketen und 16,06 Millionen für Redstones ausgegebene, deren erste ihren ersten statischen Test absolvierte.

McDonnell erhielt bisher 49,4 Millionen Dollar. Es fielen bei McDonnell rund 928.000 Stunden in der Entwicklung, 191.000 in der Herstellung von Werkzeugen und 372.000 Stunden in der Produktion an. Die Piloten begannen im Dezember erste Tests der Schwerelosigkeit in F100 Jets. In den Parabelflügen herrschte jeweils für etwa 15 s Schwerelosigkeit. Dabei konnten sie sich noch nicht frei bewegen, aber erproben, ob man so essen oder trinken kann. Nun begannen kurz vor dem Jahreswechsel die ersten Tests des Lageregelungssystems.

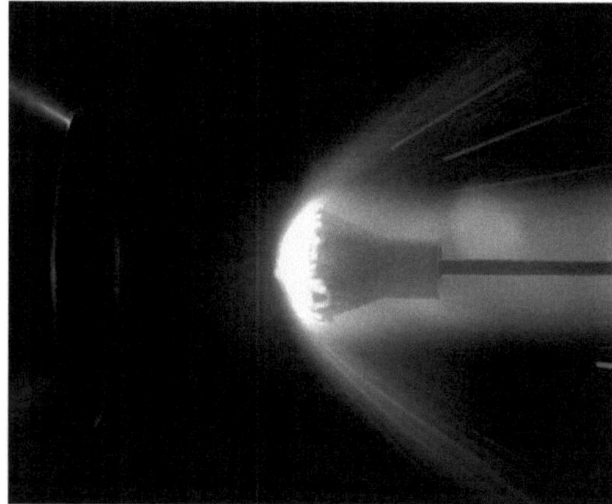

6. Abbildung: Modell des Hitzeschutzschildes im Test

7. *Abbildung: Mercury Kapseln bei der Verpackung vor dem Versand im Werk von McDonnell in St. Louis*

1960

Im Januar wurde der Vertrag mit Western Electric über die Ausstattung des Bodennetzwerkes über 33 Millionen Dollar abgeschlossen. Ebenso wurde der Bergungsplan in diesem Monat finalisiert. Inzwischen war die Zahl der bestellten Atlas Träger auf 15 angestiegen und die der Kapseln (mit Modellen) auf 26.

Der Start von Little Joe 1B (S. 255) im selben Monat qualifizierte den Fluchtturm mit einem Kapselmockup bei der Auslösung bei Max-Q. Miss Sam, ein weiblicher Rhesusaffe, wurde erfolgreich geborgen. Ebenfalls im Januar lieferte McDonnell die erste Prototypkapsel aus – weniger als ein Jahr nach Vertragsunterzeichnung. Sie würde bei der MA-1 Mission (S. 260) am 29.7.1960 zum Einsatz kommen.

Die Air Force begann im Januar mit dem Training von sechs jungen Schimpansen, die sie im Kongo erworben hatte, als „Ersatzastronauten".

Im Februar ging das Projekt von der Entwicklungsphase in die praktische Umsetzung über. Christopher Kraft wurde Leiter der Atlantik Coordination Group, welche den kritischen Teil der Missionen managte: den Start und die Landung. Nun wurden zahlreiche Systeme qualifiziert. Im Januar das Telemetriesystem, im Februar die Batterien, Landevorrichtung, automatisches Stabilisierungssystem, Kommandoempfänger und -Sender.

Im März wurde beschlossen, dass man keine Startvorbereitungen in Huntsville brauche. Damit sparte man zwei Monate im schon überzogenen Zeitplan ein. Vorher bestand die ABMA (**A**rmy **B**allistic **M**issile **A**gency) darauf, dass McDonnell die Kapsel zuerst nach Huntsville verschifft. Sie sollte dort auf Qualität und Verträglichkeit mit der Redstone geprüft und dann erst für den Start zur Cape Canaveral Air Force Station verschifft werden.

Im selben Monat begann das erste Schwerelosigkeitstraining in C-130 Flugzeugen, die in Parabelflügen 15 s Schwerelosigkeit erreichten. Anders als in den F-100 konnten sich die Astronauten frei bewegen, sie hatten sogar mehr Platz als in der Mercurykapsel.

Im April lieferte McDonnell die erste Kapsel aus der Produktion (nach einem Prototyp im Januar). Sie wurde nach Wallops Island für den Beach Aborttest (S. 258) am 9.5.1960 verschifft. Schon vor dem ersten Start einer echten Kapsel (und keines Modells) begann im selben Monat die Planung für eine Modifikation der Kapsel für Langzeitaufenthalte. Ebenfalls im April wurde im Hangar S auf dem Cape eine Höhenkammer fertiggestellt, in der die Raumschiffe vor dem Start geprüft und auf Druckdichtigkeit getestet wurden. In ihr fand auch ein Teil des Astronautentrainings statt. Gleichzeitig begannen die Qualifikationstests der Retroraketen.

Das Außenministerium konnte im April die letzten bilateralen Abkommen mit den Ländern abschließen, auf deren Boden Kontrollstationen entstehen sollten. Danach begann der Aufbau des Netzwerks.

Im Mai wurde die erste Produktionskapsel im Beach Abort Test getestet (S. 258) und danach zurück zu McDonnell für Integritätstests verschifft. Die Produktion der finalen Anzüge – nach den Entwicklungsmustern, basierend auf den mit diesen gewonnenen Erfahrungen – startete. McDonnell liefert im Mai und Juli zwei Trainer für „Procedures", also Abläufe, ans Cape und nach Langley. Bis zum Juli hatte die NASA 75,6 Millionen Dollar für das Raumschiff ausgegeben.

Die zweite Produktionskapsel wurde nach Huntsville für Tests der Kompatibilität mit der Redstone verschifft und die erste Atlas-Trägerrakete für die MA-1 Mission traf am Cape ein.

Im Juli absolvierten die Astronauten einen fünfeinhalbtägigen theoretischen und praktischen Überlebens-

8. Abbildung: John Glenn vor einer der Kontrollstationen des Mercurynetzwerks

kurs in der Wüste bei einer Luftwaffenbasis in Nevada. Drei Tage davon waren sie isoliert in der Wüste. Dabei entstand dieses Foto.

Ende Juli scheiterte der erste Testflug einer Atlas (MA-1, S. 260). Er hatte große Auswirkungen auf den Zeitplan, der schon hinter den Vorgaben zurücklag.

Im August wurde der erste Kranausleger für einen Rettungszugang zur Kapsel ausgeliefert. Er sollte bei medizinischen Notfällen zum Einsatz kommen, wenn der White Room schon weggeklappt war und der Pilot sich nicht selbst befreien konnte.

In einer Sitzung der STG und McDonnell wurde beschlossen, dass Vorschläge der Astronauten für die Anordnung der Elemente der Konsole im zweiten Produktionslos umgesetzt werden.

Im August wurde mit dem Training der Helikopterpiloten für die Bergung von Astronaut und Kapsel begonnen.

9. Abbildung: Die Astronauten beim Überlebenstraining. Von Links nach rechts: Cooper, Carpenter, Glenn, Shepard, Grissom, Schirra, Slayton

Im September erfolgten, nach der bisher schlechten Leistung der Feststoffrakete des Fluchtturms bei den bisherigen Einsätzen, weitere Tests der Rettungsrakete. Dabei stellte man fest, dass der Schub im Mittel nur 42 Prozent des Vorgabewerts betrug. Daraufhin wurden die Düsen angepasst: von einer Düse, die zentral nach unten zeigte, in drei geneigte Düsen und anschließend neue Qualifikationstests durchgeführt.

Im September wechselte das Schwerelosigkeitstraining von einer C-130 auf eine C-135, mit der längere Parabelflüge von bis zu 35 s Dauer möglich waren. Am 29.9.1960 fiel die Atlas 77D für die MA-2 Mission bei den Inspektionen der STG durch und musste durch die Atlas 100D für die MA-3 Mission (S. 293) ersetzt werden.

Im Oktober gab es eine erste Studie, was die Crews mit auf den Raumflug nehmen können. Kurz danach, im November, wurde die Computerzentrale in Goddard mit zwei neuen IBM 7090 Computern eingeweiht.

Im November startete die Little Joe 5 (S. 265) mit dem ersten Raumschiff aus der Produktion innerhalb der Little Joe Reihe. Erneut zündete der Rettungsturm vorzeitig, sodass der Test wiederholt werden musste. Dafür hob die Mercury Redstone 1 gar nicht erst ab (S. 267). Die Übungen der Kapselbergung durch Helikopter wurden dafür Ende des Monats abgeschlossen. Im Dezember wurde der Flug von MR-1A (S. 273) erfolgreich wiederholt. Es war der erste suborbitale Einsatz eines Ramschiffs.

10. Abbildung: IBM 7090 im Goddard Space Center

1961

Im Januar werden die Kosten für Atlas Trägerraketen schon mit 51,5 Millionen Dollar angegeben, die der Redstone mit 14,9 Millionen Dollar. Für das Raumschiff wurden bisher 79,2 Millionen Dollar ausgegeben. McDonnell gab 2,616 Millionen Stunden für Entwicklung, 1,538 Millionen Stunden für die Fertigung und 383.000 Stunden für die Herstellung von Werkzeugen als aufgelaufene Arbeit an. Ende Januar startete die Mission MR-2 (S. 277) mit dem Affen Ham. Der Fluchtturm wird wegen eines vorzeitigen Brennschlusses des Redstone ausgelöst und es beginnen interne Diskussionen, ob der Start wiederholt werden soll.

Am 20.1.1961 lädt der Leiter des Programms, Robert Gilruth, die Astronauten zu sich ins Büro und gibt bekannt, wer die ersten Flüge durchführen wird. Seine Entscheidung basiert auf den gegenseitigen Einstufungen der Astronauten, den Rückmeldungen vom Training und persönlicher Einschätzung. Alan Shepard wird den ersten Flug durchführen, Gus Grissom den Zweiten, Glenn ist der Ersatzmann für beide. Es gelingt, die Entscheidung einen Monat lang geheim zu halten. Doch am 20.2.1961 erfährt die Presse davon.

Im Februar wird bei Tests festgestellt, dass das System für die Lagekorrektur zu viel Treibstoff verbraucht. Gus Grissom findet zudem, dass die Steuerung auf manuelle Eingriffe nicht zufriedenstellend reagiert. Sie wird verbessert. Grissom sollte die Änderungen bei seinem Flug erproben. Shepard setzt noch das originale System ein.

Das Jahr 1961 stand dann vor allem im Zeichen von Starts. Mercury kommt nun in die Umsetzungsphase. Insgesamt erfolgten in diesem Jahr zwölf Starts. Diese beinhalten nicht nur die einfachen Qualifikationstests von Hitzeschutzschild und Fluchtturm mit Big und Little Joe, sondern auch Tests des ganzen Raumschiffs mit der Redstone und Atlas sowie die ersten bemannten Flüge. Im März wurde der Flug von MR 2 als Mercury Redstone BD (S. 288) wiederholt.

Im April wurde rechtzeitig vor der ersten Orbitalmission das Bodennetzwerk fertiggestellt. Es hatte 60 Millionen Dollar gekostet. Am 12. April wurde in der neu eingerichteten Höhenkammer gerade die erste 1-Orbit-Misson erfolgreich simu-

11. Abbildung: Gagarin vor seinem Weltraumflug

liert, als die Nachricht kam, dass Gagarin die Erde umrundet hatte.

Dieses Ereignis überschattete dann auch den ersten bemannten Flug von Alan Shepard im Mai (S. 298). Der Erfolg Shepards wurde trotzdem von Kennedy für seine berühmte Mondlandungsrede am 25.5.1961 genutzt. Kennedy forderte 611 Millionen Dollar zusätzlich für die NASA und das DoD für Weltraumaktivitäten. Mit dem Start von MR-3 trat das Mercuryprogramm in die operationelle Phase.

Vorher erfolgten im April noch der letzte und endlich erfolgreiche Flug der Little Joe 5B, (S. 296) sowie der erneute Fehlschlag von Mercury-Atlas 3 (S. 293), bei der diesmal das Neigeprogramm versagte. Die notwendigen Änderungen verschoben den nächsten Start einer Atlas auf den September.

12. Abbildung: Shepard erhält nach seinem Flug den NASA Distinguished Service Award

Am 24. Mai beschloss die NASA relativ spät den Einsatz der Scout, um das gerade aufgebaute Trackingnetzwerk zu testen.

Während die Kapsel von MR-3 eine Promotionstour durch Europa absolvierte, startete am 21.7.1961 Virgil Grissom als zweiter Amerikaner ins All (S. 304). Er hatte die erste Kapsel des zweiten Produktionsloses mit verschiedenen Verbesserungen. Da diese Kapseln bei allen folgenden Flügen zum Einsatz kommen würden und der Flug reibungslos verlief, wurden weitere suborbitale Starts gestrichen, obwohl die Kapsel bei der Bergung verloren ging. Ursprünglich war geplant, dass es sechs suborbitale bemannte Starts geben sollte (ausgehend von ursprünglich sechs Astronauten). Aufgrund der Performance wollte die STG dann entscheiden, in welcher Reihenfolge die Orbitaleinsätze geflogen würden. Den riskantesten ersten Einsatz sollte dementsprechend der beste Kandidat fliegen.

13. Abbildung: Grissom direkt nach der Bergung

Angesichts dessen, das Russland aber schon eine Orbitmission durchgeführt hatte, waren weitere suborbitale Flüge der Öffentlichkeit kaum zu vermitteln.

Kurz danach umkreiste am 12.8.1961 German Titow 24 Stunden lang die Erde. Das vernichtete alle Hoffnungen, mit einem 3-Orbitflug (so lange sollte die erste bemannte Mission dauern), Russland in der Flugdauer zu übertreffen. Als unmittelbare Folge wurde am 13. August die Kapsel Nr. 15, die gerade am Cape ankam, zum Hersteller zurückgeschickt mit dem Auftrag, sie für eine Eintagesmisson umzurüsten.

Im September evaluierte man bei McDonnell im Auftrag der NASA, ob man eine mechanisch zu öffnende Luke, anstatt der explosiv geöffneten, einbauen könnte. Die Luke hatte sich bei der MR-4 Mission vorzeitig geöffnet, ohne das man die Ursache fand. Da sie aber 60 US-Pfund (27 kg) mehr wog und McDonnell schon für die 1-Tagesmission Systeme entfernen musste, um das Zusatzgewicht für Batterien, Sauerstoff und Wasser zu kompensieren, blieb die STG beim alten Design.

14. Abbildung: Offizielles Porträt von Deke Slayton

Deke Slayton verliert im selben Monat seinen Flugstatus, nachdem ein Arzt im Frühjahr den NASA-Administrator James Webb persönlich angeschrieben hatte und ihn von Slaytons Herzrhythmusstörungen informierte. Luftwaffenärzte untersuchten seitdem seine Akte. Sie meinten, dass die Krankheit Slayton nicht beeinträchtigte. Doch da dies Militärärzte waren, sollen Zivilärzte zusätzlich die Krankenakte durchsehen. Webb folgt deren Empfehlung: Die Zivilärzte sehen ein zu großes Risiko in der Vorerkrankung.

Im Oktober wurde beschlossen, ein eigenes NASA-Zentrum nur für die bemannte Raumfahrt einzurichten und die NASA sichtete Vorschläge, wo es angesiedelt werden konnte. Die meisten Orte lagen in Florida, Texas und Kalifornien, jedoch gab es auch zwei geeignete Plätze in Missouri und Massachusetts.

Im September fand der erfolgreiche Start der 1-Orbit-Mission MA-4 (S. 310) statt und die Entscheidung für das neue Zentrum für bemannte Raumfahrt fiel auf Houston in Texas, wo die Rice-Universität das Land zur Verfügung stellte. Robert Gilruth wurde der erste Direktor des neuen Zentrums.

Als Folge der verlorenen Kapsel bei MR-4 evaluierte man in selben Monat die Installation eines 75 cm großen Ballons, der das Sinken der Kapsel verhindern sollte. Sie würde dann durch ein Schiff geborgen werden, wenn sie zu schwer für die Helikopterbergung ist. Ein aufblasbarer Ring, ähnlich einem Rettungsring, sollte ebenfalls das Sinken verhindern und die Kapsel in der aufrechten Position fixieren. Er erwies sich als praktischer und wurde übernommen. Er wurde von Tauchern nach der Landung an der Kapsel angebracht und war Standard bei den nächsten Einsätzen.

Im November 1961 scheiterte der Flug der Scout für den Test des Bodennetzwerkes (S. 315), während der Flug der zweiten Orbitalmission MA-5 (S. 316) erfolgreich verlief. Er musste allerdings nach zwei von drei Orbits abgebrochen werden, da das automatische Steuersystem zu viel Treibstoff verbrauchte. Der Schimpanse Enos wurde erfolgreich geborgen. Die Nachuntersuchung ergab, dass ein Astronaut die Fehler des automatischen Systems kompensieren konnte. Damit war der Weg frei für die erste Orbitalmission.

Am 29.11 wurde John Glenn als Pilot des ersten Orbitaleinsatzes benannt. Am 7.12. wurde vorgeschlagen, Mercury zu einem Zweimannraumschiff umzubauen. Den Vertrag für den Bau des neuen Raumschiffs erhielt am 22.12.1961 McDonnell, die so auf ihrer Expertise für Mercury aufbauen konnten.

15. Abbildung: Er war länger im all als die ersten 5 Mercuryastronauten zusammen: German Titow

1962

Am 3.1.1962 wurde Gemini als neues bemanntes Projekt offiziell angekündigt. Es war damit kein Mercury-Nachfolgeprojekt mehr, sondern ein eigenes Programm.

1962 wurden nur noch bemannte Flüge durchgeführt. John Glenns Flug wurde mehrfach vom Dezember 1961 auf den Februar 1962 verschoben. Die Hardware war inzwischen ausgereift. Tests gab es jetzt nur noch, um Extrembedingungen zu untersuchen. So wurden die Anzüge Tests mit einem erhöhten Druck von 20 psi (1,38 Bar) unterzogen. Es gab Aufpralltests der Kapsel ohne den Landeairbag. Alle waren erfolgreich.

Für die kommende MA-6 Mission wurde ein Unterseekabel von der Bermuda Bodenstation direkt nach Langley gelegt. Diese Station hat Radarkontakt, wenn die Atlas Brennschlussgeschwindigkeit erreicht und die Radardaten ermöglichen den Computern, die Bahn 30 s nach Brennschluss zu ermitteln.

Am 20.2. absolvierte John Glenn seine 3-Orbitmission (S. 320). Obwohl es große Besorgnis gab, dass sich der Hitzeschutzschild gelöst hatte, war dies nicht der Fall. Die Mission war ein voller Erfolg. Am 1.3.1962 absolvierte John Glenn eine Konfettiparade in New York, die mit 4 Millionen Besuchern die bisher größte in den USA war. Es folgten zahlreiche Auftritte in Medien, Ehrungen und Medaillen und sogar eine Auszeichnung durch den Präsidenten.

Ebenfalls im Februar begann der Umzug der ersten Beschäftigten von Langley nach Houston, in noch provisorische Bauten. Im März führte man PERT (**p**rogram **e**valuation and **r**eview **t**echnique) als neue Managementtechnik im Mercuryprogramm ein.

16. Abbildung: "Homecoming Parade" für Glenn mit Kennedy

Im April startete die Entwicklung eines neuen Raumanzugs, der mehr Beweglichkeit erlaubt. Er kam bei der letzten Mission MA-9 noch zum Einsatz. Im Mai absolvierte Scott Carpenter seine 3-Orbitmission (S. 327), die fast scheiterte.

Im Juni wurde beschlossen, die Fußfixierung der Astronauten zu entfernen. Damit sollten die Piloten mehr Beweglichkeit bei den kommenden längeren Missionen erhalten. Am 27.6. wurde angekündigt, das Schirras Mission sechs Umläufe dauern würde. Im Juni war der Umzug der Space Task Group von Langley nach Houston abgeschlossen. Die Missionskontrolle erfolgte jedoch nach wie vor vom Cape aus.

Im August wurde angekündigt, dass Coopers Mission einen Tag dauernd würde, als wenige Tage später der Doppelflug von Wostok 3 und 4 die Latte erneut höher legte, auf drei beziehungsweise vier Tage im Orbit.

Im September wurde Donald Slayton erster Koordinator der Astronautenaktivitäten, nachdem am 17.9. eine zweite Astronautengruppe vorgestellt wurde. Im Oktober absolvierte Schirra seinen Flug über sechs Umläufe (S. 334). Er kam mit weniger Manövriertreibstoff aus, als Carpenter in drei Umläufen. Damit schien die längere Mission von Cooper problemlos durchführbar. Der Treibstoffverbrauch des automatischen Systems war bisher immer zu hoch gewesen.

Im November wurde der erste Procedure-Simulator von Langley nach Houston verlegt. Im selben Monat starb Enos, der bei MA-5 den letzten unbemannten Flug durchführte, im Zoo. Cooper wurde um November als Pilot der letzten Mercurymission benannt. McDonnell meldete insgesamt 4,321 Millionen Stunden für Entwicklungsarbeiten und 2,509 Millionen Stunden für die Fertigung. Dazu kamen 478.000 Stunden für die Herstellung von Werkzeugen und Maschinen. Die Firma hatte insgesamt 135,7 Millionen Dollar erhalten. Am Ende arbeiteten bei McDonnell noch 379 Arbeiter an dem Projekt. Zwischen April und Juni 1960, der Zeit mit den meisten Beschäftigten, waren es 1.600.

Im Dezember 1962 wurde die erste Station des Mercurynetzwerkes – Woomera – außer Betrieb genommen.

1963

Im Januar wurde Coopers Mission von 16 auf 22 Umläufe verlängert. Das ergab in den letzten sechs Orbits das gleiche Flugprofil wie bei Schirras 6-Orbitmission, nur eben einen Tag länger.

Die Mission verzögerte sich, nachdem im selben Monat die Kapsel bei einem Dichtigkeitstest durchfiel. Sie verlor zu viel Sauerstoff. Daraufhin mussten 17 Änderungen an der Kapsel vorgenommen werden.

Im Februar wurde der Start erneut verschoben, diesmal aufgrund von Verkabelungsproblemen bei der Atlas-Trägerrakete. Ebenfalls im Februar inspizierten Ingenieure der STG die für Langezeitmissionen umgebauten Kapseln 15B und 20. Sie waren mit den Änderungen zufrieden, schlugen allerdings noch einige weitere Veränderungen, wie die Umpositionierung von Gas- und Wassertanks, vor.

In der Zwischenzeit absolvierten Cooper und Shepard als sein Backup das Training für die Mission, das wegen der Simulation des gesamten Fluges fast viermal so lange wie bei der vorherigen Mission dauerte.

Coopers Mission fand dann im Mai 1963 statt (S. 340). Direkt danach wurde beschlossen, keine weitere Mission mehr durchzuführen und das Programm zu beenden. Alle Kräfte sollten auf das Geminiprogramm konzentriert werden, um es zu beschleunigen. Damit war das Mercuryprogramm offiziell beendet.

Nach Coopers Flug setzte Russland die Latte für die Flugdauer mit dem Doppelflug von Wostok 5 und 6 dann nochmals etwas höher. Wostok 5 dauerte fast fünf Tage, der Flug von Wostok 6 immerhin drei Tage.

Mercury und Gemini

Ursprünglich war das Geminiprogramm als Nachfolgeprogramm für Mercury geplant und hieß „Mercury Mark II". Es begann im Februar 1961 als Evolution des Mercuryprogramms. Damit sollten längere Flüge, eventuell auch mit zwei Astronauten, ermöglicht werden. Auch die Atlas-Trägerrakete, nun aber durch eine Agena-Oberstufe ergänzt, sollte erneut zum Einsatz kommen. Mit Kennedys Mondrede am 5.5.1961 änderte sich die Zielrichtung von Mercury Mark II (die Bezeichnung „Gemini" erhielt es am 3.1.1962 bei der offiziellen Ankündigung). Es war nun ein Apollo-Vorbereitungsprogramm mit anspruchsvolleren Zielen wie Durchführung von Kopplungsmanövern, Arbeiten außerhalb des Raumfahrzeugs und Erprobung von Technologien für Apollo wie Bordcomputer und Brennstoffzellen.

Nachdem am 7.12.1961 Gilruth die Weisung gab, Mercury Mark II als ein Zweimannprogramm zu konzipieren, wurde klar, dass das Raumschiff zu schwer für die Atlas als Trägerrakete sein würde.

Mit zwei Sitzen pro Flug reichten auch die sieben Astronauten nicht aus, zumal die NASA sehr bald von einem Dutzend Flügen ausging, davon zehn bemannt. Eine zweite Astronautengruppe wurde am 17.9.1962 selektiert: Sie umfasste die Astronauten Neil Armstrong, Frank Bormann, Charles Conrad, Jim Lovell, James McDivitt, Elliot See, Thomas Stafford, Ed White und John Young. Sie erwiesen sich als die Gruppe mit den meisten Rekorden: Erster Weltraumspaziergang, erste Kopplung an eine Agena, erste Notsituation im Weltall, erster längerer Aufenthalt im All als die Sowjets, erste Mondumrundung, erster Test der Mondfähre, erste Mondlandung, erste Rettung der Astronauten aus einer Mondtransferbahn, erste Besatzung einer Raumstation, erster Kommandant einer US-sowjetischen Gemeinschaftsmission, erster Space Shuttle Flug, erster Spacelabflug.

Zwischen Mitte 1962 und Mitte 1963 wurde klar, das Gemini erheblich mehr leisten musste als Mercury – es war nicht nur eine Kopie mit zwei anstatt einem Astronauten. Nicht zuletzt sollten Astronauten bis zu 14 Tage im Orbit bleiben, länger als eine Apollomission dauerte und viel länger, als es für Mercury möglich war.

So fiel die Entscheidung leicht, nach der MA-9 Mission alle weitere Mercurymissionen zu streichen. Mercury konnte nicht den Rekord von Wostok 5 von fast fünf Tagen im Orbit brechen, doch schon die zweite bemannte Geminimission (Gemini 4) würde genauso lange dauern wie die MA-10 Mission und die darauffolgende Gemini 5 Mission sogar eine Woche.

Da man zu diesem Zeitpunkt von einer schnellen Umsetzung von Gemini ausging (der erste bemannte Start war für Juni 1964 vorgesehen, er fand jedoch erst am 23.3.1965 statt), betrug die Lücke zwischen dem letzten Mercurystart und der ersten bemannten Geminimission 22 anstatt 13 Monate.

Russland nutzte dies, um vor Gemini den USA mit den beiden riskanten Woschod-Missionen die Schau zu stellen. Woschod 1 vom 12 bis 13. Oktober 1964 war die erste Mission mit drei Menschen im Weltraum, also einer mehr als bei Gemini und Woschod 2 vom 18/19.3.1965 kam dem Weltraumausstieg von Ed White bei Gemini 4 vom 3. bis 7. Juni 1965 zuvor.

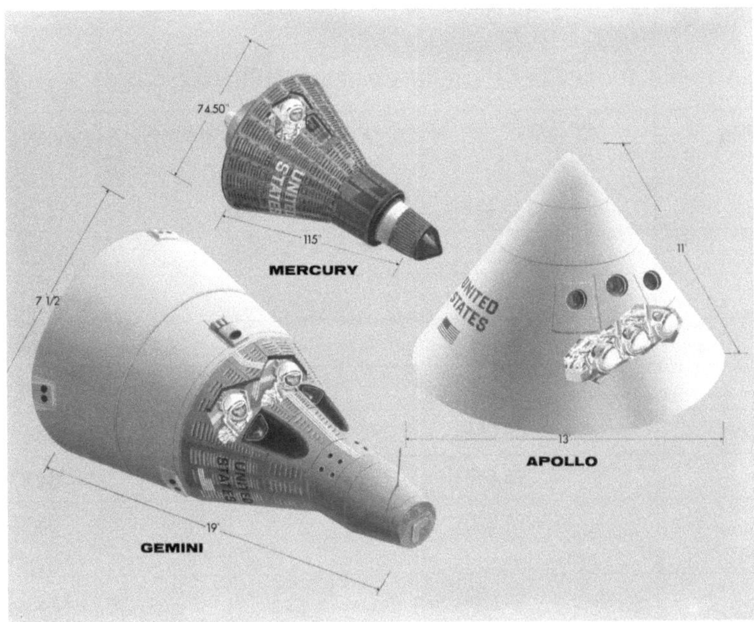

Beide Missionen hatten jedoch gravierende Probleme und weitere „Erstleistungen", darunter die einer rein weiblichen Besatzung, wurden deswegen gestrichen.

Abbildung 17: Größenvergleich von Mercury, Gemini und Apollokapseln

Die Kosten

Die Kosten von Raumfahrtprojekten, vor allem so großen wie Mercury, sind schwer zu ermitteln. Das liegt daran, dass sie in verschiedenen Sektionen anfallen, die separate Budgets haben. Für das Mercuryprogramm nennt die NASA in ihrem Historical Data Book 277,2 Millionen Dollar von 1958 bis 1963. Diese Zahl enthält nicht die Kosten für das Netzwerk, dessen Aufbau alleine 60 Millionen Dollar kostete und dessen Betrieb 1962, als es drei Orbitalflüge gab, einen Spitzenwert von 44 Millionen Dollar verschlang. Ebenso sind in der Summe nicht die Aufwendungen enthalten, die das Deperartment of Defense hatte, für Veränderungen der Trägerraketen und die Kosten für die Bergungsflotte.

Schon damals verstand man die Zahlen zu schönen, indem man bestimmte Posten wegließ. Bei den Trägerraketen gibt es unterschiedliche Angaben, die sich darauf beziehen, ob die Startkosten mitberechnet wurden oder nicht. Vor allem aber wurde das Bodennetzwerk bei den niedrigeren Angaben weggelassen. Zum Teil zu Recht, denn die Stationen wurden auch im Gemini und Apolloprogramm sowie für Satellitenprojekte genutzt.

Verschiedene NASA-Publikationen beziffern die Kosten detaillierter:

Posten [Mill. Dollar}	SP-4201	Mercury Project Review	Mercury – a Chronology
Raumschiffe	143,413	144,600	143,310
Trägerraketen:	82,847	90,900	95.581
Davon Little Joe			6,512
Davon Redstone			20,100
Davon Atlas			52,100
Operationen und Support	49,298	24,000	15,982
Gesamtprojektkosten	**275,558**	**259,500**	**254,87**
Tracking-Netzwerk: Operation und Gerätschaften	71,900		9,251
Tracking-Netzwerk: Gebäude und Konstruktion	53,200		12,800

Posten [Mill. Dollar}	SP-4201	Mercury Project Review	Mercury – a Chronology
Netzwerk: Gesamtkosten	125,100	124,600	22,051
Gesamtkosten	400,658	384,100	276,92

Sehr hoch sind die Ausgaben für Operationen. Das liegt an den Kosten für die Bergung. Es liefen über 4.100 Schifftage und 4.400 Flugzeugstunden an.

Beim Personalstand ist auffällig, dass dieser nicht wie bei anderen Projekten eine Spitze bei Abschluss der Entwicklung, vor dem Einsatz erreicht, sondern erst zu Programmende. Das liegt an den bei den Orbitalflügen benötigten Personen für die Bergung und dem Netzwerk der Bodenstationen.

Am Projekt Beschäftigte.			
Zeitpunkt	Wissenschaftler und Ingenieure	Gesamt	Nur STG (ab Januar 1962 MCC)
Oktober 1958	35	45	45
Dezember 1958	175	200	150
Juni 1959	225	370	350
Dezember 1959	266	508	500
Juni 1960	300	580	550
Dezember 1960	329	680	668
Juni 1961	354	794	770
Dezember 1961	470	1154	850
Juni 1962	799	1786	670
Dezember 1962	1254	2362	500
Juni 1963	1514	3345	400

Die Herstellung einer Raumkapsel kostete rund 5,5 Millionen Dollar. Die Air Force weist 52 Millionen Dollar für die Atlasträgerraketen und 23 Millionen Dollar für den Start aus, das sind bei 10 Atlasstarts und 15 gefertigten Trägerraketen weitere 5,8 Millionen Dollar pro Start. Ein Flug kostete also rund 11,3 Millionen Dollar. Wie bei jedem bemannten Programm liegen die Flugkosten deutlich unter den Entwicklungskosten.

Gemessen an den folgenden Programmen war Mercury preiswert. Gemini kostete etwa das vierfache, Apollo fast das siebzigfache.

Abbildung 18: Die Mercury Seven vor ihrem Lieblingsspielzeug, einem F-102 Düsenjet. Von Links nach rechts: Carpenter, Cooper, Glenn, Grissom, Schirra, Shepard, Slayton

Das Raumfahrzeug

Ein Hauptproblem von Mercury war von Anfang an das Gewicht. Als man an das Design ging, sollte Mercury maximal 2.000 US-Pfund, 905 kg wiegen. Das war die projektierte Nutzlast der Atlas. Das Zielgewicht konnte nicht gehalten werden. Zum einen wurde vieles schwerer als geplant. Redundanz addierte weiteres Gewicht. Dazu kamen Wünsche der Piloten wie nach einem Beobachtungsfenster: Das Glas, das sowohl die Belastungen beim Start wie beim Wiedereintritt aushielt, war erheblich schwerer als die Hülle, weshalb anfangs nur zwei Gucklöcher vorgesehen waren. Schon McDonnells Vorschlag für das Raumschiff war 2.400 Pfund schwer, allerdings mit der Option das Gewicht um 25 Prozent zu senken.

Trotz zahlreicher Änderungen während der Entwicklung wurde das Raumschiff in Rekordzeit entwickelt. Vorverhandlungen mit McDonnell begannen am 14.1.1959. Schon am 25.1.1959 lieferte die Firma ein einfaches Modell für das Training des Aus- und Einstiegs aus. Die erste Kapsel des Produktionsloses wurde im April 1960 ausgeliefert.

Die Mercurykapsel war sehr klein. Glenn scherzte, dass man in die Kapsel nicht einstieg, sondern sie „anzog". Die Antennen befanden sich in dem zylindrischen Ende. Im Kegelstumpf darunter waren die Fallschirme unterbracht. Die Ausrüstung wurde im Kegel rund um den Astronauten platziert, weshalb sich dieser kaum bewegen konnte. Das Innenvolumen betrug 1,56 bis 1,7 m³, zog man die Ausrüstung ab so blieben aber nur noch 0,91 bis 1 m³ freier Raum übrig.

Die Höhe des Raumschiffs betrug ohne Fluchtturm 297 cm, der maximale Durchmesser 188 cm, was die Größe der Astronauten (die auch noch einen Helm trugen und nicht die volle Tiefe ausnutzen konnten) auf 1,80 m limitierte. Die Form bestand aus zwei abgeschnittenen Kegeln und einem Zylinder an der Spitze des zweiten Kegels.

Insgesamt bestand das Raumschiff aus über 10.000 Teilen. Wobei aber jede Schraube und jeder Widerstand als ein Teil zählte. Zum Vergleich: die 1962 gestarteten Mariner 1+2 Raumsonden bestanden aus jeweils 54.000 Teilen, die Atlas Trägerrakete aus 40.000 Teilen.

Parameter	Wert
Höhe (mit Fluchtturm):	7,41 m
Höhe (ohne Fluchtturm):	2,97 m
Maximaler Durchmesser:	1,88 m
Adapter zur Atlas:	1,33 m
Durchmesser Basiskörper:	1,88 m
Durchmesser Fallschirmbehälter:	81 cm
Länge Fallschirmbehälter:	60 cm
Länge Antennenbehälter:	60 cm
Länge Basiskörper:	170 cm
Volumen:	1,55 – 1,70 m³, freier Raum 0,91 bis 1,01 m³

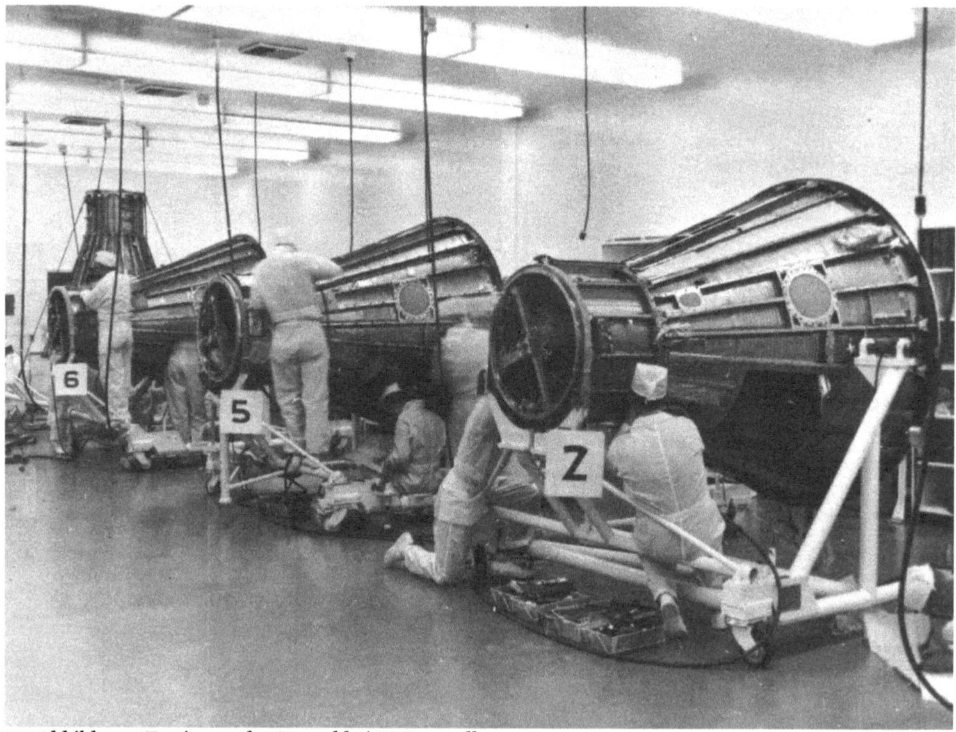

19. Abbildung: Fertigung der Kapsel bei McDonnell

Struktur

Im unteren Kegel befanden sich der Astronaut und die Lebenserhaltungssysteme. Die Antennen und ihre Elektronik waren im obersten Zylinder untergebracht und im mittleren Kegelstumpf dazwischen befanden sich die Fallschirme. Im Antennenzylinder konnte auch ein Subsatellit eingebracht werden, der dann im Orbit freigelassen wurde. Im mittleren Zylinder befanden sich neben den drei Fallschirmen (Pilot, Haupt- und Reservefallschirm) noch alle Systeme, die nach der Landung benötigt wurden. So die SOFAR-Bombe (nicht bei allen Missionen), Leuchtfarbstoff, Stanniol-Radarreflektoren, Peilsender und Antennen für die Sprachkommunikation nach Abwurf des oberen Antennenmoduls, sowie ein aufblasbares Rettungsboot. Er endete in einem oberen, schräg angebrachten Ring, in den das Schleppseil des Hubschraubers eingeklinkt wurde. Er wurde schräg angebracht, damit die Kapsel bei der Bergung ebenfalls schräg an dem Seil hängt. Das reduzierte die Schlingerbewegungen beim Anheben.

Der Hitzeschutzschild unten bestand bei den suborbitalen Kapseln aus Beryllium. Das Material war erprobt und reichte bei den niedrigen Endgeschwindigkeiten aus, um die Energie aufzunehmen. Das erlaubte es, bevor der ablative Hitzeschutzschild qualifiziert war, mit der Erprobung der Kapsel zu beginnen. Für die Mercury-Atlas Missionen wurde dann ein ablativer Hitzeschutzschild eingesetzt.

Die Hülle war doppelwandig. Der Zwischenraum wurde mit Isoliermaterial gefüllt. Oben war die Hülle mit überlappenden Kacheln aus Rene 41, einer Nickellegierung, die noch bis 974 Grad Celsius ihre Festigkeit behält, bedeckt. Rene 41 wird auch für Turbinenschaufeln verwendet. Unten (vom Hitzeschutzschild aufwärts) war die Hülle aus noch hitzebeständigeren Berylliumkacheln. Das geschah nach dem Big Joe Tests, wo die Schindeln aus der Legierung Rene 41 angegriffen wurden. Trotz Kacheln konnte die Titanhülle bis zu 148 °C heiß werden.

In der Außenhülle befand sich die Druckhülle aus zwei Lagen dünnwandigem Titan. Das Metall ist auch bei hohen Temperaturen fest, mit einer Dichte von 4,5 aber erheblich leichter als Stahl. Die Druckhülle hatte nur eine Stärke von 0,252 mm und war mit U-förmigen Trägern versteift.

In die Außenhülle waren im ersten Los nur zwei Bullaugen von je 25,4 cm Größe eingelassen. Ab Kapsel 11 gab es stattdessen ein trapezförmiges Fenster. Es wog mit 31,3 kg deutlich mehr als die beiden Bullaugen mit 10,4 kg. Bei einer Gesamtglasstärke von 8,9 mm war es aber genauso belastbar wie der Rest der Hülle.

Die Kapsel sollte maximal 2.000 Pfund, rund 910 kg wiegen, das war jedoch nicht umsetzbar. McDonnells erster Vorschlag hatte schon ein Gewicht von 1.088 kg. Die Steigerung der Leistung der Atlas lies eine schwerere Kapsel zu. Trotzdem stieg das Gewicht während des Programms um weitere 230 kg an. Die bemannten Kapseln für Orbitmissionen waren zwischen 1.350 bis 1.370 kg schwer. Die suborbitalen Kapseln waren etwas leichter. Die folgende Massenbilanz gilt für John Glenns Kapsel #13, Friendship 7:

Zeitpunkt	Gewicht
Start:	1.934,7 kg
Nach Abtrennung von der Atlas (Fluchtturm abgetrennt):	1.354,8 kg
Vor dem Wiedereintritt:	1.277,3 kg
Nach Abtrennung der Retroraketen:	1.225,2 kg
Gewassert:	1.098,5 kg

Die Kapsel verlor während der Mission einiges an Gewicht. Der Fluchtturm wurde schon vor dem Erreichen des Orbits abgetrennt. Nach Ausbrennen der Retroraketen folgte das ganze Paket, das auch die Posigraderockets enthielt.

Bei der Landung wurde zuerst der obere Zylinder mit den Antennen abgetrennt, um den Pilotfallschirm zu entfalten. Dann wurde der Resttreibstoff abgelassen. Je nach Mission wurden eine SOFAR-Bombe und Radarreflektoren abgeworfen.

Es gab zwei Fallschirme. Zum einen den Pilotfallschirm. Er hatte einen Durchmesser von 2,0 m, entfaltet 1,82 m. Er wurde bei den letzten Missionen in 6,4 km Höhe durch Drucksensoren ausgelöst. Bei den frühen Missionen löste man ihn in größerer Höhe aus. Seine Aufgabe war es, die räumliche Lage der Kapsel zu stabilisieren.

46

Er verlangsamte auch die Kapsel von 311 auf 98 m/s. Er hatte viele Öffnungen und verlangsamte dadurch den Flug der Kapsel nur wenig. Jede der acht Leinen war für eine Belastung von 450 kg ausgelegt, das Gewebe für eine Belastung von 1.350 kg. Er wog 1,43 kg ohne und 2,7 kg mit Verpackung.

Der Hauptfallschirm, mit 19,2 m Durchmesser etwa dreimal größer als ein Fallschirm für einen Fallschirmspringer, wurde durch einen Mörser herausgeschossen. Er war verschnürt. Die Verschnürung öffnete sich erst nach 4 s. Diese Zeit erlaubte es, das die Leinen gerafft wurden und der Pilotfallschirm den Hauptfallschirm in eine stabile Lage zog, in der er nicht taumelte. Beim Öffnen des Pakets wurde mit den Befestigungsleinen auch der Pilotfallschirm abgelöst, der dann wegflog. Die bemannten Raumfahrzeuge hatten einen Reservefallschirm, der durch Zug an einem O-Ring freigesetzt werden konnte. Es erfolgte die Auslösung durch Drucksensoren in etwa 3 km Höhe. Der Hauptfallschirm verlangsamte die Kapsel auf 9,8 m/s (35 km/h). Der Hauptfallschirm wurde an 48 Leinen befestigt, jede Leine stabil bis zu einer Zugkraft von 500 kg. Er befand sich in einem Mörsergehäuse von 27,5 cm Durchmesser. Eine Feststoffkartusche, die Gas freisetzte, schoss ihn mit einer Geschwindigkeit von etwa 80 bis 100 m/s aus dem Rohr.

Zehn Minuten nach der Wasserung wurde der Fallschirm automatisch abgetrennt. Das Abtrennen führte auch zur Freisetzung von etwa 0,5 kg Fluorescin, einem grünen Farbstoff in einem Aluminiumbehälter an der Außenseite und zur Aktivierung eines Blinklichtes, das 15-mal pro Sekunde blinkte. Die Batterien konnten es für 28 Stunden mit Strom versorgen. Es war in der Dunkelheit noch in 64 km Entfernung und aus 3,1 km Höhe zu erkennen.

Der Hitzeschutzschild unten bestand aus Glasfasern in Epoxidharz. Er war linsenförmig geformt mit der größten Stärke in der Mitte. Man hatte ihn so dimensioniert, dass er mehr als ausreichende Reserven hatte. Bei Glenns Mission MA-6 wurden die Retroraketen nicht abgetrennt, weil man nicht wusste, ob sich der Schild gelöst hatte. Daraufhin machte man sich Sorgen, ob die Raketen nicht beim Verbrennen den Schild beschädigen könnten. Maxime Faget, der ihn entwickelt hatte, schloss dies aus, da er eine 100 Prozent Reserve in der Stärke hatte. Der Schild saß in einer Trägerstruktur aus Aluminium in Honigwabenform.

Der Schild war nicht fest mit dem Raumschiff verbunden, daher auch die Besorgnis bei Glenns Flug. Nominell wurde der Hitzeschutzschild 12 s nach Entfalten des Hauptfallschirms abgetrennt.

Er zieht dabei einen Landesack heraus. Das war ein Sack aus Gummi, in der Länge versteift mit Glasfasern. Er hatte unten Löcher. Er wurde nach der Entfaltung auf eine Länge von maximal 1,50 m aufgeblasen. Die enthaltene Luft bildete ein Luft-kissen, sobald der Sack bei der Wasserung zusammengedrückt wurde. Die Luft strömte heraus, aber langsam, ähnlich wie wenn eine Ziehharmonika zusammenge-drückt wird. Dadurch wirkte das Luftkissen als Dämpfer. Der Hitzeschutzschild blieb mit dem Landesack verbunden.

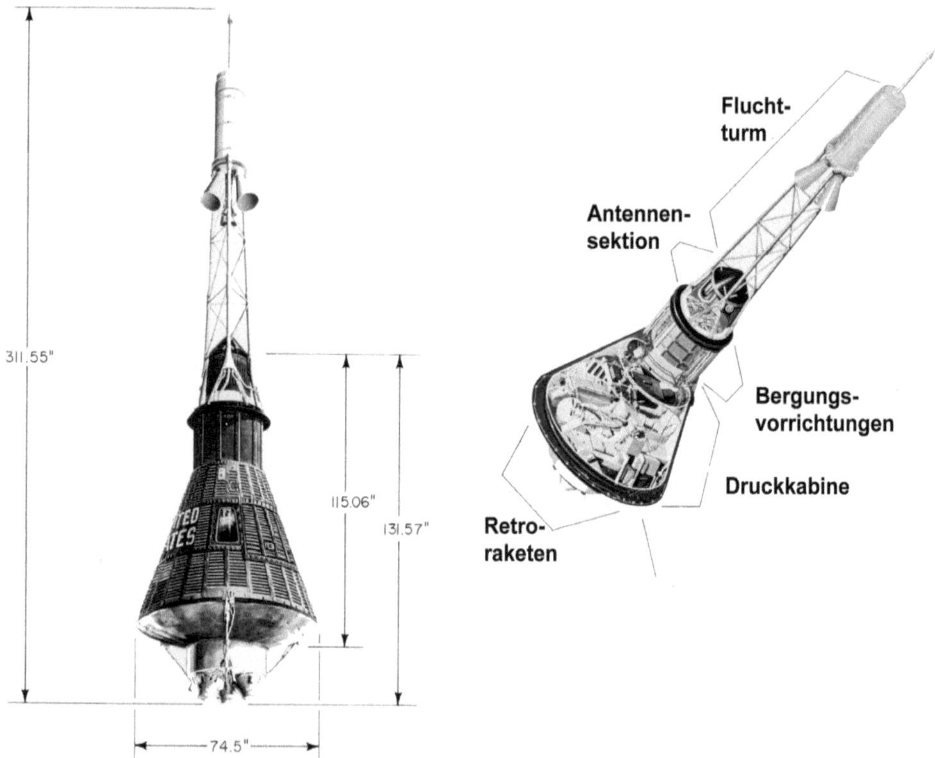

20. Abbildung: Aufbau und Abmessungen der Mercurykapsel © NASA / Bernd Leitenberger

Kabine

Hinten befand sich in der Mitte des Innenraums die Couch für den Astronauten. Sie war so angebracht, dass der Schwerpunkt durch sie ging und auf den Astronauten die Kräfte senkrecht einwirkten. Die Couchstruktur wurde in Honigwabenbauweise ausgelegt, diese hat bei gegebenem Gewicht die maximale Festigkeit. Die Liege war so ausgelegt, dass die Honigwabenstruktur bei Überschreiten einer maximalen Belastung zusammenbrach und die Kräfte so zum Teil aufnahm. Verkleidet war die Liege mit Fiberglas und zum Schluss mit einem Gummiüberzug versehen. Jede Couch wurde individuell nach den Körpermaßen der Astronauten angefertigt. Auf der Couch konnte man für die unbemannten Missionen folgende „Ersatz- Astronauten" befestigen:

- Crewman-Simulator: Hatte die Masse eines Menschen, gab Kohlendioxid und Wasser ab und verbrauchte Sauerstoff. Damit konnte das Lebenserhaltungssystem getestet werden. Für Sprachkommunikation wurde in den Simulator ein Abspielgerät mit vorbespielten Bändern installiert. Eingesetzt in Kapsel 2,6,8.

- „Primaten-Couch": ein hermetisch abgeschlossener Behälter mit einem Sichtfenster. Er wurde wie der Astronautenanzug an das

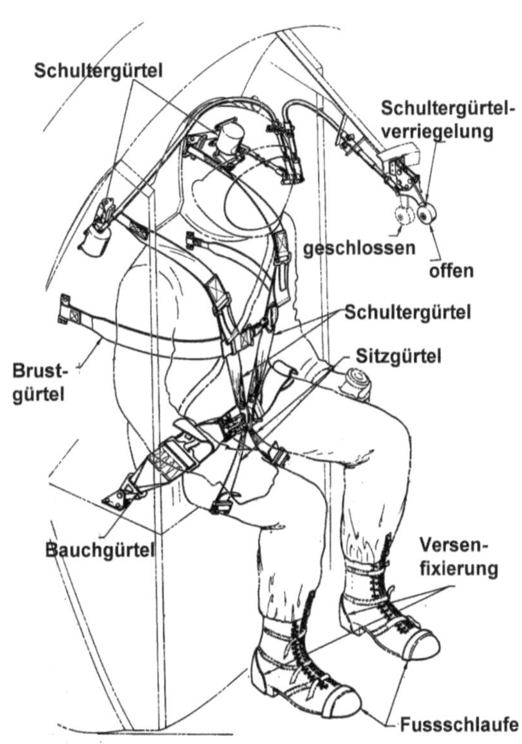

21. Abbildung: Fixierung der Astronauten auf der Couch © NASA / Bernd Leitenberger

Lebenserhaltungssystem angeschlossen. Die Primaten-Couch wurde eingesetzt in Kapsel 5 und 9.

Nur die Kapseln 7, 10, 11, 13 bis 20, also elf von 20 waren für bemannte Einsätze vorgesehen. Bei Verwendung der beiden obigen Einsätze wurde vorher ein Instrumentationspaket auf die Couch befestigt.

In die Couch wurden die Astronauten richtiggehend festgeschnallt. Es gab:

- Einen Helmgurt.

- Einen Schultergurt.

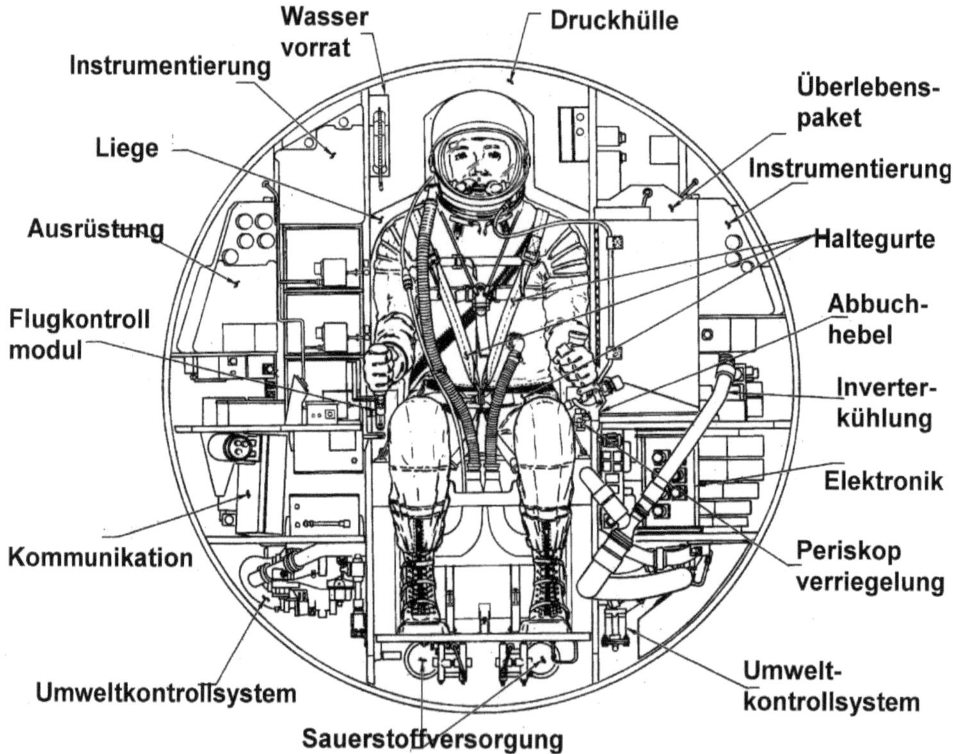

22. Abbildung: Blick auf die Unterseite der Kabine. © NASA / Bernd Leitenberger

- Einen Thoraxgürtel (über dem Brustkorb).

- Einen Hüftgürtel – er verlief über die Oberschenkel und fixierte auch die Unterarme.

- Knieriemen.

- An der Unterseite Buchten für die Fußspitzen.

Lediglich die Hände waren nicht fixiert. Damit es trotzdem nicht zu Verletzungen kam, mussten die Astronauten beim Start die Kontrollen für Abort und Fly-By-Wire festhalten. Nach dem Start konnten die eng sitzenden Helm- und Schulter-

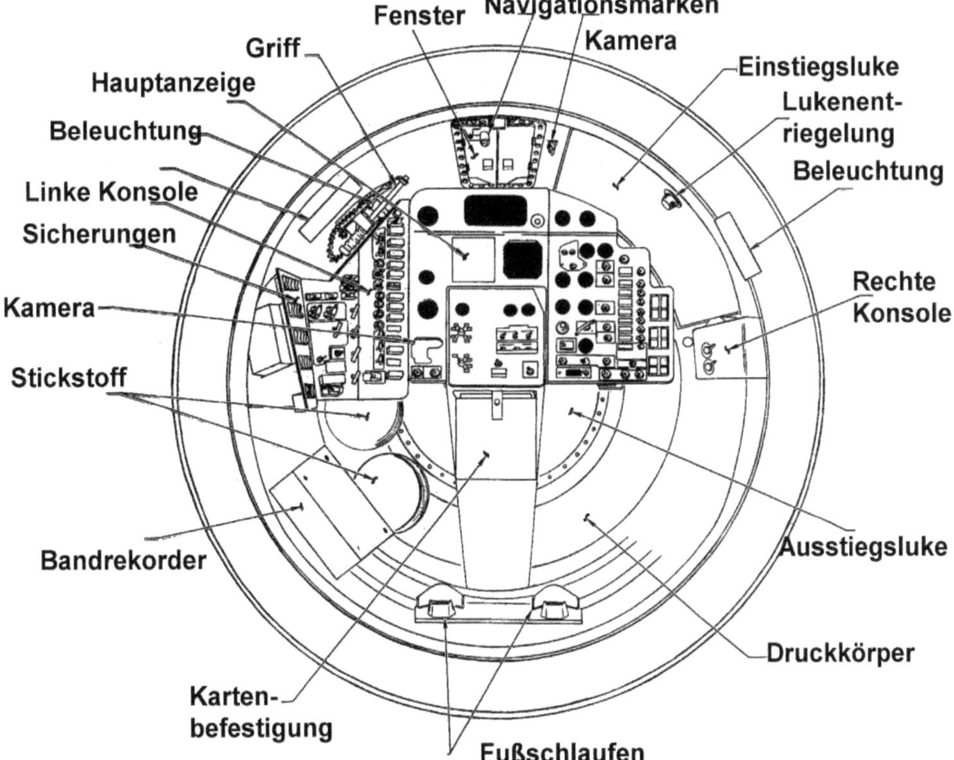

23. Abbildung: Innenansicht der Kabine zur Spitze hin © NASA / Bernd Leitenberger

gürtel durch einen Schiebeschalter gelöst werden. Helm und Schultergürtel waren auch justierbar. Bei späteren Einsätzen ließ man die Fußbefestigung weg.

Um den Astronauten herum befanden sich zahlreiche Einrichtungen für die Kapselsysteme, sodass er sehr wenig Platz in der Kapsel hatte.

Die Anzeige bestand aus drei Teilen. Der Hauptanzeige, die sich 60 cm entfernt, direkt vor dem Gesicht des Astronauten befand und nur den oberen Teil des Raums belegte. Der Rest wurde vom Periskop eingenommen, an dessen Mechanismus das Panel befestigt war. Dazu gab es eine linke und rechte Konsole, die weiter nach unten reichten.

Die linke Konsole war so angebracht, dass der Astronaut sie im angeschnallten Zustand (Aufstieg, Landung) bedienen konnte. In ihr befanden sich eine Warnlichtsequenz, Warnanzeigen, Indikatoren und Kontrollen für das automatische Kontrollsystem, Umweltkontrollsystem und Landesystem. Auf der rechten Seite, unterhalb der Einstiegsluke, befanden sich weitere nicht missionskritische Regler und Anzeigen für das Umweltkontrollsystem.

Der Astronaut stieg von der Seite durch die Einstiegsluke ein. Danach wurde die Luke mit 70 Bolzen fixiert. Die Luke war aus Titan mit vor dem Start angebrachten Rene 41-Schindeln als Oberflächenschutz. Die trapezförmige Luke wog 11,8 kg, bei einer maximalen Breite von 66 cm und einer Länge von 73 cm. Die zweite Generation hatte eine durch Explosivbolzen von innen öffenbare Luke.

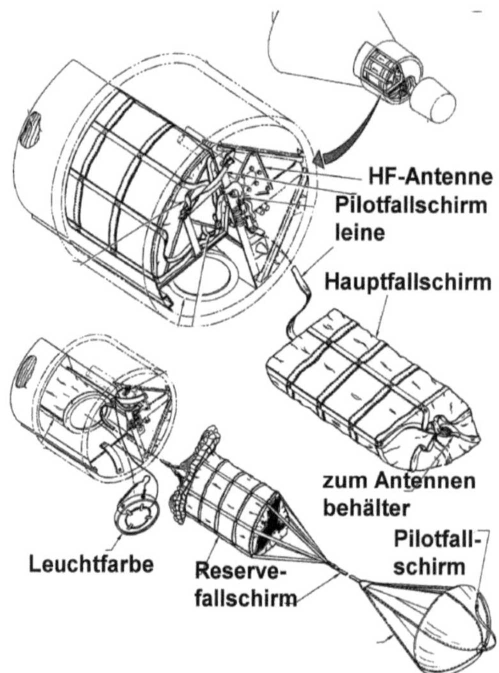

Abbildung 24: Anbringung der Fallschirme
© NASA / Bernd Leitenberger

Sie war dafür gedacht, dass der Astronaut im Falle einer Havarie, wenn Wasser in die Kapsel eindringt, sie schnell verlassen konnte. Die Kapseln für MR-2 und MR-3 hatten einen Riegel und konnten von innen geöffnet werden. Doch dieser Riegel erhöhte das Kapselgewicht um 31 kg. Die explosiv öffenbare Luke hatte angebohrte Bolzen und an der Dichtung zwischen Innen- und Außenseite befand sich ein Gastreibsatz. Er produzierte Druckgas, sodass die Bolzen durchtrennt wurden und die Luke einige Meter weit weg flog. Diese Konstruktion wog weniger und wurde im zweiten Los eingebaut.

Die Astronauten sollten durch die Spitze aussteigen. Nach der Landung war der obere Abschluss mit den Antennen und Pilotfallschirm abgeworfen und der Fallschirm, der den größten Teil des nun folgenden zylindrischen Behälters ausmachte, wurde abgetrennt. Nun sollten die Astronauten Periskop und Panel zur Seite schie-

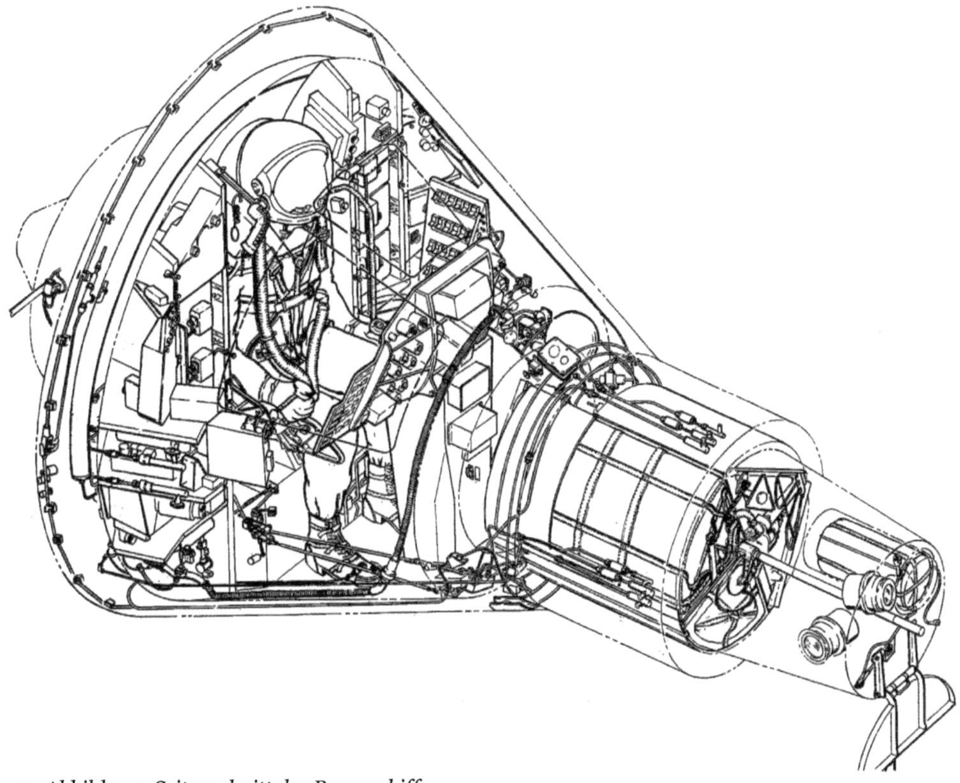

25. Abbildung: Seitenschnitt des Raumschiffs

ben und die obere Luke, die an dem oberen Druckabschluss angebracht wurde, durch einen Hebel lösen. Anschließend sollten sie den Deckel abmontieren und sich durch die Öffnung nach außen zwängen. Der Tunnel war nur 50 cm breit. Das Problem: Man musste seine Arme zuerst durch den Tunnel bringen, konnte sich dann aber kaum abstützen. So war man hilflos, wenn man nun stecken blieb. Scott Carpenter war der einzige Astronaut, der so ausstieg. Er musste auch zwei Stunden auf seine Bergung warten und da wäre es gefährlich gewesen, durch die Seitenluke auszusteigen. Die Kapsel könnte voll Wasser laufen.

Gus Grissom löste unabsichtlich die Seitenluke aus, Glenn, Schirra und Cooper warteten nach dem Vorfall bei Grissom mit der Auslösung, bis die ganze Kapsel auf dem Deck eines Flugzeugträgers abgesetzt wurde.

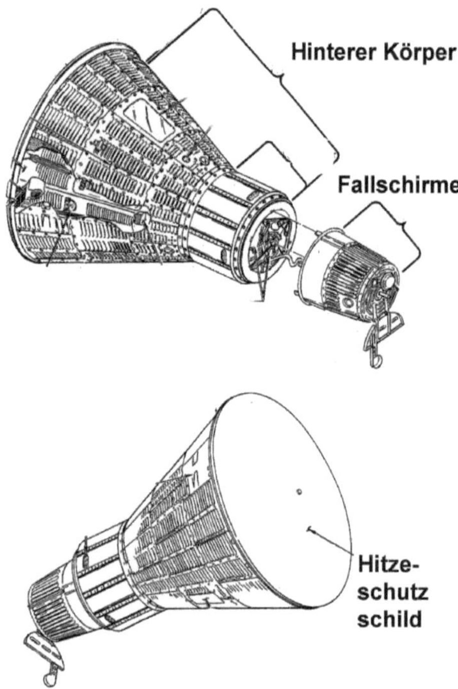

Abbildung 26: Außenansicht der Kapsel
© NASA / Bernd Leitenberger

Lageregelung, Trennraketen, Retroraketen

Die Mercurykapsel hatte zwei getrennte Systeme für die Lageregelung. Ein automatisches und ein manuelles System. Zur Erhöhung der Redundanz waren beide Systeme weitestgehend getrennt. So hatten die beiden Systeme eigene Treibstofftanks, eigene Eingangsventile und eigene Düsen. Falls ein System ausfiel, konnte man so die Treibstoffzufuhr abschalten und mit dem anderen System arbeiten.

Das automatische System war das primäre System. Es hatte einen größeren Treibstoffvorrat als das manuelle System und setzte zwölf anstatt sechs Düsen ein. Das waren pro Raumachse jeweils zwei in jeder Richtung (z. B. +X und -X). Das manuelle System hatte nur eine Düse in jeder Richtung. Es kam mit weniger Düsen aus, weil der Schub regulierbar war. Das automatische System hatte jeweils einen Düsensatz für niedrigen und hohen Schub.

Die Düsen mit dem hohen Schub entpuppten sich als nicht nötig. So wurde beim letzten Flug die Hälfte der Düsen des automatischen Systems entfernt, um das Zusatzgewicht anderer Systeme zu kompensieren, die für die 34-Stunden-Mission von Cooper mehr wogen. Die Rollachsendüsen befanden sich an der Basis, da hier das Raumschiff den größten Durchmesser hatte und der Hebelweg so am längsten war. Die Düsen für Nicken und Gieren dagegen waren im oberen Recoverymodul neben den Fallschirmen. Auch hier war für diese Raumachse der Abstand zum Massenschwerpunkt, der hinten lag, am größten.

System	Schub	Raumachse / Anzahl der Triebwerke
Automatisches System:	108 N	Gieren, Nicken (4)
Automatisches System:	33 N	Rollen (2)
Automatisches System:	4,5 N	Gieren, Nicken, Rollen (12)
Manuelles System:	0 – 33 N	Rollen (2)
Manuelles System:	0 – 108 N	Gieren, Nicken (4)

Das manuelle System hatte Düsen mit Schubregulation. Je nachdem, wie stark der Pilot den Stick bewegte, wurden die Ventile zum Wasserstoffperoxidtank stärker oder schwächer geöffnet. Das automatische System arbeitete mit konstantem Schub. Ein elektrischer Puls öffnete kurzzeitig das Ventil, die Triebwerke arbeiteten im Pulsbetrieb. Der Treibstoffvorrat betrug 6,8 kg im manuellen System und 14,5 kg im automatischen System. Treibstoff war Wasserstoffperoxid (H_2O_2).

Das Wasserstoffperoxid hatte eine Reinheit von 90 Prozent und war in Drucktanks mit einem Anfangsdruck von 207 Bar untergebracht. Eine dehnbare Blase drückte es in die Leitungen. Sank der Druck auf 109 bar im automatischen bzw. 135 Bar im manuellen System, so hatte die Blase den ganzen Tank ausgefüllt und der Treibstoff war verbraucht. Gemessen wurde dieser Tankdruck. Es gab keine Möglichkeit, den Tankinhalt direkt zu messen.

Vor den Leitungen zu den Triebwerken wurde der Druck mit Druckminderventilen auf 33 Bar reduziert. In den Triebwerken war die Brennkammer aus Nickel überzogen mit einer Silber-Goldschicht, um die katalytische Zersetzung zu erhöhen.

Das automatische System wurde von Sensoren gesteuert, die zum einen die Ausrichtung der Kapsel relativ zum Erdhorizont feststellten. Als zweites System wurden Gyroskope (schnell rotierende Kreisel) eingesetzt, welche die absolute Lage im Raum feststellen. Jede Änderung der Rotationsachse eines schnell rotierenden Kreisels ruft eine Kraft, die Nutation, hervor, mit der man die Abweichung von der Rotationsachse feststellen kann. Drei senkrecht aufeinander stehende Kreisel, die in jeweils anderen Raumachsen rotieren, liefern so die Informationen über die absolute Orientierung im Raum. Mercury hatte zwei Kreiselsysteme an Bord. Eines lieferte die Informationen über die absolute Ausrichtung im Raum, das Zweite informierte über die Änderung der Drehrate. Alle Kreisel wurden von Gleichstrommotoren in Rotation gehalten.

Der Erdhorizontsensor war ein Infrarotsensor mit zwei Einzelsensoren. Jeweils einer für die Rollachse und Neigeachse. Ein Prisma rotierte um 90 Grad und tastete so einen Winkelbereich von 45 Grad ab. Das Licht wurde nach einem IR-Filter auf einen IR-Detektor gelenkt. Passierte das Gesichtsfeld den Erdhorizont, so erzeugte das einen Impuls durch die Intensitätsänderung. Der wurde verstärkt und die

Schaltung wusste so, wann der Erdhorizont passiert wurde. Zwei Sensoren ermöglichten die korrekte Ausrichtung der Kapsel relativ zur Erde. Die Sensoren waren so
angebracht worden, das die Kapsel mit einem Winkel von 34 Grad (Nase nach unten), auf die Erde ausgerichtet war.

Leider bleibt bei einem Gyroskop die Raumachse nicht konstant, sondern driftet
mit der Zeit durch die Reibung an der Aufhängung. Die Gyroskope mussten daher
regelmäßig neu orientiert werden. Andernfalls führte das zu einer Fehlausrichtung
des Raumschiffs. Dieses Problem trat bei Mercury-Atlas 7 auf.

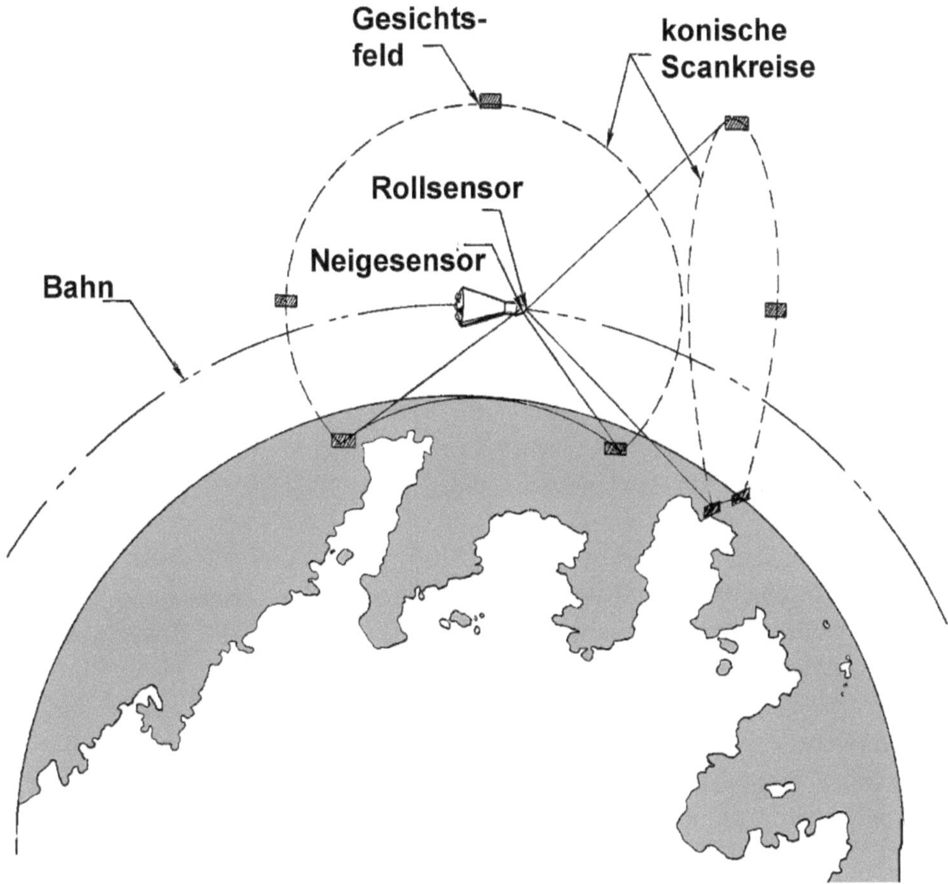

27. Abbildung: Funktionsweise des Horizontsensors © NASA / Bernd Leitenberger

Der Treibstoff Wasserstoffperoxid ist chemisch instabil und zerfällt leicht in Wasser und Sauerstoff. Metalle können diese Reaktion stark beschleunigen. Dabei wird Energie frei, das Wasser verdampft und es bildet sich heißes Gas aus Wasserdampf und Sauerstoff, das durch eine Düse ins Freie entlassen wird und einen Impuls abgibt.

Das System war bewährt. Mit Wasserstoffperoxid arbeiteten schon die Gasgeneratoren der A-4 und Redstone. Es lieferte gemessen an der Treibstoffmenge aber nur einen kleinen Schub. Da die Missionen nur drei Umläufe lang dauern sollten, war dies aber kein Nachteil. Der Hauptvorteil des Systems war, dass es wenige Fehlermöglichkeiten gab. Wasserstoffperoxid musste nicht entzündet werden und es konnte kein falsches Mischungsverhältnis, wie bei einem Zweikomponentensystem geben. Selbst im Falle einer Tankbeschädigung würde Wasserstoffperoxid nicht explodieren, sondern nur ein Teil verpuffen und der Rest als Flüssigkeit freigesetzt werden.

Die Steuerung für den Astronauten bestand aus einem Steuerknüppel. Er konnte in zwei Achsen (X und Y) bewegt werden. Die Y-Achse nickte die Nase der Kapsel, die X-Achse drehte sie (Rollen). Das Verschieben im Raum, das seltener benötigt wurde, erreichte man durch Drehen des Knopfes. Der Steuerknüppel hatte so in zwei Achsen die Standardsteuerung eines Flugzeugs für Neigen und Rollen. Das Gieren wurde in einem Flugzeug durch die Ruder bewirkt. Einige Astronauten, so Deke Slayton, plädierten für Ruder wie beim Flugzeug. Sie setzten sich aber nicht durch. Der Steuerknüppel befand sich auf der rechten Seite der Kapsel.

Die Steuerung über einen Stick, englisch „Fly by wire" war eine Novität. Selbst modernste Kampfflugzeuge und Verkehrsmaschinen wurden damals direkt gesteuert. Eine Hydraulik oder Pneumatik übersetzte und verstärkte die Bewegungen der Kontrollen durch den Piloten direkt in mechanische Signale. Beim Fly by Wire wird das elektrische Signal des Steuerknüppels übertragen und erst am Ruder wieder in eine mechanische Bewegung umgesetzt. Das spart nicht nur Gewicht für die hydraulischen Leitungen ein, sondern ermöglicht auch eine Kontrolle durch einen Computer, der verhindert, dass eine Maschine ins Trudeln gerät, weil der Luftstrom abreist. Eine Computersteuerung gab es bei Mercury noch nicht, aber bei Apollo. Als Neil Armstrong das Apolloprogramm verließ, wechselte er ins „Fly by

Wire"-Programm der NASA. Es führte die im Apolloprogramm bewährte Kombination von Steuerknüppel und Computerkontrolle in Kampfflugzeugen ein, denn die arbeiteten zehn Jahre später immer noch mit der direkten Steuerung.

Zwei Hebel erlaubten das Fixieren des Sticks in der Neigungsposition und der Rollposition, sodass sich der Pilot auf die Korrektur der jeweils anderen Achse konzentrieren konnte.

Das automatische System entpuppte sich als Spritfresser. Das lag zum einen an zahlreichen Fehlfunktionen, z. B. einer dauernd feuernden Düse bei MA-5 (S. 316). Es lag aber auch an dem Design. Das System wurde aktiv, sobald die Lage des Raumschiffs einen bestimmten Schwellenwert überschritt. Dann zündete es die Düsen, die das Raumschiff wieder in die korrekte Lage zurückbrachten. Das stoppte, sobald Sensoren wieder signalisierten, dass die Ursprungslage erreicht war. Die Bewegung durch den Schub blieb aber erhalten, sodass bald darauf das Raumschiff wieder fehlorientiert war, diesmal in der anderen Richtung. Dann wurden die Düsen auf der entgegengesetzten Seite gezündet, um dies auszugleichen. Das System arbeitete zwar nicht endlos, weil der Impuls mit jedem Zyklus kleiner wurde, aber es war ineffizient.

Ein Mensch hätte vorausschauend langsam den Schub in Gegenrichtung vor Erreichen der Ziellage erhöht. Der hohe Treibstoffverbrauch von Mercury war auch dem Konzept geschuldet: unmittelbar nach Abtrennung von der Atlas drehte sich die Kapsel in die Wiedereintrittslage. Diese behielt das automatische System dann bei, sodass jederzeit die Retroraketen feuern konnten. Da die Kapsel aber die Erde in 90 Minuten umrundet, veränderte sich die Lage relativ zum Erdhorizont und die Kapsel musste sich einmal pro Umlauf drehen. Anstatt die Kapsel aber in diese langsame Rotation um die Längsachse zu versetzen, korrigierte das automatische System, sobald der Horizontsensor den Erdhorizont nicht mehr sah – das trieb den Treibstoffverbrauch hoch.

Der Astronaut konnte mit seinem Steuerknüppel nicht nur den manuellen Treibstoffvorrat nutzen, sondern nach Umlegen eines Schalters auch das automatische System übernehmen und die Ventile zu den Düsen direkt kontrollieren.

Während des Wiedereintritts gab es einen weiteren Modus. In ihm rollte das automatische System die Kapsel langsam (mit 10 bis 12 Grad/s, eine Umdrehung in 30 bis 36 s) um die eigene Achse. Damit wurde vermieden, dass der Hitzeschutzschild sich einseitig abnutzt.

Die Mercurykapsel konnte noch nicht wie die Nachfolgeraumschiffe Gemini und Apollo die Bahn aktiv verändern. Einen Plan für einen Formationsflug, wie ihn Russland mit Wostok 3/4 und 5/6 durchführte, wurde daher fallen gelassen, weil es ohne diese Fähigkeit nicht möglich war, die beiden Raumschiffe nahe beieinander zu halten. Eine Trägerrakete konnte die Kapseln zwar in nahezu gleiche Bahnen befördern, aber der Restfehler beim Einschuss war so groß, dass die beiden Raumschiffe nur einmal kurz aneinander vorbeiflogen und sich dann wieder voneinander entfernten. So war es auch bei den beiden russischen Missionen.

Zusätzlich zu dem Lageregelungssystem gab es noch zwei weitere Raketensysteme mit Feststoffantrieben und damit festem Impuls. Das eine waren die im Mercuryjargon genannten „Posigrade Rockets". Die heutige Bezeichnung ist „Trennraketen". Sie beschleunigten die Kapsel nach der Durchtrennung der Verbindung zur Trägerrakete. Damit entfernte das Raumschiff sich von der Atlas und erhielt eine höhere Geschwindigkeit, was den erdfernsten Punkt der Bahn um 10 bis 20 km anhob.

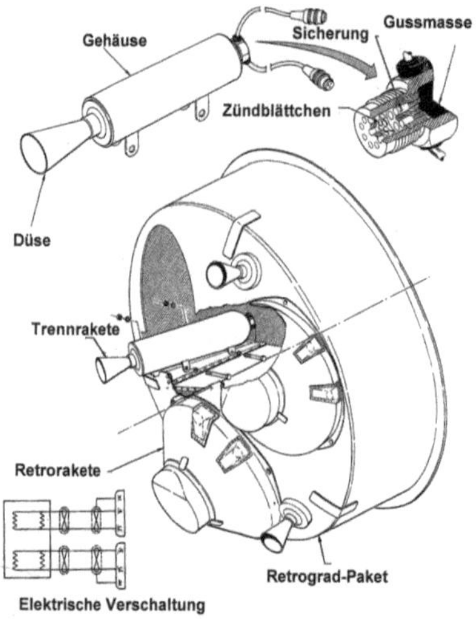

Abbildung 28: Die Trennraketen
© NASA / Bernd Leitenberger

Diese Trennraketen wurden von der Atlas übernommen. Bei der Atlas entfielen sie dagegen. Es waren drei in einem Abstand von 120 Grad im Retroraketenpaket. Sicherheit gab es dadurch, dass der Zündfunke redundant von zwei Stellen in die Rakete geleitet wurde und nur eine der drei Raketen nötig war, um die Kapsel abzutrennen. Ohne Trennrakete hätte sich die Kapsel nur langsam von der Atlas entfernt, die Verbindung wäre aber in jedem Falle durchgetrennt worden. Das war der Fall bei Big Joe 1, bei der noch keine Trennraketen installiert waren.

Trennraketen (Posigrade Rockets)	
Parameter Trennraketen	**Wert**
Durchmesser:	7,1 cm
Länge:	37,4 cm
Gewicht:	2,37 kg
Schub:	1.860 N
Brenndauer:	1,01 s
Beschleunigung:	4,5 m/s

Die Posgirade Rockets befanden sich zusammen mit den Retroraketen in einem gemeinsamen zylindrischen Gehäuse unterhalb des Hitzeschutzschildes. Gemeinsam mit den Retroraketen wurden sie vor dem Wiedereintritt abgeworfen. Vorher war das Paket an drei Stellen mit Spannbändern am Hitzeschutzschild angebracht. Pyrotechnische Ladungen durchtrennten die Befestigungsbolzen und der Impuls der Spannbänder, unterstützt von einer Sprungfeder unter dem Paket, schleuderte dann das ganze Paket weg.

Es gab drei Retroraketen, jede mit zwei Zündern. Es reichte ein Zünder aus, doch aus Sicherheitsgründen gab es zwei an gegenüberliegenden Seiten. Die drei Retroraketen wurden in Intervallen von 5 Sekunden gezündet. Zuerst die linke, dann die untere, dann die rechte. Zündeten alle drei Retroraketen, so hob sich der jeweils zum Zentrum der Kapsel verschobene Schubvektor auf. War das nicht der Fall, so wurde die Sequenz unterbrochen, da dann die Kapsel vor der nächsten Zündung neu orientiert werden musste, sonst wäre der Schub asymmetrisch gewesen. Damit die Kapsel direkt in Bahnrichtung abgebremst wird, musste sie vor der Zündung um 34 Grad nach unten geneigt werden. Diese Ausrichtung, sowie die Lage in der Rollachse und Querachse, wurde überwacht und gab es Abweichungen von mehr als einem Grad, so zündeten die Raketen nicht, bzw. wenn dies erst nach der Zündung der ersten Rakete vorkam, so wurde die Sequenz unterbrochen. Auch dann musste die Kapsel neu ausgerichtet werden.

Diese Automatik konnte überstimmt werden. Das musste Carpenter tun, weil seine Kapsel fehlorientiert war. Die falsche Ausrichtung sorgte für den größten Teil der

Abweichung vom Landepunkt, weil so ein Teil des Schubs nicht der Abbremsung diente, sondern die Bahn veränderte.

Es gab aus Redundanzgründen drei Retroraketen. Zwei reichten aus, um die Kapsel abzubremsen. Eine war gerade noch ausreichend – die Kapsel hätte die Erde erreicht, jedoch auf einem viel flacheren Pfad. Dann wurde der Hitzeschutzschild stärker belastet, er war jedoch dafür ausgelegt. Zudem ging dann die Kapsel nicht im Zielgebiet nieder. Würde keine Retrorakete zünden, so würde die Kapsel in einigen Tagen bis einer Woche von alleine in die Atmosphäre eintreten, so lange reichten aber die Vorräte an Bord nicht.

So durfte ein Drittel der Systeme ausfallen, ohne die Mission zu beeinträchtigen, obwohl Feststofftriebwerke, wenn sie einmal gezündet sind, abbrennen. Jede Rakete verlangsamte das Raumschiff um 45 bis 51 m/s.

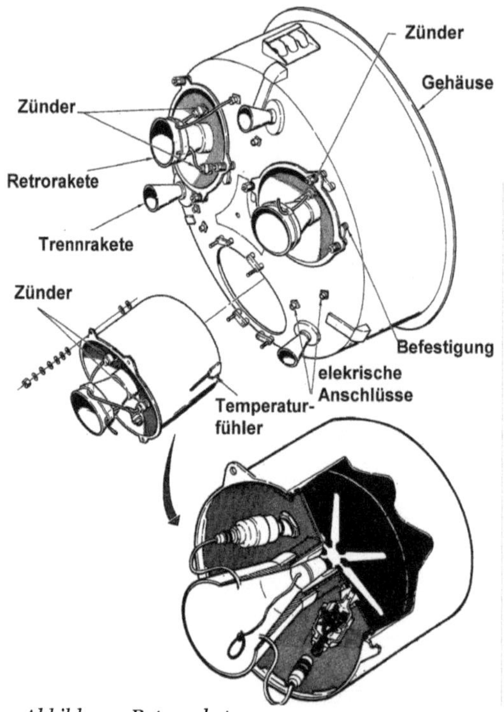

29. Abbildung: Retroraketen
© NASA / Bernd Leitenberger

Der Astronaut konnte einen Schalter umlegen, um die automatische Sequenz zu überbrücken. Die automatische Sequenz wurde von einer Uhr ausgelöst, die vom Start beginnend rückwärts zählte, bis die nominelle Zeit für das Retromanöver gekommen war. In den Missionen wurde diese Uhr laufend angepasst, weil es schon beim Einschuss in die Bahn Abweichungen von der Vorgabe gab und die Umlaufdauer durch Abbremsung laufend kürzer wurde. Die Retrosequenz konnte auch von der Bodenkontrolle manuell durch ein Funkkommando ausgelöst werden. Das tat man bei MA-5, als man die Mission um einen Orbit verkürzte.

Es gab neben dem Licht, das die Sequenz begonnen hatte, noch vier weitere in der Konsole. Sie zeigten an, ob die Raketen zündeten (drei LED) und ob das Paket abgetrennt wurde. Im Prinzip waren sie nicht nötig, weil der Astronaut das Zünden spüren konnte, er wurde beim Zünden der ersten Rakete mit 0,5 g abgebremst, nach dem Zünden der Zweiten schon mit 1 g. Die Brenndauer war mit 11 s länger als der Abstand der Zündzeitpunkte von 5 s, sodass sich der Betrieb von zwei Raketen überlappte.

60 s nach dem Ende der Sequenz, die 30 s dauerte, wurden die Retroraketen abgetrennt. Auch dafür gab es einen Schalter, mit dem man dies manuell auslösen konnte. Es führten jeweils unterschiedliche elektrische Leitungen vom automatischen und manuellen Zündsystem zu den Raketen / pyrotechnischen Trennanlagen. Auch deswegen hatten die Raketen immer zwei Zünder.

Retroraketen (3 Stück)	
Parameter Retroraketen (pro Stück)	Wert
Durchmesser:	30,48 cm
Länge:	39,1 cm
Treibstoffgewicht:	30,9 kg
Schub:	4.800 N
Brenndauer:	11,26 s
Gesamtimpuls:	58.000 Ns

Abbildung 30: Blick auf die Retroraketen und Trennraketen

Rettungsturm und ASIS

Oben auf dem Raumschiff befand sich der Rettungsturm. Es war eine Gitterstruktur, die oben mit einer Feststoffrakete von 121 cm Länge endete. Der Mast aus Stahl war mit einem hitzebeständigen Material überzogen. Er war leicht zur Längsachse geneigt, sodass der Fluchtturm bei Auslösung die Kapsel zur Seite wegzog. Ursprünglich hatte die Rakete nur eine Düse, die direkt nach unten zeigte. Als es Probleme mit dem Zünden gab und die Rakete zu langsam startete, wurde die Konstruktion abgeändert und drei Düsen im 120-Grad-Winkel zueinander und 30 Grad zur Senkrechten geneigt, installiert. Der Rettungsturm war auf einem Ring aus Stahl angebracht, der mit einer klammernden Befestigung an der Kapsel angebracht wurde. Die Verbindung wurde durch Explosivbolzen durchtrennt.

Die elektrischen Leitungen führten unter dieser Verkleidung von der Trägerrakete zur Kapsel.

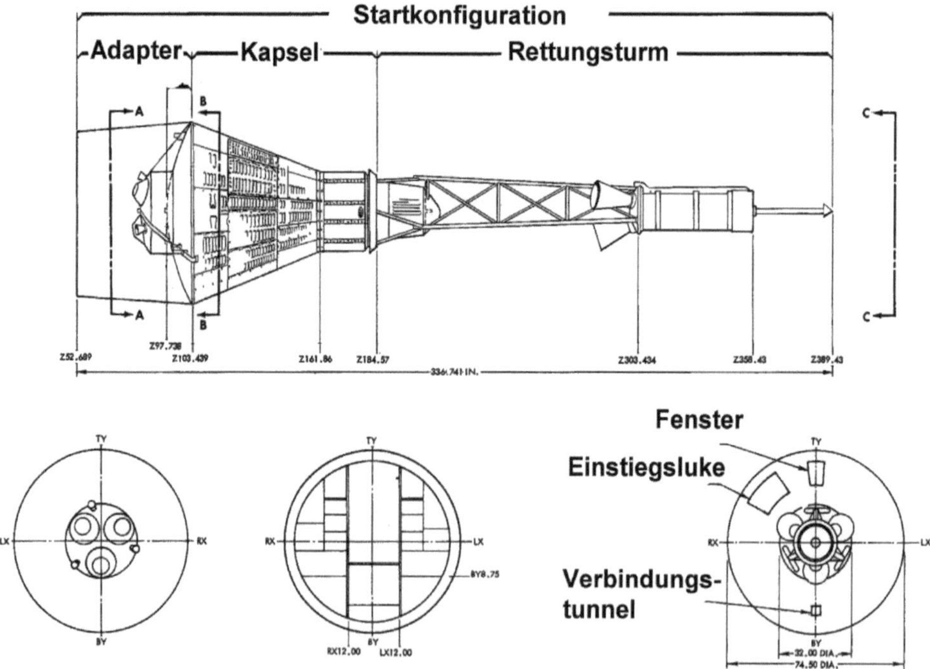

31. Abbildung: Der Rettungsturm © NASA / Bernd Leitenberger

Die Hauptrakete der Grand Central Rocket Company hatte einen Schub von 52.000 US-Pfund, das sind 233 kN. Ihre Brenndauer betrug nur 1,4 s. In dieser Zeit beschleunigte sie die Kapsel um 560 km/h. Die erste Generation hatte eine noch kürzere Brenndauer von nur 0,78 s. Sie kam bei den suborbitalen Flügen zum Einsatz und beschleunigte die Kapsel um 270 km/h. Um den Tower selbst weich abzutrennen, gab es drei weitere Raketen mit je 3.600 N Schub.

Der Rettungsturm blieb während der suborbitalen Missionen während der ganzen Betriebszeit der Redstone mit der Kapsel verbunden und wurde erst nach Brennschluss abgesprengt. Beim Start mit der Atlas war dies nicht möglich. Die Atlas hätte das zusätzliche Gewicht nicht in den Orbit befördern können. Bei der Atlas erfolgte die Abtrennung nach 152 bis 154 s, 20 bis 22 Sekunden nach dem Abwurf der Boostertriebwerke. Bei einem nun folgenden, schwerwiegenden Vorfall hätte man das Zentraltriebwerk der Atlas abgeschaltet. Die Abtrennung des Fluchtturms erfolgte in einer Höhe von fast 90 km. In dieser Höhe rechnete man nicht mehr mit dem Einwirken von aerodynamischen Kräften auf die Atlas, die zu einem Versagen der Hüllenstruktur und damit einer Explosion führen konnten.

Daher war das Abschalten des Triebwerks zu diesem Zeitpunkt eine Option, die weitestgehend sicher war. Die Kapsel hätte sich mit den Trennraketen gelöst. Nachdem sich durch die Beschleunigung die Distanz zur Atlas vergrößerte, wäre das normale Wiedereintrittsprogramm durchgeführt worden. Die Kapsel hätte sich in eine Position gedreht, in der die Retroraketen zünden konnten, eventuell gefolgt von deren Zünden und Abwurf. Dies war notwendig, damit die Kapsel noch vor der Küste Afrikas im Meer niederging. Ohne Abbremsung könnte bei einem Versagen der Atlas erst kurz vor dem Brennschluss der Wiedereintritt über dem afrikanischen Kontinent oder sogar im Indischen oder Pazifischen Ozean erfolgen, wo es keine Bergungsflotte gab.

Fluchtturm	
Parameter	Wert
Gesamtlänge:	5,20 m
Schub (Haupt / Trennraketen):	231,2 kN / 3 × 3,6 kN
Brennzeit Redstone:	0,74 s
Brennzeit Atlas:	1,42 s
Gewicht Redstone:	486 kg, davon 152 kg Treibstoff
Gewicht Atlas:	580 kg, davon 258 kg Treibstoff

Ausgelöst wurde der Rettungsturm entweder durch Funkkommando, durch den Piloten oder automatisch. Dafür wurde das ASIS (**A**utomatic **I**nflight **A**bort sensing **S**ystem) entwickelt.

Das ASIS war, als es vorgeschlagen wurde, nicht unumstritten. Verfechter für eine Automatik, die das Raumschiff von der Rakete trennt, war Wernher von Braun. Er brachte als Raketenbauer das Argument vor, dass bei einer Rakete die Zeitspanne zwischen dem Auftreten einer Störung und einem katastrophalen Ereignis so kurz ist, dass ein Mensch nicht schnell genug entscheiden kann. Eine andere Position hatten die Ingenieure bei Convair, die sich anfangs stark gegen das ASIS wehrten. Sie sahen ihre Atlas als fehlerfrei an und vertraten die Ansicht, dass ein weiteres System eher die Wahrscheinlichkeit einer Fehlfunktion erhöhte. Diese Einschätzung änderte sich, als die Atlas Fehlstarts hatte und bei der Sprengung der Atlas von MA-3 (S. 293) der Fluchtturm wenigstens die Kapsel rettete.

Von Brauns Vorschlag fiel bei der STG auf fruchtbaren Boden. Dort sah man die Zuverlässigkeit der Trägerraketen als das größte Missionsrisiko und plädierte für ein automatisches System, das den Passagier schnell aus der Gefahrenzone brachte.

Primär sollte ASIS die Kapsel bei einem Atlasstart retten, da die Redstone zum einen erprobter war. Zum anderen war die Redstone inhärent sicherer, setzte z. B. keine innendruckstabilisierten Tanks ein. ASIS wurde auch auf der Redstone eingesetzt.

Bei der Konzeption von ASIS überlegte man sich, welche kritische Parameter das System überwachen sollte. Es war bei dem Stand der Technik nicht möglich, Dutzende Messsensoren zu überwachen. Die Sensoren waren zwar vorhanden, schickten ihre Telemetrie aber nur zu einer Empfangsstation. Dort ergaben die Telemetrie erst nach längerer Auswertung Aufschluss über das Funktionieren oder Fehlfunktionen der Systeme. Eine Realzeitauswertung des gesamten Telemetriestroms war damals nicht möglich. ASIS konzentrierte sich daher auf drei Hauptparameter:

- **Drücke**: Tankdruck und Brennkammerdruck: Ein Überdruck konnte den Tank zum Bersten bringen, ein Unterdruck weist auf ein Leck hin. Bei der Atlas konnte auch die Hülle kollabieren. Sinkt der Triebwerksdruck ab, so gibt es Verbrennungsinstabilitäten, das Triebwerk ist beschädigt oder schaltet sich vorzeitig ab.

- **Lageänderungen der Rakete**. Die Rakete startete zuerst senkrecht. Danach drehte sie sich mit konstanter Geschwindigkeit. Gab es drastische Lageänderungen oder unerwünschte Drehungen, so stimmte etwas mit der Orientierung der Rakete nicht. Bei zu schnellen Drehungen in der Atmosphäre konnte die Struktur beschädigt werden.

- **Elektrisches System**: Die Raketen wurden durch einen Autopiloten gesteuert, fiel er oder seine Stromversorgung aus, so konnte man dies durch einen Spannungsabfall bemerken. Analog wurde auch das elektrische System der Kapsel überwacht.

Dazu kamen weitere Sensoren, die bei Redstone und Atlas spezifische Dinge überwachten. Diese drei Kernparameter bestimmten auch die Abortregeln für die Mission, welche die Flugkontrolle ausarbeitete.

Alle Sensoren für ASIS hatten positive und negative Redundanz. Sie waren redundant vorhanden, um gegen einen Ausfall eines Sensors abgesichert zu sein und die Schaltung war so ausgelegt, dass ein Sensorausfall keinen Abort verursachte. Das ASIS wurde in die Rakete integriert und war daher nur vom Start bis zur Abtrennung der Kapsel aktiv.

Das ASIS überwachte zum einen die absolute Lage der Rakete. Die Gyroskope des Steuerungssystems lieferten die aktuelle Ausrichtung und das Programm im Autopilot die Vorgabe. Wich die echte Ausrichtung um mehr als 5 Grad (10 Grad in der Rollachse) von der Vorgabe ab, so wurde ASIS aktiv. Die Drehrate durfte 5 Grad/s nicht überschreiten. Eine zu hohe Rollrate (über 12 Grad/s) löste nicht den Abbruch aus, brachte aber die Alarmleuchte in der Kapsel und den Überwachungspulten der Flugkontrolle zum Leuchten.

Überwacht wurde die Kapselspannung, die (alle drei Batterien kombiniert) bei über 60 V lag. Sank sie auf unter 50 Volt, so löste dies den Abbruch aus, genauso, wenn die Spannung der Raketenelektronik unter 28 Volt sank. Der Tankdruck wurde bei der Redstone nicht überwacht. Bei beiden Trägern wurden die Triebwerke überwacht. Sank der Druck im A-6 Triebwerk der Redstone von 20,7 auf 14,5 Bar, so löste dies den Abbruch aus.

ASIS war kein computerisiertes System. Es wurde der Output von Sensoren durch eine Schaltung so verstärkt, dass er beim Überschreiten oder Unterschreiten des Vorgabewerts genügend Strom abgab, ein Relais oder eine Diode zum Umschalten zu bringen. Dieses Umschalten leitete den Strom direkt auf die Zündbolzen des Fluchturms. Eine kurze Verzögerung im Bereich von bis zu 50 ms konnte man durch einen Kondensator in der Schaltung erreichen. Dieses einfache System hatte den Vorteil einer für die damalige Zeit sehr schnellen Reaktion. Bei MR-1 wurde eines der Kabel 20 ms zu spät abgetrennt, das reichte aus, ASIS auszulösen. Dazu kam ein Zeitgeber, mit dem man bestimmte Sensoren erst zu bestimmten Zeiten „scharf" stellen konnte.

Der Konzeption gingen Auswertungen der Atlastelemetrie voraus, die auch die STG beruhigten: es war in der Telemetrie erkennbar, dass es immer einige Sekunden zeitlichen Abstand zwischen einer Veränderung eines Messparameters und einem katastrophalen Ereignis gab. Das reichte aus, um die Kapsel in Sicherheit zu bringen. Trotzdem hatte der Fluchtturm eine hohe Beschleunigung von fast 12 g, um schnell die Kapsel auf Distanz zu bringen.

Wurde ein Kommando zur Selbstzerstörung der Rakete geschickt, so löste dies automatisch das ASIS aus. Die Rakete wurde durch eine Verzögerungsschaltung erst 3,3 Sekunden später gesprengt, damit die Explosion nicht die Kapsel beschädigte.

Es gab vier manuelle Möglichkeiten, um den Abbruch auszulösen:

- Im Blockhaus bei der Startrampe – bei einer sich anbahnenden Explosion vor dem Start. Mit dem Abheben wurde dieser Schalter gesperrt.

- Im Mercury Kontrollzentrum durch den Flugleiter der Mercury Mission Chris Kraft.

- Im Mercury Kontrollzentrum durch den Sicherheitsoffizier (wenn die Rakete vom Kurs abkam und bewohntes Gebiet überflog, so geschehen bei MA-3).

- Durch den Astronauten selbst, allerdings erst nach dem Abheben.

Das ASIS wurde beim ersten Flug MA-1 (S. 260) als offenes System installiert. Die Daten wurden von der Missionskontrolle geprüft und das Selbstzerstörungskommando überstimmt werden. Bei allen folgenden Atlas-Flügen nutzte die NASA ein geschlossenes System, das nicht von außen überstimmt werden konnte. Die manuelle Auslösung wurde initiiert, als bei MA-3 (S. 293) die Atlas vom Kurs abkam und die Sprengung der Atlas D zur Auslösung des Fluchtturms führte.

ASIS war ein Grund für die Little Joe Tests. Es erwies sich schließlich als sehr zuverlässig. Im nachfolgenden Geminiprogramm gab es ein ähnliches System. Es gab aber keinen Fluchtturm. Das lag daran, dass die NASA in der frühen Projektphase den ambitionierten Plan hatte, das Geminiraumschiff an einem Gleitfallschirm auf einer Luftwaffenbasis zu landen. Das schloss einen Fluchtturm aus.

Der Gleitschirm und die Landung an Land wurden aufgegeben, doch ein Fluchtturm kam nicht mehr hinzu. Das MDS (**M**ailfunction **D**etection **S**ystem) bei Gemini führte bei einer Fehlfunktion in der ersten Stufe eine Stufentrennung durch, bei einer Fehlfunktion der zweiten Stufe wurde dagegen nur der Pilot informiert, der dann mit einem Griff gleichzeitig das Abschalten der zweiten Stufe und das

Zünden der Trennraketen initiierte. Drehte er den Griff in niedriger Höhe, so wurden die beiden Astronauten durch die Fenster in den Einstiegsluken mit Schleudersitzen herausgeschleudert und landeten dann einzeln an Fallschirmen.

Apollo setzte dann wieder einen Fluchtturm und ein System zur Detektion von Fehlern ein, das Emergency Detection System. Das Space Shuttle musste konstruktionsbedingt wieder ohne ein solches System auskommen. Es gab die theoretische Möglichkeit die Mannschaftskabine abzutrennen, doch das hätte so viel Gewicht addiert, das die Nutzlast stark abgesunken wäre. Ebenso setzt die Sojus einen Fluchtturm mit ähnlicher Konstruktion ein, auch von Feststoffraketen angetrieben. Die frühen russischen Missionen Wostok und Woschod mussten dagegen ohne Fluchtturm auskommen.

Die aktuellen NASA-Raumschiffe haben wieder Rettungssysteme installiert. Das Emergency Detection System von ULA für die Starliner überwacht 24 Parameter der Atlas und Centaur. Beide Raumschiffe, Starliner und Dragon 2 nutzen aber eines oder mehrere Triebwerke im Boden des Raumschiffs und verzichten auf einen Fluchtturm. Zudem setzen beide Firmen auf Triebwerke mit flüssigen Treibstoffen.

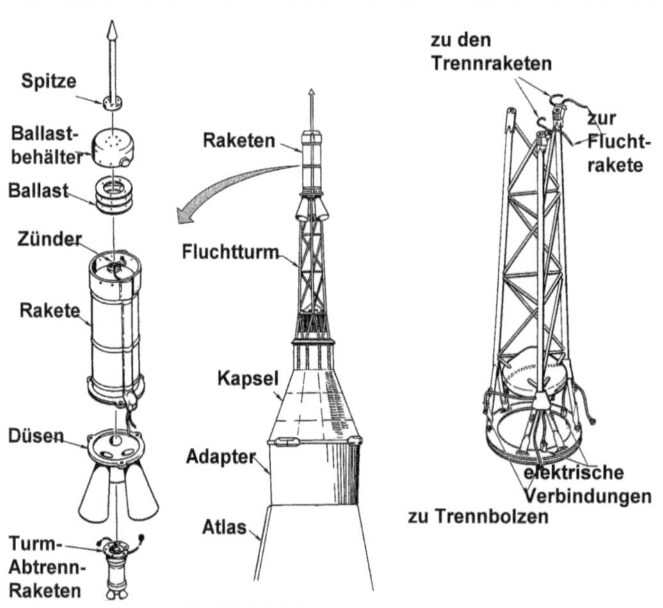

32. Abbildung: Aufbau des Fluchtturms © NASA / Bernd Leitenberger

Elektrisches System

Die Stromversorgung von Mercury bestand aus Batterien. Es gab bei der letzten Mission drei Primärbatterien von je 3.000 Wh, zwei Sekundärbatterien von ebenfalls 3000 Wh und eine Reservebatterie von 1.500 Wh Kapazität. Bei den Modellen für drei Orbits waren es nur drei (anstatt fünf) Batterien mit 3.000 Wh Kapazität, und zwei 1.500 Wh Sekundärbatterien. Primär- und Sekundärbatterien waren elektrisch getrennt, sodass ein Ausfall des Verteilungsnetzes nicht die gesamte Stromversorgung lahmlegte. Die Silberzinkbatterien waren wiederaufladbar, lieferten bei voller Füllung eine Spannung von 24,5 Volt. Silberzinkbatterien wurden in den fünfziger und sechziger Jahren oft in der Raumfahrt eingesetzt, da sie eine hohe Leistungsdichte aufwiesen, auch wenn sie durch die Verwendung des Edelmetalls sehr teuer waren. Sie werden heute noch eingesetzt, wenn eine hohe Leistung bei kleinem Volumen benötigt wird, z.B. für Uhren und Hörgeräten.

Mittels eines Voltmeters konnte die Spannung der Batterien geprüft werden. Zwei Inverter wandelten den Gleichstrom in 115 V Wechselstrom mit 500 Hz um. Der erste Inverter hatte eine Abgabe von maximal 250 Watt, der Zweite von 150 Watt. Als Reserve hatte ein weiterer Inverter eine Leistung von maximal 250 Watt.

Die drei Primärbatterien versorgten den 24 V Bus des Raumschiffs mit Strom. Die Sekundärbatterien (Mercury-Jagron: Standby Batteries) versorgten Geräte, die mit niedrigeren Spannungen von 6 bis 18 V arbeiteten. Dazu gehörten Warnlampen, das Licht in Dimstellung und die Kommunikationsausrüstung.

Im Normalfall versorgten die drei Primärbatterien den Systembus, die Standbybatterien leisteten Unterstützung, hielten die Spannung konstant. Waren die Primärbatterien erschöpft, so konnten die Sekundärbatterien auf den 24-Volt-Bus geschaltet werden. Dazu gab es einen Schalter auf der Konsole. Die Reservebatterie mit nur 1.500 Ah war für Notfälle vorgesehen und wurde erst mit einem umgelegten Schalter an den Bus angelegt.

Bei einer Mission war der Stromverbrauch stark schwankend. Die Primärbatterien mussten zwischen 204 und 842 Watt abgeben. Während der Orbitphase waren es ohne Sender um die 220 bis 260 Watt. Bei den Sekundärbatterien waren es minimal 81,7 und maximal 276 Watt beim Betrieb der Sender.

Man musste für die längeren Missionen die Batteriekapazität nur moderat erweitern, weil zu dem Anforderungsprofil gehörte, dass die Batterie die Sender, den Peilsender und die Lichter noch 12 Stunden nach der Landung mit Strom versorgen mussten. Die minimale geforderte Betriebsdauer betrug daher während einer Dreiorbitmission nicht 5, sondern 28 Stunden.

Elf Kilometer Draht verbanden die Batterien mit den verschiedenen Verbrauchern in der Kapsel. Neben den Sendern war dies das Lebenserhaltungssystem, vier Lampen, die Kontrollkonsole, die Gyroskopmotoren und die elektrischen Schaltungen. Den höchsten Stromverbrauch hatten die Sender, die bei den letzten Missionen aber nur aktiv waren, wenn eine Bodenstation in Empfangsreichweite lag.

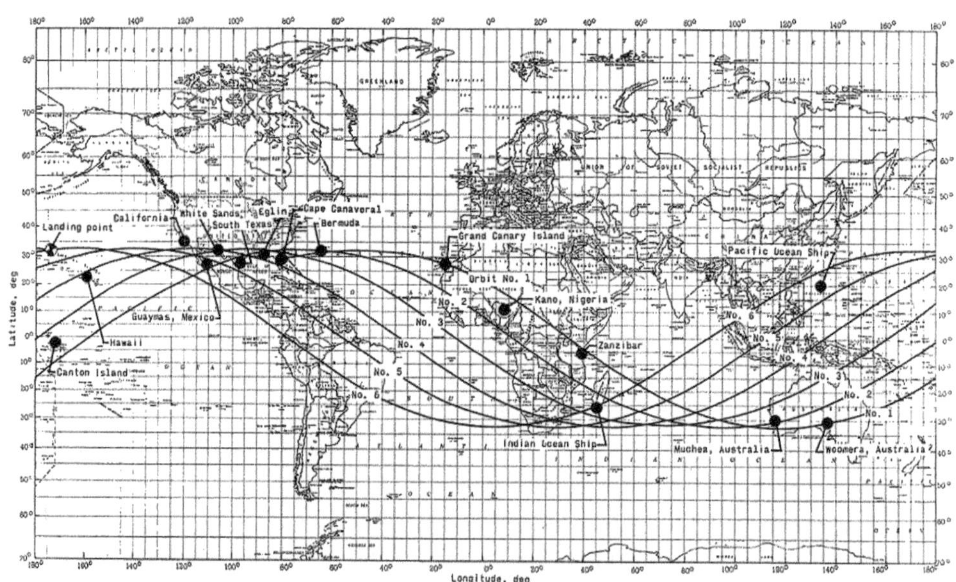

Abbildung 33: Das Mercury Trackingnetzwerk und die Orbitplots der ersten sechs Umläufe

72

Elektronik und Anzeigen

Heute wird das Raumfahrtprogramm mit Computern in Verbindung gebracht. Das Apolloprogramm generierte 1962/63 eine so große Nachfrage nach integrierten Schaltungen, dass 50 Prozent aller gefertigten IC in das Mondprogramm wanderten und damit dieser Technologie einen Schub versetzten: die Industrie konnte ihre Fertigungsprozesse verbessern und die gedruckte Schaltung wurde drastisch billiger, was sie auch für Computerhersteller preislich attraktiver machte.

Doch das war nach der Beendigung des Mercuryprogramms. Im Mercury Programm wurden noch keine Computer im Raumschiff und nur vereinzelt bei der Missionskontrolle eingesetzt. Die Computer Hardware war noch nicht leistungsfähig genug, um sie ins Raumfahrzeug zu integrieren. Dies war auch nicht nötig: Um auf Risiken weitgehend zu verzichten, war das Profil fest vorgegeben. Die Missionen waren auf maximal drei Umläufe ausgelegt. In ähnlicher Weise wurden sowjetische Missionen bis in die achtziger Jahre von der Bodenkontrolle gesteuert. Elektronik im Mercuryprogramm war Elektrotechnik. Es gab 55 elektrische Schalter und 30 Sicherungen in der Kapsel.

Eine Schaltung verarbeitete die Eingabewerte eines oder mehrerer Sensoren und agierte entsprechend. Eine kurze Zeitverzögerung, eine geringere Empfindlichkeit gegenüber elektrischen Störungen oder sporadischen Signalen wurde durch das Einbauen von Kondensatoren erzielt, die ihren Widerstand ändern, wenn sie aufgeladen waren.

Es müssen Entscheidungen getroffen werden, z. B. ob man den Rettungsturm auslösen soll. Es gibt Zeitabläufe, die eingehalten werden müssen. Diese löste man mit analoger Technik. Dies wurde schon beim ASIS erläutert. Eine Entscheidung wird gefällt, wenn die Aktion abhängig von einem Grenzwert ist. Dazu wird der Eingangswert eines Sensors so verstärkt, dass er zum Umschalten führt, wenn die Vorgabe überschritten oder unterschritten wird. Für Zeitabläufe gab es den Sequencer. Das war eine Uhr, die zu fest vorprogrammierten Zeitpunkten eine Aktion auslöste.

Beide Systeme wurden kombiniert, so wurden die Retroraketen durch einen Zeitgeber ausgelöst. Die Sequenz, die drei Zündungen im Abstand von 5 Sekunden umfasste, begann aber auch nur, wenn die Messwerte von Horizontsensor und Gyroskopen anzeigten, dass die Kapsel korrekt orientiert war. Vor jeder Zündung wurde erneut die Ausrichtung geprüft, und wenn sie nicht stimmte, abgebrochen.

Das zentrale System für diese fest programmierten Abläufe war ein Zeitgeber. Die Zeitpunkte waren vor dem Start fest einprogrammiert. Für die Zündung der Retroraketen gab es eine nachjustierbare Uhr.

Dieses System beruhte darauf, dass der Ablauf den einprogrammierten Vorgaben entsprach. Es musste nachgebessert werden, weil man Ereignisse nicht vorhergesagt hatte. Das zeigte sich bei Mercury Redstone 1 (S. 267) und bei Mercury Redstone 2 (S. 277). Die Grenzen des Systems wurden so deutlich.

Auch das Missionsprofil von Mercury war diesem System geschuldet. Die Kapsel musste vor dem Zünden der Retroraketen korrekt orientiert sein. Die Elektronik war nicht fähig, die Kapsel aus irgendeiner Ausrichtung in die korrekte Ausrichtung zu bringen, das war schaltungstechnisch zu komplex, also bestand die Lösung, die Kapsel sofort nach Abtrennung von der Atlas, die sie in einer definierten Ausrichtung absetzte, in die Wiedereintrittsposition zu drehen und diese Ausrichtung bis zum Wiedereintritt beizubehalten. Das war auch noch bei den ersten beiden bemannten Flügen so. Scott Carpenters Flug wäre dadurch fast gescheitert, doch auch John Glenn (S. 320) hatte bei der Rückkehr nur noch 15 Prozent Resttreibstoff im Automatischen und 7 Prozent im manuellen System.

Die Piloten konnten fast jedes System überstimmen. Eine Ausnahme war ASIS, wenn es eine Fehlfunktion der Rakete entdeckte. Carpenter (S. 327) konnte so die Retroraketen auslösen, obwohl die Kapsel nicht korrekt ausgerichtet war. Bei den beiden letzten Missionen arbeiteten die Piloten selbstständiger. Schirra schaltete das automatische System für die Lageregelung für zwei Umläufe ab und verzichtete auf die Kompensation des Drifts. Cooper verfuhr genauso. Er kam mit 53 Prozent / 79 Prozent Resttreibstoff (automatisches / manuelles System) zurück zur Erde.

Die Konsole von Mercury ist hier abgebildet. Sie befand sich etwa 60 cm vom Piloten entfernt.

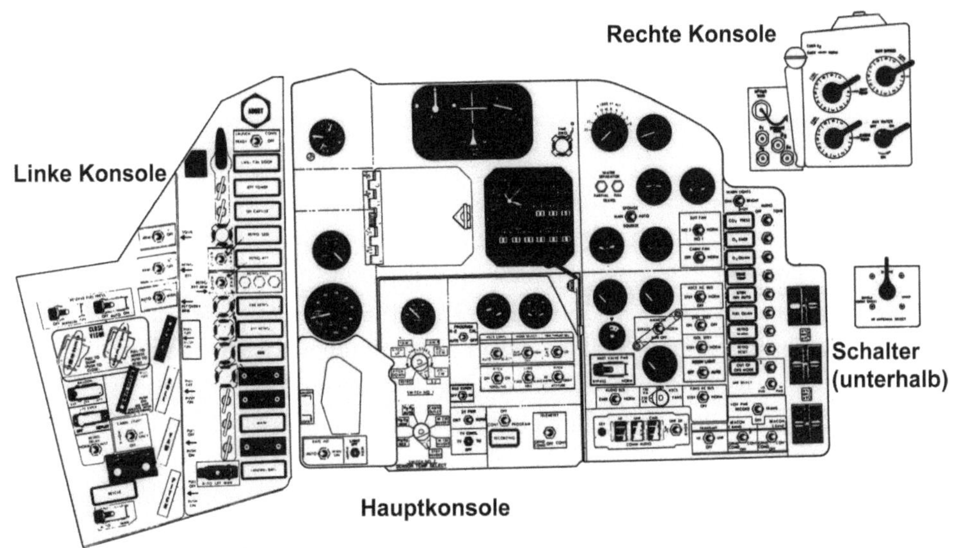

34. Abbildung: Hauptkonsole Mercury © NASA / Bernd Leitenberger

Das Paneel durchlief eine Evolution. Im ersten Schritt war vorgesehen, es mit möglichst vielen Instrumenten zu bestücken, die den Piloten über die wichtigsten Systeme informierten. Das waren vor allem die Systeme der Trägerrakete. Als man dies mit Convair-Ingenieuren diskutierte, sagten diese, dass man zwar solche Anzeigen einbauen kann, aber sie dem Piloten wenig nützten, denn er konnte nichts tun. Er konnte weder Triebwerke abschalten, noch den Flugpfad ändern. Die Mercury Kapsel war ein passiver Passagier der Atlas. Daraufhin wurden die Instrumente, die Daten der Rakete und Bahn darstellten, auf einen Höhenmesser reduziert. Insgesamt gab es 120 Kontrollanzeigen und 35 Hebel.

Dann kam jemand auf die Idee, den Status der Triebwerke durch je eine LED pro Triebwerk darzustellen. Das fand allgemeine Zustimmung, benötigten LED doch anders als Instrumente kaum Strom, wenig Platz und sie wogen fast nichts. Zuerst dachte man an drei Farben: Grün, für ein System, das innerhalb der vorgegebenen Parameter funktioniert, gelb für eines das kurz vor dem Ausfall steht und rot für einen Ausfall oder eine Gefahrensituation. Angesichts dessen, das der Pilot aber nichts tun konnte, außer ASIS auszulösen, reduzierte man die Zahl der Zustände auf zwei: grün und rot.

Das Instrumentenpaneel des Raumfahrzeugs gliederte sich in vier Teile. Die Bedienkonsole links ("left Hand Side") und die Bedienkonsole rechts („right hand Side") und die Mittelkonsole. Die rechte Konsole hatte nochmals einen zweiten Teil, etwas abgesetzt vom Hauptteil.

Auf der linken Seite gab es zahlreiche Statusanzeigen und Schalter für häufig benutzte Systeme wie die Heizung. Auf der rechten Seite befanden sich die Sicherungen für die missionskritischen Systeme und Schalter, um sie zu aktivieren. Missionskritisch waren z. B. die Auslösung des Fluchtturms und die Retroraketen. In der Mitte befanden sich einige analoge Zeigerinstrumente wie für Höhenanzeige, Kabinentemperatur, Beschleunigung. Bei Orbitmissionen kam ein miniaturisierter Globus hinzu, auf dem der Pilot sehen konnte, wo er sich gerade befand.

In der rechten Seite gab es 23 Sicherungen, die man über Schalter aktivieren konnte. Damit wurden Systeme unter Strom gesetzt, wie die Retroraketen, die Antenne, oder der Rettungsturm. Diese Schalter benötigten eine relativ hohe Kraft, um sie hinein oder herauszudrücken, damit man sie nicht aus Versehen betätigte. Die Sicherungen waren auswechselbar. Das setzten die Astronauten durch. Da die Kapsel auch unbemannt fliegen sollte, waren zuerst keine auswechselbaren Sicherungen vorgesehen. Viele befanden sich in dem abgesetzten Teil der rechten Konsole.

In der Mitte gab es 17 Kippschalter, mit denen man Geräte aktivieren oder abschalten konnte, wie den Lüfter zur Umwälzen der Kabinenatmosphäre oder die Anzuglüftung, das Aussenden eines Funksignals zur Peilung und den Sender. Vor allem befanden sich hier die meisten Anzeigen. Es waren vor allem analoge Anzeigen wie Zeigerinstrumente für Kabinendruck und Temperatur, Spannung der Batterie etc. Dazu kamen Leuchtanzeigen, in denen Lampen einen transparenten Deckel beleuchteten.

Die meisten der Statusanzeigen befanden sich auf der linken Seite. Sie informierten mit LED, ob die Systeme aktiv waren, wie der Fallschirm und die Retroraketen. Dazu kamen neun weitere Kipp- und sechs Drehschalter. Mit einem Steuerknüppel in der Mitte konnte der Pilot die Steuerdüsen betätigen und so im Orbit manövrieren.

Der Höhenmesser befand sich im Mittelteil unten links. Er war nutzbar bis 30 km Höhe und hatte zwei eingravierte Skalen, die für die Höhen der Auslösung von Primär- und Sekundärfallschirm standen.

Oben rechts befanden sich drei Beschleunigungsmesser. Der eine zeigte die aktuelle Beschleunigung in g (vielfachen der Erdbeschleunigung an, 1 g = 9,81 m/s^2). Der Messbereich von -9 bis +21 g war größer als die maximalen Belastungen. Die beiden anderen Beschleunigungsmesser speicherten die maximale negative und positive Beschleunigung, die so nach der Landung ausgelesen werden konnte.

In der Mitte oben befand sich das Anzeigegerät für die Drehrate, mit drei Zeigern für jede Hauptachse. Die meisten analogen Anzeigen hatten zwei besonders markierte Bereiche für Hoch- und Tief. Sie signalisierten Bereiche, die nicht über- oder unterschritten werden dürften. Angezeigt wurden Spannungen, wobei andere Messwerte wie Druck und Temperatur in Spannungen konvertiert wurden. Das war nicht immer zuverlässig. Als Cooper bei seiner Langzeitmission eine weitere Sauerstoffflasche hatte, berichtete er während der ersten Erdumläufe immer von mehr als 100 Prozent Sauerstoff.

Es gab für das Bordnetz Anzeigen für: Spannung im Hauptbus (24 V) und Stromstärke im Hauptbus, Nullvoltsignal, Spannung im Nebenbus (-3 bis +3 V, 400 Hz). Dazu kam ein Kalibrationsschalter. Mit ihm konnte man eine Anzeige neu justieren, indem gegen eine konstante Spannung von 2,25 V abgeglichen wurde.

Neben einer Außendruckanzeige gab es vom Umweltkontrollsystem die Anzeigen über Druck in der primären und sekundären Sauerstoffflasche, Druck im Raumanzug und der Kabine, Kohlendioxidpartialdruck, Sauerstoffpartialdruck und Sauerstoffflussrate im Notfall.

Dazu kam noch die Temperaturanzeige von Kabine und Raumanzug. Weitere Anzeigen gaben die Temperatur von Gas im Wärmeaustauscher und die Temperatur des Wärmetauschers wieder. Jeweils für das Gerät zuständig für die Kabine und den Anzug, um deren Funktion zu überwachen.

Das Antriebssystem hatte jeweils zwei Anzeigen für den Druck in den beiden Treibstofftanks und in den Leitungen. Über den Druck wurde die verbliebene Treibstoffmenge berechnet. Weiterhin gab es ein Zeigerinstrument, das den Ausschlag des Kontrollsticks an der rechten Hand wiedergab. Für die korrekte Ausrichtung zeigt ein weiteres analoges Instrument die Messwerte des Horizontscanners an, der einen nutzbaren Winkelbereich von 35 Grad hatte. Periodisch sah der Horizontscanner die Sonne und gab dann keine Messwerte ab, dieses Verhalten konnte mit einem Schalter abgeschaltet werden. Neben den Anzeigen für Drehraten gab es auch die Daten der Beschleunigungsmesser für jede Raumachse.

Eine ganze Batterie machten die Temperaturanzeigen der Subsysteme, die nicht zum Umweltkontrollsystem gehörten, aus. Es wurden sowohl Außentemperaturen wie der Außenhülle und des Hitzeschutzschilds (mit einem dort eingegossenen temperaturempfindlichen Widerstandssensor) als auch die Temperaturen in den Treibstofftanks, Antennen und elektrischen Komponenten gemessen. Daneben gab es im Paneel eigene Anzeigen für die Temperaturen der sechs Düsen des Kontrollsystems und die drei Stromkonverter.

Zu diesen analogen Zeigerinstrumenten gab es noch jede Menge Statusleuchten, meist verknüpft mit Schaltern, in denen man auf ein Licht reagieren oder ein automatisches System überstimmen konnte. Sie bestanden nur aus LED, die entweder aufleuchteten im Falle einer Funktion oder die Farbe von grün auf rot wechselten. Solche Lichter waren für wichtige Ereignisse vorgesehen, wie Auslösung des Rettungsturms, 0,05 g Beschleunigung detektiert, Auslösung der Fallschirme, Auslösung des Landesacks. Die Retrosequenz hatte mehrere Leuchten.

Ein Bandrekorder nahm periodisch (1 Minute lang alle 10 Minuten) die Sprache, den Puls (über ein Mikro am Oberarm), die Bewegung des Sticks sowie den Zustand des elektrischen Systems beider Busse auf.

Sender und Empfänger

Die Kapsel hatte mehrere Sender und Empfänger für verschiedene Zwecke. Dabei gab es zwei Systeme. Das eine war vom Start bis zur Landung aktiv und das Zweite nach der Landung, bis es abgeschaltet wurde (wenn die Kapsel geborgen wurde). Der Grund für zwei Systeme war, dass mit dem Öffnen der Fallschirme der oberste Teil des Raumschiffs mit den Antennen abgetrennt wurde.

Die Sender und Empfänger für die Mission waren:

H/F Sender und Empfänger: Damit wurde Sprache (beim Piloten aufgenommen von zwei Mikrofonen, bei der Bodenstation durch das Mikro des Capcoms) übertragen und empfangen. Dazu schaltete der Astronaut jeweils den Sender mit einem Transmitschalter an. Der Sender wurde abgeschaltet, wenn die Antenne abgeworfen wurde (mit dem Pilotfallschirm) und nach der Landung wieder reaktiviert, nun mit einer zweiten Sendeantenne. Der Hochfrequenzsender im Kurzband bei 15,06 MHz und einer Sendeleistung von 5 Watt hatte den Vorteil, dass er über eine große Distanz empfangbar war. Er wurde noch in 3.200 km Entfernung lokalisiert, was den Empfang bei einer Bodenstation auch noch einen Orbit vor oder nach dem Überfliegen einer Bodenstation erlaubte.

UHF-Sender und Empfänger: ein zweites Sende- und Empfangssystem, ebenfalls für Sprache. Es war anders als der H/F Sender über die ganze Mission, auch nach der Landung, aktiv. Der Astronaut konnte es komplett abschalten oder mit einem „Push to Talk"-Schalter wie ein Walkie-Talkie aktivieren. Vor der Landung sandte der Sender die Trägerwelle aus und diente als Ortungssender. Auch diese Funktion konnte der Astronaut deaktivieren. Der UHF-Sender arbeitete bei 299 MHz. Durch die hohe Frequenz war der Sender nur nutzbar, wenn es eine direkte Sichtverbindung zwischen Sender und Empfänger gab. Trotzdem bevorzugten die Piloten dieses System, da es ein besseres Nutzsignal/Rauschverhältnis hatte und man sich deswegen besser verstand. Die Sendeleistung war mit 0,5 Watt bedeutend kleiner als beim HF-Sender.

Telemetrie: Ein Telemetriesender sandte Messwerte von der Kapsel zum Boden. Diese wurden in Form von Spannungssignalen auf die Trägerwelle aufmoduliert und die Daten so analog übertragen (in den Bodenstationen wurden die analogen Werte dann von analogen Schreibern ausgegeben). Es gab drei Modi für den Transmitter. Er konnte an- und abgeschaltet sein oder auf Bodenkommando aktiviert werden. Er benutzte die UHF-Antenne mit. Die Sendeleistung betrug 2 Watt. Die Sendefrequenz 228 MHz. Im Ground-Commandmode schaltete sich der Sender automatisch nach 6 Minuten ab, dies verhinderte einen zu hohen Stromverbrauch, wenn die Bodenstation außer Funkreichweite war. Übertragen wurden 90 Messwerte der Kapsel und 8 vom Piloten.

Radar-Verfolgungssender. Dies waren zwei Sender im S- und C-Band, also erheblich höheren Frequenzen als die bisherigen Sender. Es waren Peilsender, die der Verfolgung des Raumschiffs und der Bahnbestimmung dienten. Der S-Band-Sender bei 5,4 bis 5,9 GHz wurde von einem Radartyp genutzt, der andere im C-Band bei 2,7 bis 2,9 GHz von einem anderen Radar. Beide Sender/Empfänger nutzten drei Antennen (im Winkel von 120 Grad an der Außenseite der Kapsel) gemeinsam.

Der S-Band-Sender empfing ein Signal, das von einr Radarstation ausgesandt wurde, multiplizierte die Frequenz mit einem festen Faktor, und sandte es zurück. Die Radarstation konnte über die Frequenz des Signals die Geschwindigkeit relativ zu ihr ermitteln.

Der C-Band-Sender sandte dagegen in regelmäßigen Abständen Doppelimpulse aus. Bestimmte die Station den Abstand der Impulse, so wurde die Distanzvergrößerung zwischen zwei Impulsen und damit die Entfernungszunahme bestimmt.

Beide Methoden zusammen lieferten Informationen über Entfernung und Geschwindigkeit. Wurden mehrere Radarstationen an unterschiedlichen Plätzen genutzt, so konnte man den genauen Ort durch Dreiecksberechnung ermitteln. Verglichen mit den anderen Sendern hatten diese Sender eine hohe Sendeleistung von 400 Watt (S-Band) und 1.000 Watt (C-Band). Auch wenn der Stromverbrauch nicht permanent war, sondern nur während ein Impuls gesendet wurde, steigerten die beiden Sender den Stromverbrauch vor allem in der Aufstiegsphase, in der sie immer aktiv waren, beträchtlich.

H/F und UHF-Peilsender. Diese Sender wurden erst nach der Landung aktiv und dienten dazu, den Hubschraubern und Flugzeugen das Auffinden der Kapsel zu erleichtern. Der H/F (Kurzwellen)-Peilsender arbeitete bei einer Frequenz von 8 MHz, der UHF-Peilsender bei einer Frequenz von 243 MHz. Der Kurzwellensender sandte einen konstanten Ton aus, der UHF-Sender Pulse.

Dazu kam noch ein Multiplexer, der es erlaubte, dass eine Antenne von mehreren Sendern gleichzeitig genutzt wurde.

Anstatt der Mikrofone konnte auch ein Bandrekorder auf den Sender geschaltet werden. Das wurde bei den unbemannten Missionen genutzt, um die Kommunikation zu testen. Bei der Sprachkommunikation schnitt ein Lowpassfilter alle Frequenzen oberhalb 3.000 Hz ab (das analoge Telefon übertrug damals Frequenzen bis 3.400 Hz).

Kommandodecoder: Der Kommandodecoder war relativ einfach aufgebaut. Es gab einen primären und einen sekundären Decoder, jeder mit zehn nutzbaren Kanälen. Davon konnten anfangs fünf, später sechs Kanäle gleichzeitig genutzt werden. Die Frequenzen jedes Kanals wurden geheim gehalten, denn empfing der Decoder in diesem Kanal ein Signal über einer bestimmten Schwelle, so löste dies eine Aktion im Raumschiff aus. Definierte Aktionen waren:

- Auslösung von ASIS.

- Rücksetzung der Retrofeuer-Uhr.

- Zündung der Retroraketen.

- Einschalten des S-Band-Verfolgungssenders.

- Einschalten des C-Band-Verfolgungssenders.

- Einschalten des Telemetriesenders.

Mehr Einflussmöglichkeiten hatte die Bodenkontrolle nicht. Kein Wunder, das Chris Kraft in seinen Memoiren schreibt, er hatte während des ganzen Programms die Befürchtung, das eines dieser russischen „Fischerboote", die just vor einem Start aufkreuzten, einfach mit einem starken Sender alle Frequenzen abklappern würde und so die Mission torpedieren könnte. Wurde ein Kommando empfangen, so wurde dies in die Telemetrie aufgenommen, das Retrofeuerkommando lies auch eine Leuchte im Instrumentenpaneel aufleuchten. Da die Retrosequenz einige Sekunden Vorlaufzeit hatte, konnte sie der Astronaut dann noch abbrechen.

Das Telemetriesystem übertrug Spannungen von verschiedenen Systemen an Bord. Damit war man über den Zustand der Batterien oder dem elektrischen Zustand verschiedenster Systeme an Bord im Bild. Was es nicht leistete, war das Übertragen einiger analoger Werte, die die Astronauten dann mündlich übermittelten, wie Sauerstoffvorrat und Treibstoffvorrat. Bei jedem Überflug einer Bodenstation wurden diese Werte bei den ersten Missionen durchgegeben.

Übertragen wurden:

- 8 Biodaten des Piloten.

- 10 Messdaten der Umweltkontrolle der Kabine.

- 6 Beschleunigungswerte.

- 16 Daten des Flugablaufkontrollsystems.

- 27 Werte vom Lagekontrollsystem.

- 10 Messwerte vom elektrischen Bordnetz.

- 10 Temperaturen von verschiedenen Teilen des Raumschiffs.

- 2 Zeitangaben der internen Uhren.

Die Astronauten setzten durch, dass wenn eine Bodenstation die Sprache nicht deutlich empfangen konnte, sie durch Betätigung des Knopfs für Sprechen jeweils einen Impuls übertragen konnten. So war eine Kommunikation mit dem Morsealphabet möglich. Carpenter übte das auch ein.

Die Missionskontrolle wollte bei Ausfall der Sprachkommunikation die Mission sofort abbrechen – dagegen waren natürlich die Piloten. Das Schlimme aus ihrer Sicht: Wenn die Sprachkommunikation ausgefallen war, konnte der Abbruch auch nicht mit ihnen abgesprochen oder ihr Einverständnis eingeholt werden. Chris Kraft lies sich darauf ein, aber erst, als nach mehreren Übungen beweisen war, dass die Astronauten über Morsen die wichtigsten Informationen übermitteln konnten und die Anweisungen der Capcoms, die gemorst wurden, verstanden.

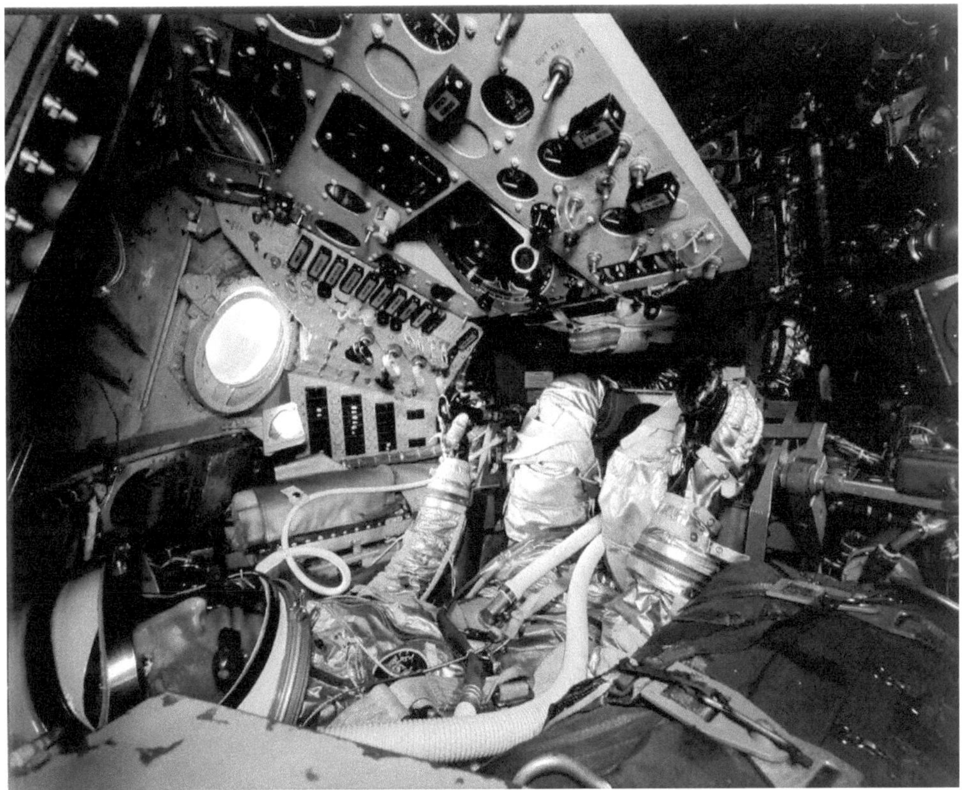

35. Abbildung: Innenansicht der Konsole

Umweltkontrollsystem

Das bei Mercury eingeführte Umweltkontrollsystem wurde in seinen Grundzügen noch lange Zeit danach eingesetzt, einzelne Elemente, wie die Absorption von Kohlendioxid durch Lithiumhydroxid, sogar bis in die Shuttleära. Das Umweltkontrollsystem war mit Abstand das komplexeste Subsystem des Raumschiffs. Im Handbuch von McDonnell macht es das umfangreichste Kapitel aus.

Das Umweltkontrollsystem hatte die Aufgabe, in der Kapsel eine reine Sauerstoffatmosphäre mit einem Druck von etwa 0,34 bar oder 34.000 Pascal aufrechtzuerhalten. Es hatte einen zweiten Sauerstoffvorrat für Lecks und begrenzte Fähigkeiten, ein Feuer in der Kapsel zu löschen. Das gesamte System wog nur 29 kg. Es wurde in einem 500-Stunden-Dauertest erprobt.

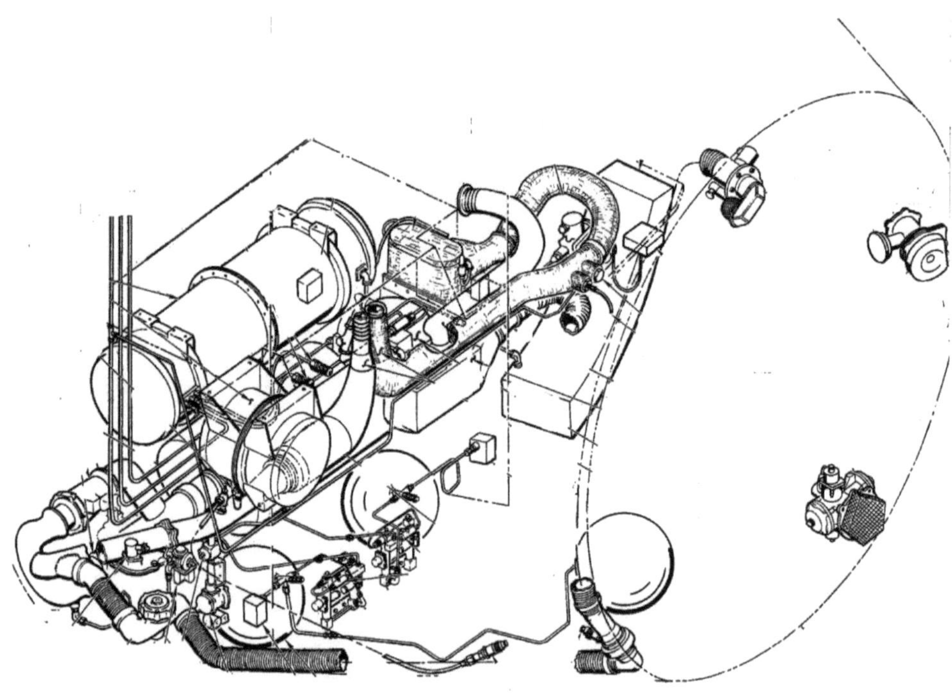

36. Abbildung: Position der Systeme des Umweltkontrollsystems im Raumschiff

Das System konzentrierte sich auf den Raumanzug, der mit Schläuchen an das Umweltkontrollsystem angeschlossen war. Die Luft zirkulierte von der Taille bis zum Nacken durch den Anzug, wurde dem System dann wieder zugeführt und dort aufbereitet. Nur für den Anzug war auch die Eingangstemperatur des Sauerstoffs am Einlass zwischen 10 und 32 Grad wählbar. Aus Gewichtsgründen wurde eine reine Sauerstoffatmosphäre unter reduziertem Druck gewählt. Die Kapsel konnte so für einen maximalen Innenüberdruck von 0,38 Bar ausgelegt werden, ebenso brauchte man nur ein Fünftel des Gasvorrats, den eine Normalatmosphäre mit 1 bar, 80 Prozent Stickstoff und 20 Prozent Sauerstoff erforderte. Diese Atmosphäre wurde auch im Apollo und Geminiprogramm beibehalten. Für Außeneinsätze wird bis heute, ebenfalls aufgrund des geringeren Gasvorrats und des niedrigen Innendrucks, reiner Sauerstoff eingesetzt.

Ausgeatmetes Kohlendioxid wurde durch Lithiumhydroxid entfernt. Lithiumhydroxid ist, wie alle Alkalimetallhydroxide, eine starke Lauge und reagiert selbst in fester Form mit Kohlendioxid, das die wasserfreie Form der Kohlensäure ist. Es ist eine klassische Säure-Basenreakton mit der Reaktionsgleichung:

$$2\,\text{LiOH} + \text{CO}_2 \rightarrow \text{Li}_2\text{CO}_3 + \text{H}_2\text{O}$$

Es entstehen Lithiumkarbonat und Wasser. Lithiumhydroxid wird bis heute dafür verwendet, weil Lithium von allen Alkalimetallen die kleinste Atommasse hat, man also am wenigsten Hydroxid braucht, um eine bestimmte Menge Kohlendioxid zu binden. Theoretisch kann 1 kg Lithiumhydroxid 1,09 kg Kohlendioxid binden. In der Praxis braucht man allerdings mehr. Wenn an der Oberfläche das Lithiumhydroxid zu Lithiumkarbonat umgesetzt wurde, reagiert das darunterliegende Lithiumhydroxid nicht mehr.

Für die Bindung wurde der Abgasstrom mit zwei Kompressoren, davon einer redundant, unter Druck gesetzt. Er durchströmte die Kanister, die zur Erhöhung der Absorption mit einer großen Oberfläche versehen waren, schneller und das Gas wurde durch die Kompression wärmer und reagierte so besser. Danach wurde das warme Gas an einem Wärmeaustauscher abgekühlt. Dabei kondensierte auch die Feuchtigkeit aus, sowohl die durch den Schweiß freigesetzte wie auch das bei der Reaktion mit dem Lithiumhydroxid gebildete Wasser.

Das Kondenswasser wurde aufgefangen und nicht wiederverwendet. Der Astronaut bekam Frischwasser aus einer Flasche, die 18 l fasste. Dazu gab es eine Reserveflasche, die 4 l fasste. Dieser große Wasservorrat (als optimale Flüssigkeitszufuhr werden 1,5 bis 2,5 l pro Tag genannt) resultierte nicht nur dadurch, dass die Astronauten viel schwitzen, sondern auch, weil Wasser als Kühlmittel genutzt wurde. Es zirkulierte durch einen Wärmeaustauscher, kühlte dabei den Luftstrom durch den Anzug und die Kabine ab. Der Wärmeaustauscher endete am Kapselboden, wo das Wasser durch feine Poren zum Teil ins Vakuum verdampfte und über die Verdunstungskälte den Reststrom abkühlte.

Die Vorratsbehälter für das Umweltkontrollsystem befanden sich unter der Couch des Astronauten. Die Ausrüstung daneben nahe der Ausstiegsluke und auf der Außenseite des Druckbehälters für die Kühlung. Schalter für das System befanden sich links und rechts der Konsole, Anzeigeinstrumente in der Mitte.

Das System arbeitete in zwei Modi, dem „Suit-Mode" und dem „Cabin-Mode". Im ersten Modus durfte der Astronaut sein Visier nicht öffnen. Im Kabinenmodus wälzten Lüfter die Atmosphäre um, die Temperatur wurde auf 26,7 Grad Celsius geregelt und ein Ventil verschloss die Kapsel. Das Ventil war auch die Notfallmaßnahme gegen Feuer, die in einer reinen Sauerstoffatmosphäre viel gefährlicher als unter Normalbedingungen sind. Man hätte dann einfach die Kabinenatmosphäre ins All entlassen. Die Astronauten waren in ihrem Druckanzug sicher, auch wenn die Kabine evakuiert war. Das System war so ausgelegt, dass die Kapsel immer einen Überdruck gegenüber dem Außendruck von 0,34 Bar hatte.

Vor dem Start pumpte man reinen Sauerstoff in die Kabine, sodass er bis zum Abheben die Luft ersetzt hatte. Dabei wurde ein Überdruck von 0,34 Bar aufgebaut. Nach dem Abheben verlor das Raumschiff durch das Ventil Atmosphäre, solange bis der Außendruck auf Null sank und das Ventil schloss. Der Überdruck von 0,34 Bar wurde die ganze Zeit aufrechterhalten. Das klappte aber nicht immer. Beim Flug von Ham, (MR-2, S. 277) schloss das Ventil nicht und ein Großteil der Atmosphäre entwich. Bei vielen Missionen war das System auch überfordert, die Temperatur zu regeln. Sie lag bei mehreren Flügen zwischen 35 und 40 °C. Die Temperatur wurde durch ein Ventil reguliert, mit dem Wasser in den Wärmeaustauscher geleitet wurde. Bis 45 Sekunden vor dem Start wurde die Kapsel durch in einer Klimaanlage heruntergekühlten Sauerstoff gekühlt.

Die Piloten vertrauten daher auf den Anzug, in dem die Temperaturregulation viel besser funktionierte. Allerdings hatte dieses System das Problem, den ganzen Schweiß abzuscheiden, sodass die Astronauten regelmäßig das Visier öffneten, trotz der Hitze in der Kabine, um die feuchte Luft entweichen zu lassen.

Sobald der Astronaut sein Visier schloss, der Anzug also druckdicht war, schaltete das System in den Suit Mode um. Im Kabinenmodus wurde Sauerstoff durch Anzug und Kabine gepumpt, im Suitmode nur durch den Anzug. Nur in diesem Modus wurden auch Kompressoren aktiviert, welche die zurückkommende Luft verdichteten. Beim Entspannen kühlte sie ab und Feuchtigkeit schlug sich nieder und wurde so abgeschieden. Sie passierte dann das Lithiumhydroxid zur Kohlendioxidbindung.

Sobald im Suit Mode der Druck unter 0,28 Bar sank, wurde das Notfall-Sauerstoffsystem aktiv. Es konnte auch manuell aktiviert werden. Automatisch aktiv wurde es, sobald der Wiedereintritt begonnen hatte. Dies wurde durch ein Licht und einen Warnton signalisiert. Primäre und sekundäre (Notfall)-Sauerstoffflasche hingen an einer Leitung. Doch Druckreduzierventile sorgten dafür, dass der Einspeisedruck in die Leitung bei der primären Flasche 6,9 und bei der sekundären 5,5 Bar betrug. Solange die primäre Flasche noch einen Restdruck von mehr als 5,5 Bar hatte, gab die sekundäre Flasche kein Gas ab. In der Kabine hielt das System einen Druck von 0,344 bis 0,373 Bar aufrecht. Stieg der Druck über 0,373 Bar, so öffnete sich ein Ventil in der Kapselwand, das sich automatisch bei 0,344 Bar wieder schloss. Unterhalb 0,344 Bar wurde die Sauerstoffzufuhr erhöht. Analog funktionierte das Ventil im Anzug, das einen ähnlichen Druck aufrechterhielt.

Der Astronaut konnte die Temperatur über die Einstellung der Wassermenge für die Kühlung regulieren. Im Falle eines Feuers konnte er das Ventil für die Kabinenentlüftung öffnen und mit einem weiteren Hebel den Normdruck wiederherstellen. In einem Notfallmodus wurde Sauerstoff mit einer Rate von 54 g/Minute durch den Anzug gepumpt. In diesem Modus wäre die primäre Flasche innerhalb von 80 Minuten leer gewesen. Er war gedacht für den Fall, dass sowohl Kabine wie auch Anzug undicht waren. Die 2,2 kg Sauerstoff unter 517 Bar Druck sollten für eine Normmission von 28 Stunden ausreichen. Sobald in der gleich vollen, sekundären Flasche der Druck von 517 auf 448 Bar gefallen war, leuchtete ein Warnlicht in der Konsole auf.

Wasser wurde durch einen Schwamm abgeschieden, durch den die Luft strömen musste. Alle 30 Minuten, oder durch Schalterdruck, wurde für 30 s lang Sauerstoff unter hohem Druck durch den Schwamm gepresst und ein Kolben gedrückt. Der Sauerstoff nahm das Wasser mit, das sich beim Entspannen in einem Auffangtank abschied. Das Auffangwasser diente auch als Notvorrat im Falle einer Notwasserung.

Kohlendioxid und Gerüche wurden durch einen zylindrischen Absorber aufgenommen. Er bestand aus zwei zylindrischen Einsätzen mit kleinen Kanälen, die an der Oberfläche mit Aktivkohle (erster Behälter) und Lithiumhydroxid (zweiter Behälter) versetzt waren. Aktivkohle bindet fast alle organischen Substanzen, so auch Gerüche. Der Lithiumhydroxidbehälter erlaubte Missionen bis zu 44 Stunden Dauer. Staub und Partikel wurden am Einlass des Umweltkontrollsystems durch ein Netz mit einer Porenweite von 0,04 mm abgehalten.

Das Umweltkontrollsystem war auch an die Blutdruckmessung angeschlossen. Dazu bekamen die Astronauten am Oberarm eine Manschette, wie sie noch heute für die Blutdruckmessung benutzt wird. Diese wurde für die Messung durch die primäre Sauerstoffflasche langsam unter Druck gesetzt, was 110 s dauerte. Der Blutdruck wurde als Druckdifferenz gemessen, ein Mikrofon in der Manschette maß gleichzeitig den Puls. Nach der Messung wurde der Druck in 5 s abgebaut.

Der Raumanzug

Ein Unterschied von Mercury zu den folgenden bemannten Programmen war, dass keinerlei Arbeiten außerhalb des Raumschiffs geplant waren. Die Kapsel sollte druckdicht sein. Wie bei einem Kampfflugzeug sollte der Raumanzug den Passagier lediglich vor Dekompression und Verlust des Bewusstseins schützen.

Für das Mercuryprogramm wurden daher keine neuen Druckanzüge entwickelt, sondern aus bestehenden Designs eines auswählt und angepasst.

Am 29.1.1959 beauftragte man 40 Experten für Druckanzüge für große Höhen mit der Aufgabe, einen geeigneten Anzug zu selektieren. Sie schlugen vor, aus drei existierenden Anzügen einen nach einem intensiven Testprogramm zu selektieren. Die Prüfung durch das USAF Air Medical Laboratory und das Navy Air Crew Equipment Laboratory war am 15.7.1959 beendet. Der experimentelle SPD-117 Prototyp der International Latex Corporation bekam deutlich schlechtere Wertungen als der Navy Mark IV von BF Goodrich und der modifizierte X-15 MC-2 der David Clark Company. Diese beiden verbliebenen Anzüge wurden nun von der NASA getestet, die besonderen Wert auf ihre eigenen Kriterien legte:

- Mobilität

- Kompaktheit

- Zuverlässigkeit

- Temperaturresistenz

- Druckdichtigkeit

- Einfach an- und auszuziehen.

Die beiden verbliebenen Anzüge wurden zudem von McDonnell untersucht, wie gut man mit ihnen in die Kapsel kam und ob man mit ihnen dort arbeiten konnte. Weitere Tests in Zentrifugen mit bis zu 8 g Beschleunigung wurden durchgeführt. Testpersonen wurden zwei Stunden 82 Grad Celsius in den Anzügen ausgesetzt und mussten 24 Stunden in einer Unterdruckkammer verbringen. Am 22.7.1959 entschloss sich die STG nach Sichtung der Testergebnisse für den Navy Mark IV von Goodrich.

Der Mark IV der US-Navy wurde bedeutend modifiziert. Der Mark IV verwandte ein Zweigassystem (Sauerstoff und Stickstoff) um die Druckkrankheit zu verhindern. Die ausgeatmete Luft wurde in die Kabine entlassen. Der Mercuryanzug verwandte nur Sauerstoff und ein geschlossenes System. Er war mit dem Lebenserhaltungssystem verbunden, das die ausgeatmeten Gase aufbereitete und wieder einspeiste. Der Anzug hatte 13 Reißverschlüsse und drei interne Gürtel. Sobald das Visier geschlossen wurde, war er dicht und das Lebenserhaltungssystem schaltete automatisch auf den Suit-Mode um.

Es wurden zuerst 21 Anzüge für geschätzte 75.000 Dollar bestellt. Davon waren vier Forschungsanzüge für Walter Schirra (zu dessen Arbeitsfeld der Anzug gehörte) und drei für Experten der NASA, neun weitere Anzüge für Ingenieure und Astronauten zum Testen und Suche nach Verbesserungen / Anpassungen und schließlich acht Anzüge für die Flüge, davon einer für Qualifikation und Tests und sieben für die sieben Astronauten. Später wurde diese Bestellung noch erweitert. Jeder Anzug kostete schließlich über 5.000 Dollar.

Im Herbst 1959 fanden mit den Forschungsanzügen weitere Tests und Untersuchungen statt, im Februar 1960 hatte man nach Litte Joe und Big Joe Tests die genauen Daten über die Temperaturbeanspruchung und konnte die Hardwarequalifikation am 15.3.1960 abschließen. Am 30.3.1960 wurden die letzten acht Qualifikationsanzüge geliefert. Nachdem die Prüfungen mit diesen abgeschlossen waren, wurde am 15.4.1960 mit der Produktion der sieben Anzüge für die Flüge begonnen. Jeder Astronaut hatte am Schluss drei Anzüge: einen für das Training, einen für den Flug und einen Ersatzanzug, der angezogen wurde, wenn der Fluganzug eine Beschädigung hatte oder es Probleme mit ihm gab.

Die Mercuryanzüge unterschieden sich schließlich in vielen Details vom Mark IV. An bestimmten Zonen wurden die Anzüge verstärkt. Die Temperatur wurde durch das Umweltkontrollsystem aufrechterhalten, sodass man eine Schicht aus Gummi einsparen konnte. Der endgültige Anzug bestand aus vier Teilen:

- Dem Helm. Er hatte ein Innenfutter aus drei Teilen und war nach der Kopfform gearbeitet. Das Futter an der Helminnenseite aus Hartschaum schützte vor Stößen, das mittlere Futter aus weichem Schaumstoff machte das Tragen angenehmer und die Außenschicht (zum Kopf) aus Leder schützte den Schaumstoff.

- Dem Torso: Der Anzug war einteilig. Die Handschuhe wurden, da sich Reißverschlüsse zu steif erweisen mit einem drehbaren Metallverschluss am Torso befestigt. Die Haut bestand aus einer inneren Gummischicht, einer darüberlegenden Nylonschicht und einem Aluminiumüberzug als Abschluss. Der Sauerstoff trat an der Taille ein und am Nacken aus. Oben endete der Anzug in einem Nackenschutz aus Gummi, den der Pilot umklappen konnte. So dichtete der Anzug auch ohne Helm oben ab.

- Den Handschuhen. Sie mussten mehrfach überarbeitet werden. Mit dem aufgeblasenen Anzug konnte man kaum die Finger krümmen, so wurden die Handschuhe mit gekrümmten Fingern gefertigt, doch dann konnte man mit ihnen nicht Schalter, die in Vertiefungen waren, drücken. Schließlich gab es als Kompromiss einen geraden Finger, den Mittelfinger für diese Aufgabe. Zuletzt wurde, damit man besser greifen konnte, wurde die oberste Lederschicht angeraut, damit sie rau wie Schmiergelpapier war. In die Fingerkuppen wurden dann noch Leuchtdioden eingearbeitet, mit denen die Schalter beleuchtet wurden, bevor man sie betätigte. Das war als Absicherung für den Ausfall der Kabinenbeleuchtung vorgesehen.

- Einer Unterwäsche mit Kühlkanälen zur Abführung von Wärme. Sie war mit einem Waffelmuster bedeckt, um Schweiß besser verdampfen und den Sauerstoff besser durchströmen zu lassen.

- Schuhe, wie auf dem Bild zu sehen, gehörten nicht zum Anzug, sondern wurden nur getragen, bis das Raumschiff bestiegen wurde. Die Fußsohle enthielt ein dickes Vlies.

Die Anzüge wurden nach den Körpermaßen der Astronauten geschneidert – Wally Schirra musste daher dauernd Diät halten, damit er nicht zunahm. Auf Bildern sehen die Mercury Astronauten daher auch schlank aus. Das Visier mit dem rechteckigen Sichtfeld war markant und inspirierte viele Science-Fiction Autoren.

Der Anzug war mit einem Schlauch an das Umweltkontrollsystem angeschlossen. Es blies durch ihn die aufbereitete Luft, ergänzt durch reinen Sauerstoff und saugte durch eine zweite Leitung die verbrauchte Luft an. Es gab auf der Rückseite den Anschluss für 16 Biosensoren, die auf den Körper geklebt wurden. Im Helm gab es ein Interkomsystem aus zwei Mikrofonen, die kleinsten die verfügbar waren, zwei Kopfhörern mit jeweils eigener Schaltung und einem über dem Kopflautsprecher angebrachten Schallschutz, der den Lärm in der Kabine um mindestens 20 db dämpfte.

37. Abbildung: Cooper in seinem Anzug der zweiten Generation

Der Anzug hatte zwei Betriebsdrücke von 0,01 und 0,35 Bar (gegenüber dem Außendruck). Bei Versuchen hielt er bis zu 1,38 Bar Überdruck aus. Er war für einen Temperaturbereich von -54 bis +82 Grad Celsius ausgelegt, wog mit Helm weniger als 14 kg und gab maximal 200 cm³ Luft/min ab.

Cooper trug einen Anzug der zweiten Generation, dessen Entwicklung im April 1962 begann. Er bot mehr Bewegungsfreiheit und erforderte weniger Kraftaufwand bei Aktionen. Für das Geminiprogramm, bei dem EVA-Arbeiten vorgesehen waren, entschied man sich trotzdem für neue Anzüge.

38. Abbildung: Die Mercury Seven in ihren maßgeschneiderten Astronautenanzügen. Hintere Reihe von links nach rechts: Shepard – Grissom – Cooper, vordere Reihe: Schirra – Slayton – Glenn – Carpenter

Sonstiges

Unter dem Navigational Aid Kit verstand McDonnell das Handbuch der Kapsel und eine Sammlung von Kurzzusammenfassungen als Karten. Dazu kamen ein Notizblock und ein Bleistift für Notizen.

Zu der Ausrüstung gehörte auch eine Überlebensausrüstung. Gordon Cooper hat dafür, weil er das Überlebensmesser für nicht geeignet hielt, ein eigenes Messer designt. Es wurde von Bo Randall in Orlando, Florida hergestellt. Die Firma vertreibt es bis heute als „Modell 17 Astro". Links unterhalb der Liege befand sich die Überlebensausrüstung, bestehend aus Folgendem:

Entfaltbares Rettungsboot	Empfänger/Sender für Peilsignale	Signalspiegel
Wasserkanister	Erste Hilfepaket	Essensvorrat im Container
Wassentsalzungskit (für 8 Anwendungen)	Morphin und gegen Übelkeit-Spritzen	Streichhölzer
Haiabwehrpaket (Sprengladungen)	1 Stück Seife	Trillerpfeife
1 Tube Zinkoxid	Sonnenbrillen mit Etui	Nylon-Seil (3,1 m Länge)
3 Farbmarkierungsstifte	SARAH-Rettungssignalsender	Signallicht
Rettungsmesser „Astro 17"		

Da die Missionen nur kurz waren, machte man sich wenige Gedanken über die Verpflegung. Sie bestand aus Mus oder püriertem Essen in Tuben. Der dahinter liegende Gedanke war, dass man diese einfach an den Mund halten und den Inhalt herauspressen konnte. Das funktionierte unter Schwerelosigkeit genauso wie auf der Erde. Zähflüssige Pasten bilden aber keine Kugeln und können nicht krümeln. John Glenn erprobte bei seinem Flug die Nahrung (Apfelmus), war aber nicht sehr begeistert von ihr. Ab Carpenters Flug erprobte man normale Lebensmittel bei den Flügen. Das traditionelle Frühstück vor dem Start wurde so gewählt, dass es möglichst wenige Ballaststoffe enthielt. Damit sank die Wahrscheinlichkeit, dass der Pilot während der Mission Kot absetzen musste. Es wurde daher auch bei den folgenden Missionen in der Form beibehalten.

Zentral in der Konsole gab es eine mechanisch-elektrische Uhr mit Digitalanzeige mit Ziffern auf rotierenden Walzen. Sie zeigte vier Zeiten an:

- Die Tageszeit (in Universal Time, da innerhalb von 90 Minuten die Kapsel alle Zeitzonen der Erde überflog).

- Die Zeit seit dem Abheben.

- Zeit bis zum Feuern der Retroraketen – diese wurde vor dem Start berechnet und heruntergezählt, konnte durch ein Funkkommando aber neu gesetzt werden.

- Zeit seit Feuern der Retroraketen – die Sequenz dauerte nur wenige Sekunden. Eine Abweichung von 1 s bedeutet aber, dass die Kapsel 8 km vom Kurs entfernt niedergehen würde.

Eine LED signalisierte, wenn die Beschleunigung 0,05 g überstieg, das war per Definition der Beginn des Wiedereintritts.

Das ausfahrbare Periskop war ursprünglich als wichtigstes Navigationsinstrument gedacht. Es hatte im Okular eine Skala mit je drei vertikalen und horizontalen Linien. Dabei bildeten die mittigen Linien ein Kreuz. Bei korrekter Ausrichtung würde die horizontale Mittellinie gerade den Erdhorizont berühren, mit dem höchsten Punkt auf der mittleren vertikalen Linie. War die Kapsel zu stark geneigt, so lag der Erdhorizont über oder unterhalb der mittleren horizontalen Linie. Neigte sie sich zu stark nach links oder rechts, so war der höchste Punkt nicht auf der mittleren Vertikalenlinie. War die Rollachse falsch ausgerichtet, so verlief die Erde nicht in den beiden unteren Quadranten, sondern von links oben nach rechts unten oder rechts oben nach links unten. Das Periskop hatte ein Okular von 20 cm Durchmesser und war um 190 Grad drehbar.

Es wurden mehrere Kameras mitgeführt. Zwei waren es fast immer: eine Kamera, die auf den Pilotensitz gerichtet war und die Reaktion des Piloten oder Affen aufnahm. Die Zweite war auf das Instrumentenpaneel gerichtet, da die Telemetrie nicht alle Werte enthielt und diese nur im Empfangsbereich einer Bodenstation übertragen werden konnte. Aus der Kombination beider Instrumente konnte man weitere Erkenntnisse gewinnen. So soll, nachdem man bemerkte, wohin Shepard bei kritischen Situationen schaute, und welche Instrumente was zur selben Zeit anzeigten, die Anordnung der Anzeigen nochmals korrigiert worden sein, um Instrumente näher zusammenzulegen. Diese Filmkameras arbeiteten mit 16 mm Film.

Bei unbemannten Flügen waren dann an einem oder beiden Bullaugen noch weitere Kameras angebracht. Die Astronauten hatten zudem eine tragbare 16 mm Kamera. Alle Filmkameras arbeiteten, um Film zu sparen mit niedriger Framerate, die tragbare Kamera z. B. mit 6 Frames/s, die fest installierte mit 5 Frames/s. Bei den späteren Missionen (ab Carpenters Mission) wurden dann auch normale Fotokameras im Kleinformat (35 mm) und Mittelformat (70 mm) eingesetzt, bei der letzten Mission von Cooper kam auch eine Fernsehkamera zum Einsatz. Sie war nur während zwei Stunden aktiv und nur der Flugarzt konnte das Bild sehen – die Scangeschwindigkeit war mit 2 s pro Bild so langsam, dass man wohl nur einen bewusstlosen Astronauten scharf erkennen konnte.

Der offizielle Bericht sagt daher auch nur, dass die TV-Kamera von Wert für die medizinische Überwachung war. Es dauerte noch Jahre, bis zum Beginn des Apollo-Programms Fernsehkameras entwickelt waren, die wirklich bewegte Bilder übertragen konnten.

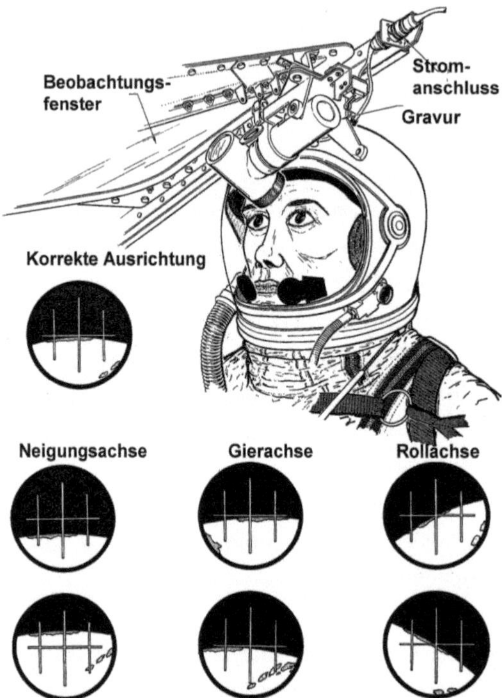

39. Abbildung: Benutzung des Periskops
© NASA / Bernd Leitenberger

Zuverlässigkeit

Erst Mitte 1959, als das Design der Kapsel schon stand und die Raketen bestellt waren, machte sich die STG Gedanken, wie man potenzielle Fehlerquellen finden und eliminieren kann. Qualitätskontrollen und formale Programme zur Verbesserung der Qualität wurden erst relativ spät eingeführt. Aufgrund der Größe des Programms und der Tatsache, dass man sich in einem Wettrennen befand und so schnell wie möglich einen Astronauten ins All schicken wollte, war es schwer, Ansätze zu finden, die man in der zur Verfügung stehenden Zeit umsetzen konnte.

Man identifizierte in Kapsel und Atlas zusammen 40.000 kritische Teile, die zu einem Missionsabbruch oder einer gefährlichen Situation führen konnten. Alle abzusichern war unmöglich. Man fasste die Teile zu größeren Subsystemen zusammen und schätzte für jedes die Zuverlässigkeit ab. Aufgrund dieser Schätzungen identifizierte man kritische Subsysteme, an denen man Korrekturen durchführen musste.

Bei den Ingenieuren, sowohl bei McDonnell wie auch Convair, traf dieser Ansatz auf Widerstand. Sie glaubten an Zuverlässigkeit durch sorgfältige technische Entwicklung und Weiterentwicklung. Der Ansatz der NASA war dagegen ein statistischer. Die Debatte dauerte etwa ein Jahr, bis das NASA-Hauptquartier sich für den statistischen Ansatz entschied, der bis heute angewandt wird.

Bis heute wird das Risiko für eine Besatzung statistisch ermittelt und gipfelt meist in zwei Zahlen, genannt LOM und LOC: LOM, **L**ost **of M**ission bedeutet, dass eine Mission abgebrochen werden muss, also nicht erfüllt wird. Beispiele für LOM sind die Flüge von Gemini 8 (Notwasserung nach Verbrauch des Lageregelungstreibstoffs) oder Apollo 13 (Explosion des Sauerstofftanks in dem Servicemodul und Benutzung der Mondfähre als Rettungsboot). Die Abkürzung LOC steht für **L**ost **of Crew**, also Tod der Besatzung, so geschehen bei den NASA-Missionen Apollo 1, STS-51L und STS-107. Im Mercuryprogramm gab es beide Begriffe noch nicht, ebenso wenig wie Zahlenwerte. Später wurde als Maßstab im Apolloprogramm ein LOC von 1 Prozent gesetzt (1:100) und ein LOM für die Saturn V von 5 Prozent.

Gene Kranz schreibt in seiner Autobiografie, dass man in der Missionskontrolle mit dem Tod eines oder zwei Astronauten rechnete, was ein LOC of 1:7 bis 1:3,5 bedeutet. Zum Vergleich: Für eine 210 Tagesmission an Bord der ISS müssen die derzeit entwickelten Raumschiffe Starliner und Dragon ein LOC von 1:270 aufweisen. Für Aufstiegs- und Landephase sogar 1:1000 (der Rest entfällt auf den Aufenthalt an Bord der ISS, rein statistisch hat man natürlich ein Risiko, in den sechs Monaten an natürlichen Todesursachen zu versterben).

Die statistische Methode war neu. Damals wurde die Ausfallwahrscheinlichkeit eines Systems ermittelt, indem man die bekannten Fehlerwahrscheinlichkeiten der Subsysteme summierte und so einen Wert für das Gesamtsystem erhielt. Die neue Methode definierte einen Fehler. Sie schätzte die Ausfallwahrscheinlichkeit von Subsystemen ab und ging bis zu den Komponenten, um kritische Teile zu identifizieren. Die Methode lieferte für die ganze Mission eine ausreichende genaue Abschätzung des Risikos, war aber für Teilaspekte nicht anwendbar, weshalb Missionsverantwortliche und Techniker sie „Zahlenspiel" nannten.

Da man bei Mercury soweit es ging, bewährte Technik einsetzte. Diese hat den Vorteil hat, dass Erfahrungen über die Anfälligkeit vorliegen, ersetzte man meistens nicht problematische Teile durch Neuentwicklungen, auch weil man dafür nicht die Zeit hatte. Sicherheit gab es vor allem durch Redundanz. Redundanz bedeutete, dass Systeme oder Teile mehrfach vorhanden sind. Dann kann eines ausfallen. Dann kann ein System aber von einem systematischen Fehler betroffen sein. Besser ist es, alternative Lösungen zu haben.

Nehmen wir die missionskritische Zündung der Retroraketen. Das ist von der Technik her eine relativ einfache Sache. Eine Feststoffrakete wird elektrisch gezündet, der Zündfunke wird durch die Stromversorgung generiert und ein Schalter muss die Stromquelle auf die Leitung legen, die zur Rakete führt. Man legte die Feststoffraketen redundant aus, obwohl es noch nie zu einer Nichtzündung einer Feststoffrakete kam. Nun konnte die Batterie erschöpft sein, oder beschädigt, z. B. ist der Elektrolyt ausgelaufen. Also führte man eine zweite Batterie als alternative Spannungsquelle ein. Die Elektronik, die das Kommando für die Zündung empfängt, konnte ausgefallen sein, dafür gab es als Alternative einen Schalter in der Kapsel, den der Astronaut umlegen konnte.

Der Pilot, das wurde schnell klar, würde mehr als nur Passagier sein. Es zeigte sich, das er die Absicherung (Redundanz) für zahlreiche Systeme war und man dazu nur Ein-/Ausschalter in die Konsole legen musste.

Es entbrannte dann eine zweite Diskussion. Wann sollte eine Mission abgebrochen werden? Eine Gruppe plädierte dafür, die Mission abzubrechen, sobald ein nicht korrigierbarer Fehler auftritt. Eine Zweite dagegen erst dann, wenn das Leben des Astronauten in Gefahr ist. Im Wesentlichen ist es eine Entscheidung über die maximale Sicherheit für die Piloten und die Minimierung des LOM-Risikos. Letztendlich siegte die Sicherheit der Piloten. Sie bekam oberste Priorität. Es wurde ein spezielles „Pilot Safety Program" ins Leben gerufen.

Im Februar 1960 kam es erneut zu Diskussionen über den statistischen Ansatz und den technischen Ansatz. Man einigte sich auf den Kompromiss, beide Methoden parallel durchzuführen. Das heißt, es wurden vom NASA-Hauptquartier Unterlagen über die Systeme und Tests der Systeme angefordert, ausgewertet und mit mathematischen Modellen bewertet. Aufgrund dessen wurden Spezifikationen erarbeitet und diese mussten erreicht werden. Es kam zur Gründung einer Abteilung für Zuverlässigkeit und Qualitätskontrolle (Reliability and Quality Assurance Office). Sie berichtete direkt dem NASA-Hauptquartier.

Im Laufe des Jahres 1960 zeigte sich, dass praktische Tests und Simulationen viel wichtiger waren als formale Spezifikationen und statistische Analysen, auf denen neu entwickelte Komponenten basierten. Wenn man sich die unbemannten Starts im Mercuryprogramm betrachtet, wird dies deutlich. Man erkannte bei ihnen immer neue Fehlerquellen, die dann beseitigt wurden. Alle bemannten Einsätze waren nach den Korrekturen erfolgreich.

Produktion

Nach Vertrag sollte McDonnell die ersten Einsatzexemplare nach 12 Monaten ausliefern. Die Firma schaffte das auch fast, die erste Kapsel wurde 14 Monate nach Auftragsvergabe im April 1960 ausgeliefert. Es gab zwei Serien. Die erste Charge entstand nach den originalen Designvorgaben der Space Task Group.

Als die Astronauten McDonnell besuchten, machten sie Vorschläge für Änderungen. Sie sahen als Piloten das Raumschiff als ein Flugzeug an – es musste steuerbar sein, man musste sehen, wohin man fliegt und im Falle eines Problems musste man es schnell verlassen können. Die Verbesserungen waren möglich, weil die Atlas nach der Auswertung der ersten Testflüge mehr Nutzlast transportieren konnte. Die erste Serie wog im Mittel 1.150 kg (2.535 US-Pfund), allerdings ohne die Systeme für einen Astronauten. Das erste Los (Kapsel 1 bis 10) wurde mit Ausnahme der Kapsel #7 (MR-3 S. 298) nur unbemannt eingesetzt. Vom zweiten Los (11 bis 20) wurde nur die Kapsel #14 /Litte Joe 5A S. 285 / Little Joe 5B S. 296) unbemannt eingesetzt.

Grissoms Flug MR-4 (S. 304) setzte die erste Kapsel des zweiten Produktionsloses ein, die 1.286 kg wog, also 61 kg mehr. Die Kapseln für Orbitaleinsätze waren schwerer und wogen bei bemannten Missionen 1.354 bis 1.372 kg. Dies war durch die Einführung von besseren Triebwerken bei der Atlas möglich. Trotzdem musste man bei der Langzeitmission von Cooper wieder Systeme entfernen, um das Mehrgewicht von Batterien, Sauerstoff und Treibstoff aufzufangen.

Die augenfälligste Änderung in der zweiten Serie war ein trapezförmiges Fenster anstatt den beiden kleinen, runden Bullaugen. Zudem konnte man die Kapsel durch die Einstiegsluke verlassen. Dazu gab es zahlreiche Detailveränderungen. John Glenn, dessen Arbeitsbereich die Instrumentierung war, sagte er hätte das gesamte Instrumentenpaneel umgestellt und in der Tat zeigt ein Foto von 1959 ein anderes Panel, als das von Glenns Raumschiff.

Fünf Kapseln flogen nicht. Die Missionen dafür wurden gestrichen – geplant waren einmal jeweils sechs suborbitale und orbitale Missionen. Vier Kapseln (12, 15, 17, 20) wurden für Langzeitmissionen umgebaut. Nur eine, die Kapsel #20, wurde bei der letzten Mission MA-9 (S. 340) eingesetzt. Die anderen drei sollten bei den gestrichenen Missionen Mercury-Atlas 10 bis 12 eingesetzt werden. Die Kapsel #10 wäre bei einer weiteren suborbitalen Mission eingesetzt worden. Diese wurde nach der erfolgreichen Mission von Grissom gestrichen. Kapsel #19 war ein Backup zu Kapsel #16 von Schirras Mission.

Kapsel Nummer	Einsatz auf
1	Beach Abort Test 9.5.1960
2	Mercury-Redstone 1 + 1A 21.11.1960, 19.12.1960
3	Little Joe 5, 8.11.1960. Zerstört beim Flug
4	Mercury-Atlas 1, 29.7.1960. Zerstört beim Flug
5	Mercury-Redstone 2, 31.1.1961
6	Mercury-Atlas 2, 21.2.1961
7	Mercury-Redstone 3, 5.5.1961
8	Mercury-Atlas 3 + 4, 25.4.1961 + 13.9.1961
9: erste Kapsel der zweiten Serie	Mercury-Atlas 5 29.11.1961
10	Genutzt für unbemannte Tests in der Vakuumkammer, nie geflogen
11	Mercury-Redstone 4, 21.7.1961, gesunken im Atlantik, geborgen 1999
12: Umbau für Langzeitmission	Vorher Backup für MA-7 Mission
13	Mercury-Atlas 6, 20.2.1962
14	Little Joe 5A + 5B, 18.3.1961 + 28.4.1961
15: Umbau für Langzeitmission	Geplant für Mercury-Atlas 10
16	Mercury-Atlas 8, 3.10.1962
17: Umbau für Langzeitmission	Flugqualifiziert lieferte Ersatzteile für die MA-9 Mission / Backup zu 15
18	Mercury-Atlas 7, 24.5.1962
19	Backup zu MA-8 Mission, danach Quelle für Ersatzteile
20: Umbau für Langzeitmission	Mercury-Atlas 9, 15/16.8.1963

Mercury und Wostok

Parallel zum Mercuryprojekt arbeitete Russland an seinem bemannten Weltraumprogramm, genannt Wostok (russisch für „Osten"). Es gibt Gemeinsamkeiten und Unterschiede zum Mercuryprogramm.

Der augenfälligste Unterschied ist schon die Form. Wostok bestand aus einer Kugel, in der sich der Kosmonaut befand und einem zylindrischen Servicemodul. Bei Mercury war es eine kegelförmige Kapsel. Die Kugel wurde gewählt, um Zeit zu sparen. Damit musste man sich nicht mit Aerodynamik befassen, wie ein Konstruk-

40. Abbildung: Diagramm der Wostokkapsel (c) Bishbos.com

teur es ausdrückte. Sie war dafür schwerer, weil der Hitzeschutzschild die ganze Oberfläche bedecken musste, anstatt nur die Unterseite.

Der wichtigste Unterschied resultierte aus der höheren Nutzlast der R-7 Trägerrakete. Schon die Sputnikversion ohne Oberstufe hatte mit 1,5 t in einen LEO-Orbit eine höhere Nutzlast als die Atlas D, welche Mercury beförderte. Für Wostok und die ersten Luna-Sonden (die damals noch Lunik hießen), erweiterte man die R-7 um eine Oberstufe, Block-E, die in Rekordzeit entwickelt wurde. Die sechs Starts von Luna 1 bis 3 (drei weitere scheiterten) waren so zugleich Testflüge der neuen R-7 Version, die nach dem Raumschiff „Wostok" getauft wurde. Die Oberstufe Block E erhöhte die Nutzlast auf 4,73 t. Das Wostokraumschiff durfte daher dreimal schwerer als Mercury sein.

Koroljow, der sowjetische „von Braun", entwarf nicht nur die R-7 Trägerrakete, sondern auch das Wostok-Raumschiff. Er bekam den Auftrag, weil er dem Militär das Raumschiff als Aufklärungssatellit verkaufte. Anstatt einem Kosmonauten zu befördern, konnte man in die Kapsel auch ein Kamerasystem einbauen, das durch das Fenster die Erde fotografierte.

Die Wostokkugel war wie Mercury ein ballistisch abgebremster Körper. Das bedeutet, er durchläuft die Abstiegsbahn wie ein Stein. Es gibt eine hohe Belastung, sprich negative Beschleunigungen. Die Atmosphäre wird schnell durchquert und es gibt nur eine kurze Strecke zwischen dem Punkt des Atmosphäreneintritts und dem Landepunkt. Neben diesen negativen Aspekten gibt es aber auch einen positiven Aspekt. Solche Körper sind inhärent stabil. Das bedeutet: sind sie falsch beim Wiedereintritt ausgerichtet, so drehen die dabei entstehenden Kräfte sie in die richtige Position und diese wird ohne aktive Korrektur beibehalten. Das kam beim Start von Big Joe 1 (S. 244) vor und auch bei der Landung von Juri Gagarin, als sich die Kugel nicht vom Servicemodul löste und falsch orientiert war, als durch das heiße Plasma die verbliebenen Verbindungen durchgetrennt wurden.

Die Einführung des Servicemoduls ist der wichtigste Unterschied zwischen beiden Programmen. Das Servicemodul beinhaltet Kommunikationseinrichtungen, Stromversorgung (bei beiden Programmen nur mit Batterien), Triebwerke und Treibstoffe sowie den Großteil des Lebenserhaltungssystems mit den Vorräten an Luft und Wasser.

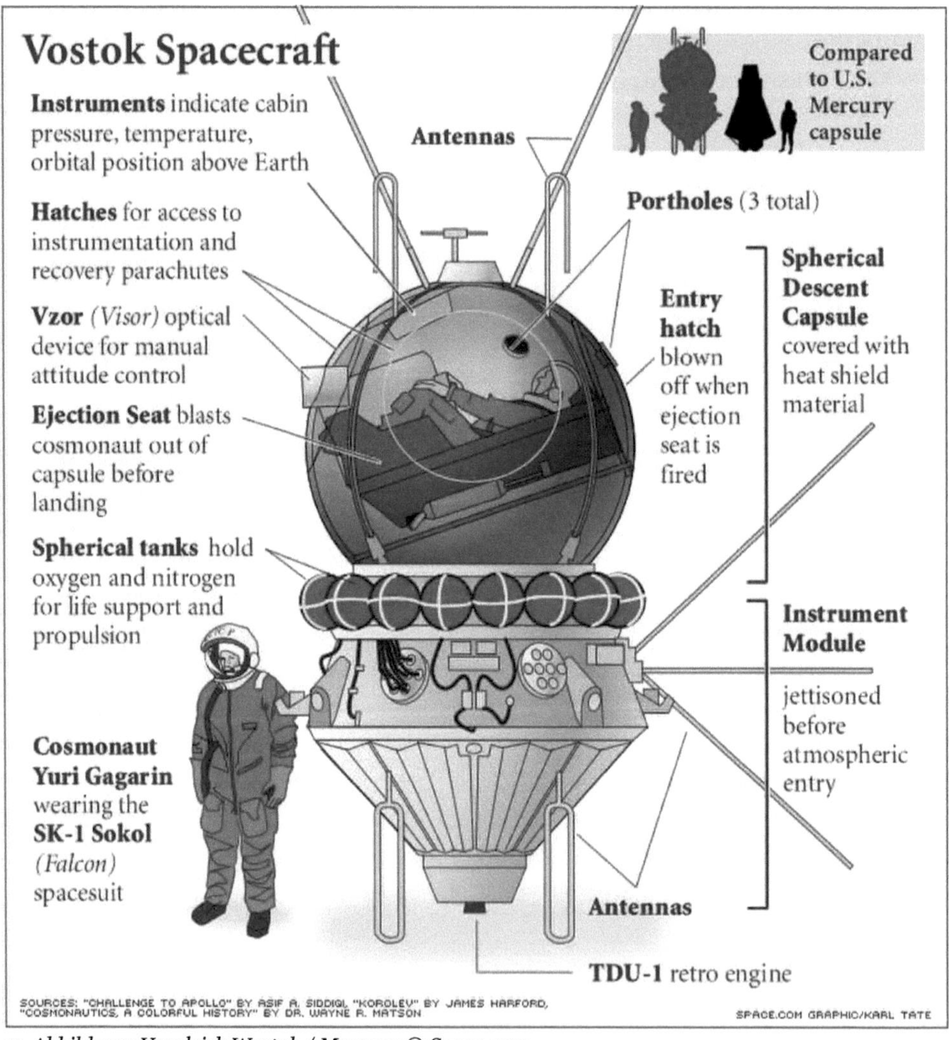

41. Abbildung: Vergleich Wostok / Mercury © Space.com

Alle folgenden US-Programme hatten ein Servicemodul. Die Vorteile sind offensichtlich: Die Kapsel, die landet, muss sehr stabil sein. Sie muss die Belastung bei der Landung überstehen, sie muss druckdicht sein und steht unter Innendruck. Zudem benötigt sie einen Hitzeschutzschild, der die Masse erhöht. Wenn man den Großteil der Ausrüstung in ein Servicemodul auslagert, so kann die Kapsel kleiner und leichter werden. Das Servicemodul führt das Retromanöver durch, danach wird es von der Kapsel getrennt und verglüht beim Wiedereintritt. Die Kapsel benötigt kein Lebenserhaltungssystem, zwischen Retromanöver und Landung vergehen maximal 50 Minuten. So lange reicht die Luft in einer kleinen Kapsel aus.

Eine weitere Gemeinsamkeit ist, dass beide Raumschiffe so ausgelegt waren, dass sie auch unbemannt fliegen konnten. Das nutzte man bei den Erprobungsflügen bei Mercury aus, und auch Wostok wurde als Zenit-Aufklärungssatellit zweckentfremdet. Im Mercuryprogramm verstand man bei den bemannten Flügen die Astronauten als Piloten ihres Raumfahrzeugs. Selbst als Scott Carpenter in eine kritische Situation geriet, beriet man ihn nur. Dagegen waren im Wostokprogramm die Kosmonauten nur passive Beobachter. Die gesamte Steuerung der Mission erfolgte durch die Bodenkontrolle. Dieses wird auf das kommunistische System zurückgeführt, in dem das Kollektiv wichtiger ist als das Individuum. Es gab auch nur wenige Kontrollen in der Kapsel.

Auch bei der Landung gab es Unterschiede. Russland entschied sich für eine Landung auf dem Land, die USA für eine Landung im Ozean. Das blieb auch bei den beiden folgenden Programmen Gemini und Apollo so. Bei den aktuellen Kapseln setzen auch die USA auf eine Landung auf dem Festland: Bei der Dragon war eine Landlandung vorgesehen, doch der Hersteller SpaceX wechselte auf die Wasserung. Der Starliner von Boeing soll ausschließlich an Land landen. Die Sojus landen bis heute in der kasachischen Steppe nahe Baikonur.

Eine Landung an Land ist selbst mit einem Fallschirm viel härter als eine Wasserung. Damit die Kosmonauten dabei nicht verletzt werden, setzt heute die Sojus ein Raketentriebwerk ein, das wenige Meter über dem Boden die Geschwindigkeit reduziert. Die Wostok hatte diese Möglichkeit noch nicht. Bei ihr wurde der Kosmonaut mit einem Schleudersitz durch die Luke herauskatapultiert. Danach landete er an einem Fallschirm. Das Vorgehen erinnert an einen Notausstieg aus einem

Kampfflugzeug, einem erprobten Verfahren und es fand erst nach Öffnung des Fallschirms der Kapsel unterhalb von 6.000 m Höhe bei niedriger Geschwindigkeit statt.

Der Schleudersitz war auch als Rettungsmöglichkeit für eine Havarie der Rakete bis kurz nach dem Start vorgesehen. Sobald die Rakete etwa 10 bis 13 km Höhe erreicht hat und eine Geschwindigkeit über Mach 1, ist er aber nicht mehr einsetzbar. Dieses Restrisiko ging Russland bewusst ein. Die USA setzten bei Gemini auch auf Schleudersitze. Das lag daran, dass Gemini zuerst mit einem Gleitfallschirm auf einer US-Luftwaffenbasis landen sollte. Als man dann aber diesen Schirm strich, war das Design bereits soweit fortgeschritten, dass man keinen Fluchtturm mehr einführen konnte. Ohne Rettungsturm war die Mission von Wostok mit Sicherheit riskanter als eine Mercurymission. Bisher wurde zweimal ein Fluchtturm bei einer bemannten Mission eingesetzt: zum einen bei der Sojus Mission T10, als ein Feuer kurz vor dem Start ausbrach und dann bei der Sojus Mission MS-10, als sich ein Booster nicht von der Rakete löste. In beiden Fällen wurde die Besatzung unverletzt geborgen. Ob der Kosmonaut bei einem ähnlichen Ereignis, nur durch einen Schleudersitz herauskatapultiert, überlebt hätte, ist fraglich.

Bedingt durch die zusätzliche Luke für den Schleudersitz gab es in der Wostok mehr Öffnungen als bei Mercury, drei kreisrunde von je 1,20 m Durchmesser. Eine für den Katapultstart, durch eine zweite Luke stieg der Kosmonaut ein und eine Dritte diente zum Installieren von Geräten. So konnte Koroljow das bemannte Raumschiff auch als Aufklärungssatellit nutzen. Dabei ersetzte man eine Luke durch ein Fenster und hatte so einen hervorragenden Blick auf die Erde.

Der letzte Unterschied war, das Russland eine Atmosphäre aus normaler Luft einsetzte. Man erwog eine reine Sauerstoffatmosphäre, da Gasvorrat und Innendruck kleiner waren. Das spart Gewicht ein.

Doch in einer reinen Sauerstoffatmosphäre breiten sich Feuer schnell aus. Materia-
len, die bei einer normalen Atmosphäre nur anschmoren, verbrennen. Funken, die
sonst nicht ausreichen, ein Feuer auszulösen, führen zu einem Brand. Trotzdem
experimentierte Russland mit einer Sauerstoffatmosphäre.

42. Abbildung: Hauptluke der Kapsel von 3KA-2 (25.3.1961)

So starb der Astronautenanwärter Walentin Wassiljewitsch Bondarenko am 23.3.1961, drei Wochen vor Gagarins Start, bei einem Unfall in einer Druckkabine, gefüllt mit reinem Sauerstoff, als er einen mit reinem Alkohol getränkten Lappen aus Versehen auf eine Heizspirale fallen lies.

Das größere Wostok-Raumschiff lies viel längere Flüge zu. So war schon German Titow als zweiter Kosmonaut einen Tag im All, das war die maximale Dauer einer Mercurymission. Die Raumschiffe waren für eine Mission von 12 Tagen Dauer aus-

43. Abbildung: Gängige Darstellung von Wostok in Museen mit noch angekoppelter Oberstufe Block E

gelegt. Das war die Lebensdauer in der Umlaufbahn. Würde das Bremstriebwerk im Servicemodul versagen, so würde die Kapsel nach 12 Tagen von alleine wieder eintreten. Für diese Zeit war auch das Umweltkontrollsystem ausgelegt. Energie, Wasser, Nahrungsmittel und Luft reichten für diese Frist. Wie bei Mercury war das Umweltkontrollsystem auf den Anzug ausgelegt: trockene Luft durchströmte den Anzug und kühlte, indem sie Feuchtigkeit mitnahm. In der Kapsel konnte es dagegen bis zu 40 Grad Celsius warm werden.

Bei beiden Programmen legte man viel Wert auf die Sicherheit. In beiden Fällen war die Trägerrakete das Problem. Dem ersten bemannten Flug der Atlas gingen fünf unbemannte Flüge voraus. Dazu kamen drei unbemannte Flüge der Redstone und sieben Tests der Litte Joe/Big Joe, zusammen 15 Testflüge. Russland startete sieben Wostokraumschiffe unbemannt oder mit Hunden vor dem ersten bemannten Einsatz. Da Gagarin noch vor dem ersten suborbitalen Flug eines Amerikaners starten sollte, erfolgte nach zwei erfolgreichen Flügen in Folge der erste bemannte Start. Suborbitale Flüge gab es bei Wostok keine.

Anders als die Mercurykapsel ist die Wostokkapsel bis heute im Einsatz: Sie dient als Foton bzw. Foton-M zum Transport von Experimenten in die Schwerelosigkeit. Die Experimente werden nach wenigen Tagen bis einigen Wochen mit der Kapsel zurückgeführt. Daneben wurde die Kapsel 46-mal umgebaut als Zenit-Aufklärungssatelliten gestartet.

Einen Unterschied gibt es in dem Programmziel: Zwar sahen sich beide Nationen verpflichtet, als Erste einen Menschen ins All zu bringen. Doch die USA kämpften weniger verbissen für dieses Ziel. Schaut man sich die Startstatistiken der frühen Jahre an, so fällt auf, dass die USA sehr bald begannen, den Weltraum zu nutzen und zu erforschen. Sie starteten zahlreiche Explorer-Satelliten, welche das Erdmagnetfeld, die Sonne und das All untersuchten. Das Militär begann mit der Entwicklung von Aufklärungssatelliten, sogar mit rivalisierenden Programmen wie SAMOS und CORONA. Dazu kamen die ersten Anwendungssatelliten wie TIROS zur Wettervorhersage und Courier für die ersten transkontinentalen Funkverbindungen über Satellit. Die ersten TRANSIT Satelliten verbesserten die Navigation auf See.

Russland dagegen startete praktisch nur Raumsonden, da sich der Wettlauf vom Erdorbit zum Mond und den Planeten verlagert hatte und eben die Wostok-Raumschiffe. So startete die UdSSR bis Ende 1962 insgesamt 49 Nutzlasten, die USA 177. Später kehrte sich das Verhältnis um, jedoch nur, weil Russland enorm viele kurzlebige militärische Satelliten startete. Ein ziviles Weltraumprogramm gab und gibt es bis heute nicht.

Auch im Wostokprogramm war die Hauptmotivation, die Amerikaner auszustechen. Schon Wostok 2 mit German Titow blieb länger im All, als es für Mercury in der ursprünglichen Auslegung möglich war. Nachdem man von den Beschränkungen auf US-Seite wusste, (das Mercuryprogramm war öffentlich, man musste nur Fachzeitschriften lesen, darin standen die wichtigsten Daten, wie die maximale Missionsdauer) folgten erst nach einem Jahr Wostok 3 und 4 (kurz vor Schirras Flug). Die beiden Missionen wurden einen Tag getrennt gestartet und die Flugbahnen näherten sich bis auf 6,5 km, waren aber nicht koplanar, sodass sie sich wieder entfernten. Dieser erste Gruppenflug sollte wieder ein Jahr später von einem Dreifachflug übertroffen werden, man verzichtete aber darauf und setzte mit Wostok 5 einen neuen Dauerrekord von 6 Tagen im All, den die NASA erst mit Gemini 5 einstellten und mit Gemini 6A überboten.

Die letzte Wostokmission startete schließlich eine Frau ins All. Das war damals sensationell. In den USA war bis zum Space Shuttle keine Ausschreibung an Frauen gerichtet. Allerdings war Tereschkowas Performance so schlecht, dass die weibliche Kosmonautengruppe aufgelöst wurde und erst kurz vor der ersten US-Amerikanerin die nächste Kosmonautin startete. Auch Wostok 5/6 war ein Gruppenflug.

Der Drang nach neuen Rekorden wurde beim Nachfolgeprogramm Woschod noch deutlicher: Da das neue Sojus-Raumschiff für zwei bis drei Kosmonauten noch nicht einsatzbereit war, startete man kurz vor der ersten Geminimission Woschod 1. Die drei Kosmonauten hatten wegen der Enge nicht einmal Schutzanzüge an. Danach folgte Woschod 2 mit dem ersten Ausstieg ins All.

Die Woschod (Sonnenaufgang) war eine umgebaute und modifizierte Wostok. Eine riskante Verlegenheitslösung. Alexej Leonow kam im Vakuum aufgeblähten Anzug kaum noch zurück in die Kapsel. Bei dem Zünden der Retroraketen versagten diese und die Kapsel landete weitab von der vorgesehenen Landezone. Es gab keinerlei Rettungsmöglichkeiten in den ersten drei Minuten. Weder gab es einen Fluchtturm, noch konnte man mehrere Kosmonauten durch nur eine Luke herauskatapultieren. Bei der Dreierbesatzung von Woschod 1 konnten diese durch den Platzmangel nicht mal Weltraumanzüge tragen.

Ein weiterer Unterschied war, das Russland kein globales Bodennetzwerk aufbaute. Russlands Territorium erstreckt sich im Norden über 160 Längengrade, fast den halben Globus und bei der Bahnneigung des Wostokraumschiffs von 65 Grad reichen einige Bodenstationen im Norden Russlands aus, um bei fast jedem Orbit einmal Funkkontakt herzustellen. Sie wurden durch einige Bahnverfolgungsschiffe ergänzt. Aus praktischen Gründen erfolgte die Landung immer nach dem Vielfachen eines Tages, dann konnte die Landung in der kasachischen Steppe nahe des Startplatzes Baikonur erfolgen.

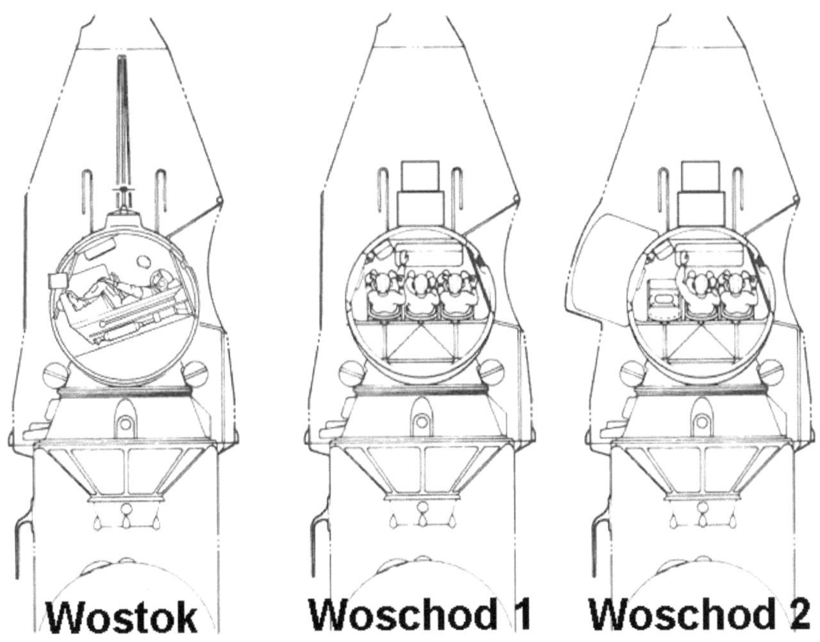

44. Abbildung: Vergleich der Raumschiffe Wostok und Woschod

Die Wostok-Missionen

Es gab auch zeitliche Unterschiede. Zwar wurde das Design der Kapsel von Wostok schon am 15.5.1958 abgeschlossen. Doch bis man die Finanzen für das Projekt bekam, verging über ein Jahr. Wie beim späteren Mondprogramm genehmigte die Führung die Mittel erst, als es in der US-Presse nicht mehr zu ignorierende Meldungen über das Mercuryprogramm gab. Im November 1958 wurde der Beschluss gefasst. Doch bis die Mittel richtig flossen, war es Sommer 1959. Damit lag Wostok sechs bis acht Monate hinter Mercury zurück.

Die Kosmonauten wurden sogar erst am 7.3.1960 rekrutiert – aus rund 3.500 Militärpiloten. Sie durften maximal 1,70 m groß sein, maximal 70 kg schwer und sollten um die 30 Jahre alt sein. Die erste Gruppe umfasste 20 Mann, angeblich weil Koroljow fragte „Wie viele Kosmonauten haben die Amerikaner?" – „Sieben" – „Dann gebt mir dreimal so viel". Doch man merkte bald, dass dies zu viele waren, und selektierte aus den 20 am 11.10.1960 sechs: Waleri Bykowski, Juri Gagarin, Grigori Neljubow, Andrijan Nikolajew, Pawel Popowitsch und German Titow. Da sie normale Militärpiloten waren, hatten sie erheblich weniger Flugstunden als die Mercuryastronauten absolviert und waren jünger – im Durchschnitt 26 Jahre alt.

Die Mercuryastronauten schauten auf die Kosmonauten herab. Deke Slayton hebt in seinen Memoiren hervor, dass Gagarin „nur Pilot" sei und nur 300 Flugstunden absolviert habe. Diese „Richtige Astronauten sind Testpiloten"-Attitüde schlug auch den Wissenschaftsastronauten im Apolloprogramm entgegen.

Russland wurde trotzdem Erster, da sie die bewährte R-7 Trägerrakete hatten. Sie hatte am 21.8.1957 ihren ersten Testflug über die volle Distanz. Bei der Atlas war dieses Datum der 28.12.1958, also 16 Monate später. Selbst die eingesetzte Version mit Oberstufe hatte ihren Erstflug vor der Atlas am 23.9.1958. Zu den sechs unbemannten Flügen als Vorbereitung von Wostok 1 kann man noch neun Starts für Luna-Raumsonden als Qualifikation der Trägerrakete hinzunehmen.

Der erste unbemannte Start eines Wostok-Raumschiffs unter der Bezeichnung „Korabl Sputnik" (Schiff-Satellit) fand schon am 15.5.1960 statt. Die Kapsel war mit Instrumenten und einem Dummy als Ersatz für den Kosmonauten vollgestopft. Sie gelangte auch problemlos in den Orbit. Erst nach vier Tagen (die beiden unbemannten orbitalen Mercurytests MA-4 (S. 310) und MA-5 (S. 316) dauerten nur einen bzw. zwei Umläufe) wurde die Retrosequenz eingeleitet. Das Raumschiff war aber um 180 Grad fehlorientiert, sodass es nicht abgebremst wurde, sondern nach einer 26 s langen dauernden Beschleunigung durch das „Bremstriebwerk" um 90 m/s in eine höhere Bahn gelangte. Erst am 5.9.1962 und 15.10.1965 verglühten Kapsel und Servicemodul, die sich nach der Zündung voneinander trennten.

Am 28.7.1960 fand der erste Test mit zwei Lebewesen als Ersatz für einen Menschen statt. Die beiden Hunde Tschaika und Lisischka flogen als Passagiere mit. Es brach jedoch an einem der Außenblocks ein Feuer aus, nach 19 s löste sich der Block von der Rakete, die sich aufgrund des nun unsymmetrischen Schubs neigte und nach 30 s desintegrierte. Die Bodenkontrolle trennte die Kapsel ab und löste den Fallschirm aus, doch aufgrund der geringen Höhe konnte der Fallschirm die Kapsel nicht wirksam abbremsen und die beiden Hunde starben beim Aufprall.

Der nächste Test mit den Hunden Belka und Strelka, 40 Mäusen und Ratten fand am 19.8.1960 statt, er dauerte nur einen Tag. Die Tiere wurden erfolgreich am 20.8.1960 geborgen. Allerdings war die Mission nicht reibungslos. Die Kapsel ging 200 km vom Zielpunkt entfernt nieder. Belka zeigte ab dem vierten Umlauf Verhaltensstörungen. Die Mediziner reduzieren daher die Dauer des ersten Flugs eines Kosmonauten von einem Tag auf einen Umlauf.

45. *Abbildung: Belka und Strelka in der Kapsel*

Am 1.12.1960 folgten die Hunde Pschelka und Muschka. Schon die Bahn war mit 166 km Höhe anstatt 233 km zu niedrig. Ein neues Orientierungssystem wurde bei dieser Mission erprobt. Dieses System versagte und so stimmte die Orientierung beim Wiedereintritt nicht.

Der Winkel war zu flach, sodass die Kapsel außerhalb Russlands niedergehen würde. Je nach Quelle soll die

Kapsel daher beim Wiedereintritt verglüht oder vor der Landung durch Funkkommando gesprengt worden sein.

Schon am 22.12.1960 folgte Korabl Sputnik 3 mit den Hunden Kometka und Schutka. Diesmal lieferte eine verbesserte Version der Oberstufe Block E zu wenig Schub, sodass der Orbit nicht erreichbar war. Man trennte die Kapsel von der Oberstufe ab, die dann nach einer Gipfelhöhe von 214 km mehr als 3.500 km vom geplanten Landeort entfernt, in Sibirien niederging. Bergungsmannschaften erreichten sie gerade noch rechtzeitig, bevor durch Zeitschaltuhren aktivierte Zünder sie sprengten. Sie hätten die Kapsel 60 Stunden nach Atmosphäreneintritt zerstört.

Nach 48 Stunden bei Außentemperaturen von bis zu -47 °C waren die beiden Hunde noch am Leben, die Mäuse dagegen tot. Die Bergung der Kapsel erwies sich als schwierig, erst nach 14 Tagen traf sie in Moskau ein.

Am 9.3.1961 folgte Korabl Sputnik 4 mit dem Hund Tschernuschka, und einem Pilotendummy genannt „Iwan". Er simulierte einen Astronauten, spielte z. B. aufgezeichnete Sprachaufzeichnungen ab. Im Westen wurde der Flug daher zeitweise für den eines Kosmonauten gehalten, denn die Funkfrequenz waren leicht abhörbar. Zum Ende der Mission wurde der Crewsimulator mit dem Schleudersitz herausgeschossen und landete am Fallschirm und testete so auch diesen missionskritischen Teil. Die Hunde blieben immer in der Kapsel, so auch Tschernuschka. Wie bei Gagarins Flug erfolgte die Landung von Korabl Sputnik-4 nach nur einem Umlauf.

Als eine Wiederholung am 25.3.1961 erneut mit einem „Mannequin" und dem Hund Sewsdotschka klappte, war der Weg frei für Gagarins Flug am 12.4. Russland hatte in zehn Monaten sieben orbitale Missionen durchgeführt, davon zwei in 16 Tagen – Amerika hatte ebenfalls sieben Testmissionen vor Glenn ers-

46. Abbildung: Nikolajew (Wostok 3)

tem bemannten Flug durchgeführt, doch in einer Zeitspanne von 26 Monaten. Die Kapsel wurde 2011 bei Sothebys für 2.882.500 Dollar versteigert.

Gagarin absolvierte bei seiner Mission am 12.4.1961 aus Sicherheitsgründen nur einen Umlauf. Mehr war nicht möglich, wenn die Dauer des Raumflugs nicht gleich einen Tag betragen sollte, da bei jedem Umlauf die Erde um 23 Grad weiter wandert. Etwas variieren kann man den Landepunkt noch durch die Triebwerke des Raumschiffs und die Aufstiegsbahn. Gagarin landete 19 Grad vom Startpunkt entfernt, auf dem 45 Längengrad. Bei zwei Umläufen wäre er schon an der äußersten Grenze des Staatsgebiets der Sowjetunion gewesen. Alle folgenden Missionen dauerten Vielfache eines Tags, sodass die Landung in der Nähe von Baikonur erfolgen konnte.

Das Raumschiff wurde von der Bodenkontrolle gesteuert. Es gab zwar eine Handsteuerung, die war jedoch mit einem Schloss mit einer Kombination aus drei Ziffern blockiert. Gagarin bekam den Umschlag mit der Kombination beim Start und durfte ihn erst öffnen, wenn der Funkkontakt in der entscheidenden Phase abriss. Dazu kam es aber nicht. Gagarin war nur passiver Passagier in seinem Raumschiff.

Gagarins Flug war zum Ende hin dramatisch. Als der Wiedereintritt begann, löste sich das Servicemodul nicht von der Kapsel. Beide taumelten um den gemeinsamen Schwerpunkt. Erst das Plasma um die Kugel durchtrennte die Verbindung. Hier erwies es sich als Vorteil, dass die Kapsel keine Ausrichtung benötigte, und die ganze Oberfläche mit einem Hitzeschutzschild belegt war.

Die fehlerhafte Trennung wiederholte sich bei Wostok 2, bei dem einige Kabelverbindungen nicht durchtrennt wurden. Bei dieser Mission trat auch der erste Fall von Weltraumkrankheit auf. Titow bekam daher nach

47. Abbildung: Popovich (Wostok 4)

sieben Umläufen eine Schlafpause von 7 $^1/_2$ Stunden verordnet. Trotz des Schwindels und der Übelkeit absolvierte Titow sein Programm erfolgreich. Er fertigte Aufnahmen der Erde an, erprobte die Handsteuerung der Kapsel und testete Nahrung in Tuben.

Am 26.2.1962 fand der erste militärische Einsatz des Wostokraumschiffs statt: Mit Kosmos 4 startete der erste Zenit-Aufklärungssatellit. Er erreichte noch keine Umlaufbahn, doch die Zuverlässigkeit des Systems stieg mit jedem Start an. Der fünfte Zenit-Aufklärungssatellit, Kosmos 12, blieb am Ende des Jahres schon acht Tage in der Umlaufbahn. Damit konnte Russland auch für die nächsten bemannten Missionen eine Missionsdauer von mehreren Tagen ansetzen. Die Zenit-Satelliten dienten als weitere unbemannte Tests des Raumschiffs.

Wostok 3 und 4 starteten mit einem Tag Abstand am 11 und 12.8.1962, noch vor dem Flug von Schirra. Die US-Fachleute beeindruckte weniger, das sich die Raumschiffe beim ersten Umlauf auf bis zu 5 km näherten, (dann jedoch wieder auf 300 km Distanz entfernten) als vielmehr, das die Sowjetunion zwei Starts innerhalb von zwei Tagen durchführen konnte. Und das pünktlich – der Start von Wostok 4 musste auf wenige Sekunden genau erfolgen und konnte erst nach 12 Stunden wiederholt werden.

Ursprünglich sollte Popowitsch an Bord von Wostok 4 einen Tag nach seinem Kollegen Adrian Nikolajew landen. Doch für den Notfall hatte man, da der Funkverkehr abgehört werden konnte, das Codewort „Beobachte Gewitter" ausgemacht. Nun sah am 15.8. Pawel Popowitsch Stürme über dem Golf von Mexiko und meldete der Bodenstation wahrheitsgemäß „Beobachte Gewitter", worauf diese die Landung einleitete. Wostok 3 und 4 landeten mit einem Abstand von nur 20 Minuten. Die Temperatur an Bord von Wostok 4 war durch den Ausfall des Kontrollsystems auf 10 Grad gefallen und die Luftfeuchtigkeit auf 35 Prozent abgesunken. Die Mediziner stellten erfreut fest, dass keiner der beiden Piloten unter Weltraumkrankheit litt, diese also nicht automatisch auftreten muss.

Nach Ende des Mercuryprogramms und im Bewusstsein, das bald die Geminiflüge beginnen würden, sollten Wostok 5 und 6 neue Rekorde aufstellen. Wieder würde es ein Gruppenflug sein. Wostok 5 startete mit sechs Stunden Verzögerung, da man noch auf der Startrampe eine Störung in der Energieversorgung bemerkte und behob. Waleri Bykowski wartete im Orbit auf Valentina Tereschkowa, die als erste Frau im All aus fünf Frauen ausgewählt worden war. Sie hatten seit dem 14.6.1962 auf die Mission trainiert.

Bei der Mission von Wostok 6 stand die Propaganda im Vordergrund. Tereschkowa war Näherin. Die Botschaft war: In Russland können auch Arbeiter Kosmonauten werden und Frauen sind gleichberechtigt. In Wirklichkeit hat Russland bisher nur vier Frauen ins All gestartet, einer der niedrigsten Frauenanteile weltweit (nur von Deutschland mit Null! Prozent Frauen unterboten). Nach dem Start von Bykowski am 14.5.1963 stellte man fest, dass seine Bahn zu niedrig war. Das vereitelte den Plan, eine Achttagesmission durchzuführen. Wie die Mercurykapseln konnten die Wostokraumschiffe nur ihre Lage ändern, nicht aber die Bahn, sonst wären auch die Gruppenflüge wesentlich spektakulärer gewesen.

48. Abbildung: Bykowski bereit zum Start mit Wostok 5

Tereschkowa wurde von Chruschtschow persönlich aus drei Kandidatinnen selektiert. Sie entpuppte sich vielleicht als geeignete Person für die Propaganda, nicht jedoch als beste Kosmonautin. Schon ihr Start verzögerte sich um einen Tag. Sie war bereits vor dem Start nicht in guter physischer Verfassung, klagte während des Flugs über Leibschmerzen und hatte Probleme mit dem Helm. Das Essen erbrach sie mehrfach. Wie Titow litt sie unter Weltraumkrankheit.

In der Missionskontrolle häuften sich die Bedenken, weil Tereschkowa nicht immer antwortete, wenn sie angefunkt wurde und der Funkverkehr oft unverständlich war, wahrscheinlich, weil sie den Helm wegen der Probleme verstellt hatte und so das Mikrofon in der falschen Position war. Mehrfach schlief sie einfach ein. Um sie zu wecken, schaltete die Bodenkontrolle mehrfach die Kabinenbeleuchtung ein und aus, bis sie sich mit ihrem Funkzeichen „hier Möwe" meldete.

Trotzdem gelang die positive Außendarstellung. Es gab eine Live-Videoübertragung und ein Telefongespräch mit Chruschtschow. Doch selbst zu Sowjetzeiten wurde ihre Leistung in einer offiziellen Dokumentation nur als „adäquat" beschrieben. Am ersten Tag brachte das Kontrollsystem die Kapsel in eine etwas zu hohe Umlaufbahn. So musste Tereschkowa nach drei Tagen selbst das Bremstriebwerk zünden, um den zu hohen Orbit auszugleichen.

Probleme gab es auch bei Wostok 5. Das Sammelsystem für Urin und Fäkalien hatte Störungen, die nicht genauer beschrieben wurden, aber den Aufenthalt in der Kapsel nach Bykowskis Worten „unerfreulich" machten. Wie bei Tereschkowa gab es Probleme mit dem Kopfmikrofon. Bykowski konnte jedoch alle wissenschaftlichen Experimente durchführen und Körperbewegungen unter Schwerelosigkeit erproben. Weiterhin stiegen die Außentemperaturen der Kapsel unplanmäßig auf 40 Grad an. Aufgrund der zu niedrigen Bahn landete die Bodenkontrolle Bykowski am selben Tag wie bei Tereschkowa, den 19.6.1963. Wostok 6 landete knapp drei Stunden nach Wostok 5. Der geplante Achttagesflug sollte dann von einem Woschod durchgeführt werden.

Bei Wostok 4 und 6 fiel in beiden Fällen das Temperaturkontrollsystem aus, wodurch die Innentemperatur von 30 auf 10 Grad sank. Die Probleme von Wostok im All sind also mit denen des Mercuryprogramms vergleichbar.

49. Abbildung: Tereschkowa vor dem Start mit Wostok 6

Nr.	Datum	Nutzlast	Trägernum-mer	Umlaufbahn	Umlaufdauer	Rückkehr	Erfolg
1	15.05.1960	Korabl'-Sputnik	L1-11	277 × 674 × 64.89	94.11	15.10.1965	√
2	28.07.1960	[Korabl'-Sputnik]	L1-10				—
3	19.08.1960	Korabl'-Sputnik-2	L1-12	307 × 307 × 64.90	90.66	20.08.1960	√
4	01.12.1960	Korabl'-Sputnik-3	L1-13	171 × 237 × 65.00	88.57	02.12.1960	√
5	22.12.1960	[Korabl'-Sputnik]	L1-13A				—
6	09.03.1961	Korabl'-Sputnik-4	E103-14	173 × 239 × 64.93	88.61	09.03.1961	√
7	25.03.1961	Korabl'-Sputnik-5	E103-15	163 × 229 × 64.90	88.41	25.03.1961	√
8	12.04.1961	Wostok	E103-16	168 × 314 × 64.95	89.32	12.04.1961	√
9	06.08.1961	Wostok-2	E103-17	172 × 218 × 64.87	88.39	07.08.1961	√
10	11.08.1962	Wostok-3	E103-23	158 × 200 × 64.96	88.07	15.08.1962	√
11	12.08.1962	Wostok-4	E103-22	168 × 221 × 64.95	88.38	15.08.1962	√
12	14.06.1963	Wostok-5	E103-24	158 × 163 × 64.92	87.70	19.06.1963	√
13	16.06.1963	Wostok-6	E103-25	163 × 191 × 64.92	88.03	19.06.1963	√

Parameter	Mercury	Wostok
Unbemannte Starts:	16	7
Unbemannte Orbitalstarts:	3	7
Bemannte Orbitalstarts:	4	6
Erster Orbitalstart:	20.2.1962	12.4.1961
Letzter Orbitalstart:	15.5.1963	16.6.1963
Längste Missionsdauer:	34 Stunden	119 Stunden
Startmasse:	1.360 kg / 1.955 kg mit Fluchtturm	4.730 kg, Kapsel 2.460 kg
Volumen (brutto/netto):	1,5 / 1 m³	5,5 / 1,6 m³
Länge:	2,97 m	4,43 m
Maximaler Durchmesser:	1,88 m	2,60 m

Die Trägerraketen

Das Mercury-Programm war das einzige bemannte US-Programm, das zwei Trägerraketen einsetzte. Apollo nutzte zwar auch die Saturn 1B, doch war diese eine Vorentwicklung der Saturn V. Es gab primär zwei Gründe dafür. Der eine war, dass die Redstone Rakete zu Projektbeginn verfügbar war. Sie war eine fertig entwickelte Mittelstreckenrakete, die gerade den ersten US-Satelliten ins All gebracht hatte. Die Redstone war zu klein, um die Mercurykapsel direkt in einen Orbit zu bringen. Doch man konnte sie für Tests benutzen und – so war die Überlegung – zumindest vor der Sowjetunion einen suborbitalen Flug durchführen.

Die Atlas, die Mercury in den Orbit bringen sollte durchlief bei Projektbeginn noch ihre Entwicklung. Der erste Flug der Atlas D, die später die Kapsel transportieren sollte, hatte wenige Wochen vor Programmbeginn stattgefunden. Die Atlas wurde als erste ICBM stufenweise weiterentwickelt. Als Mercury genehmigt wurde, war die Version C aktuell. Die erste stationierte ICBM würde die D-Version werden. Ihr folgten die E und F-Versionen, die zahlreiche Detailverbesserungen, vor allem für den militärischen Einsatz hatten.

Mit der Redstone hatte die STG die Gelegenheit, die Zeit zu nutzen, bis die Atlas verfügbar war. Das würde noch Jahre dauern, da sie nach den militärischen Tests auch für bemannte Einsätze qualifiziert sein musste. Ursprünglich wollte die NASA als Trägerrakete für die suborbitalen Tests die größere Jupiter selektieren. Gespräche mit der Abteilung der Army für die Raketenentwicklung, die von Braun leitete, führten zum Schwenk auf die Redstone. Der Vorteil der Redstone war, dass sie älter war, damit war sie ausgereifter. Trotzdem reichte ihre Leistung aus, die Kapsel auf eine ballistische Bahn zu transportieren. Sicherheit war für von Braun wichtiger als Leistung. So griff die STG auch auf die ursprüngliche Mittelstreckenrakete zurück, während die ersten Satelliten mit einer leistungsfähigeren Version mit schubkräftigerem Triebwerk, verlängerten Tanks und anderer Treibstoffmischung starteten.

Der zweite Vorteil war, dass die STG mit der Redstone missionskritisches erproben konnte. Das war der Ablauf bei Start und Landung, aber auch das Sicherheitssystem mit dem Fluchtturm. Im Orbit rechnete man mit weniger Problemen. Denn dann war das Raumschiff in einer stabilen Umlaufbahn und Pilot / Missionsleitung hatten Zeit, auf Probleme zu reagieren. Bei Start (Abweichungen vom Kurs, Versagen der Trägerrakete) oder Landung (zu steiler / zu flacher Eintrittswinkel, falsche Ausrichtung, Abweichung vom Zielgebiet) dagegen musste man schnell reagieren, sonst war das Leben des Piloten in Gefahr.

Die Redstone brachte die Mercury-Kapsel auf eine suborbitale Bahn mit einer Scheitelhöhe von 190 km. Nach der Abtrennung führte das Raumschiff das komplette Wiedereintrittsprogramm durch, drehte die Kapsel und zündete die Bremsraketen. Sie wasserte im Ozean. So konnte die Navy die Bergungsmannschaften schulen. Es war eine kleine Flotte am Zielgebiet, Hubschrauber bargen Astronauten und Kapsel. Flugzeuge waren in der Luft, um Funksignale zu empfangen oder das Gebiet abzusuchen, wenn die Kapsel vom Kurs abgekommen war. Die Bergung war missionskritisch. Es gab das Risiko, dass das Raumschiff bei hohem Wellengang unterging.

Kurzum: Bei einer Notfalllandung außerhalb der Landezone konnte ein mit dem Fallschirm landender Kosmonaut ohne Gefahr einige Stunden warten, bis Bergungsmannschaften kamen, das war bei Mercury erheblich riskanter. So wurde die Bergung mit den Mercury-Redstone Missionen durchgespielt.

Als Trägerrakete für die Orbitalmissionen selektierte man die Atlas. Neun Atlas wurden schon im November 1958 von der Air Force bestellt – vor den Redstone. Der Grund war einfach: es gab keine Alternative zur Atlas. Sie war die erste ICBM Amerikas und nur sie hatte die benötigte Nutzlastkapazität. Ursprünglich dachte die STG an die Atlas C, die aktuelle Entwicklungsversion der Atlas. Doch bis die Flüge stattfanden, war die erste Einsatzversion, die Atlas D verfügbar. Die Atlas D wurde dann auch zur Standard-Trägerrakete der Air Force und NASA bis Mitte der sechziger Jahre.

Als das Programm fortschritt, blieb man bei der Entscheidung für die Atlas D, obwohl die Agena-Oberstufe bei der Atlas eingeführt wurde. Die erste Version Atlas Agena A wäre für Mercury nicht nutzbar gewesen, da der Satellit fest mit der Agena verbunden war. Die Agena B jedoch trennte Stufe und Nutzlast. Die Atlas Agena B, die am 12.7.1961 ihren Erstflug hatte, wies die doppelte Nutzlast der Atlas D auf. Das lag daran, dass die Atlas bei Brennschluss noch 2,8 t wog, die Agena aber nur

0,8 t. Man blieb, obwohl die Kapseln an der Nutzlastgrenze waren, bei der Atlas D, da sie einen wertvollen Vorteil hatte: Alle Triebwerke wurden vor dem Abheben gezündet. Damals gab es oft schon bei der Zündung Probleme, vor allem die Verbrennungsinstabilitäten waren ein Problem. Bei einer Verbrennungsinstabilität verbrennt der Treibstoff nicht sauber, meist ist daran der Injektor schuld, der Oxydator und Treibstoff vermischt.

Die Atlas waren mehr oder weniger Standard-Atlas D, die von der Air Force bestellt wurden. Es gab Änderungen an der Elektronik, die darauf beruhten, dass die Rakete nicht wie eine ICBM nach dem Start autonom sein musste. Nach dem Versagen der Atlas bei der MA-1 Mission (S. 260) wurde die Hülle im oberen Bereich verstärkt und nach dem Fehlschlag von MA-3 die gesamte Elektronik inklusive Stromversorgung redundant ausgelegt.

Die wichtigste Änderung war das Abbruchsystem ASIS. Damals scheiterten noch viele Flüge, sowohl militärische Starts der Atlas (Teststarts und Starts um die Mannschaften mit der Durchführung eines Angriffs vertraut zu machen) wie auch zivile Starts. Es war klar, dass man die Zuverlässigkeit der Atlas nicht entscheidend bis zum ersten Einsatz beim Mercuryprogramm erhöhen konnte. Die Arbeiter bei Convair, Hersteller der Atlas, sagten zwar zu, „die beste Atlas" zu bauen die es gäbe, doch auch von den im Mercury Programm eingesetzten Atlas erfüllten drei nicht ihre Sollmission, lediglich bei den bemannten Flügen gab es keine Probleme.

Bei Convair gab es Widerstand gegen das ASIS, was die Projektverantwortlichen der STG nicht verstanden. ASIS bestand nicht nur aus dem Fluchtturm, es gab auch eine Elektronik, die in die Rakete integriert wurde. Chris Kraft sprach mit Ingenieuren nach Feierabend und bekam folgende inoffizielle Antworten:

„Ihr erwartet, dass wir Schwächen im Design identifizieren. Wenn wir nur zugeben, dass es welche gibt, glaubt ihr, die Air Force macht das glücklich?"

„Wenn wir herausfinden, wie wir die Rakete überwachen und ein Versagen vorhersagen können. Bedeutet das, das wir verantwortlich für das Leben des Astronauten sind? Ich glaube nicht, dass das einer von uns sein will."

„Ihr wollt, das wir eine Rakete abschalten, die eventuell noch weiter arbeiten würde. Und ihr wollt, das wir eine Elektronik dafür entwickeln, die es in keiner Rakete bisher gibt. Das System muss, obwohl es nicht existiert, viel zuverlässiger als die Rakete sein, bevor wir eine Atlas abschalten, die noch arbeitet.“

Kompetenzen waren bei den Trägern überhaupt eine Reibungsfläche. So war die USAF zwar offiziell verpflichtet, die NASA zu unterstützen. Aber Projektverantwortliche der STG hatten oft den Eindruck, das Militär könnte sie nicht leiden und betrachtete sie als unerfahrene Jungspunde. Beim Test der Big Joe wies man den Ingenieuren und ihrem Mercury-Mockup eine Ecke in einem Hangar zu. Den Start selbst durften sie als Zuschauer verfolgen, aber sie bekamen keinen Zutritt zum Kontrollzentrum.

Die NASA hatte, da die Raketen von der Air Force kamen, keine direkte Weisungsbefugnis an Convair, dem Hersteller der Atlas. Die USAF konnte Ansinnen zwar nicht ablehnen, aber sie konnte die Arbeit erschweren, indem sie auf ihren „Procedures“ bestand, viel Papier, das auszufüllen oder einzureichen war.

Bei den Missionen ging der Kompetenzstreit weiter. So gab es in der Missionskontrolle den Range Safety Officier (RSO) der Air Force, der darauf achtete, dass die Rakete keine Gefahr für die Allgemeinheit war. Doch dürfte dieser die Rakete sprengen, bevor die Kapsel abgetrennt wurde? Wenn die Kapsel einen Defekt hatte, dürfte der Flugdirektor ASIS auslösen und damit auch die Sprengung der Rakete verursachen? Man löste dieses Dilemma, indem der Knopf für die Selbstzerstörung erst das ASIS auslöste, 3,3 s später das Signal zur Selbstzerstörung sandte.

Zu den beiden Trägerraketen kam noch die Little Joe. Sie diente alleine zur Qualifizierung des Fluchtturms und zum Teil auch ASIS. Die Little Joe war ein Bündel von Feststoffraketen aus dem Scoutprogramm in einem gemeinsamen Rahmen, ohne aktive Steuerung. Geplant war zuerst den Fluchtturm mit Redstones zu qualifizieren, doch die Little Joe war eine erheblich preiswertere Alternative.

Little Joe

Das Rettungssystem war ein wichtiger Aspekt der Mission. Ende der Fünfziger Jahre scheiterten noch viele Raketenstarts. Die Atlas D hatte als Trägerrakete bis zum ersten bemannten Mercuryflug 19 Einsätze, davon scheiterten acht.

Andererseits war das Rettungssystem auch eine Gefahrenquelle, wenn es z. B. versehentlich ausgelöst wird. Es musste daher selbst getestet werden und dies noch vor dem ersten Flug einer unbemannten Testmission.

Dies war mit einer Redstone oder einer Atlas möglich, doch deren Herstellungskosten betrugen 1 Million bzw. 2,5 Millionen Dollar, das entspricht heute etwa der 8-fachen Summe. Dazu kamen noch die Kosten für die Startdurchführung. Maxime Faget konstruierte eine einfache Rakete, welche eine Kapsel auf knapp dreifache Schallgeschwindigkeit beschleunigen konnte. Mit dieser konnten Fluchtturm und Bergungssystem mit den Fallschirmen getestet werden. Die Litte Joe kostete nur 250.000 Dollar pro Stück. Sie war ausgelegt, bis zu 1.788 kg Nutzlast auf die Zielgeschwindigkeit zu beschleunigen. Die geplanten Kosten des Little Joe Programms sollten bei 3,946 Millionen Dollar liegen, aufgrund der Wiederholung von Tests lagen die realen Kosten aber bei 6,512 Millionen Dollar. Dabei machen die Trägerraketen nur 3,932 Millionen Dollar aus. Der Rest entfiel auf die Startdurchführung und zahlreiche Änderungen, nachdem Flüge scheiterten, sowie die Kosten für die beiden Biopacks.

Der Aufbau war relativ simpel. In der Mitte des Gehäuses befanden sich zwei oder vier Castor Booster, die damals in der Scout als zweite Stufe verwendet wurden. Etwas später wurden sie auch bei der Thor zur Startunterstützung eingesetzt. Der Castor war noch in der Entwicklung, so konnte bei den ersten Starts das Vorgängermodell Pollux, mit demselben Gehäuse, aber einer anderen Treibstoffmischung, eingesetzt werden. Zur Unterstützung waren außen am Gehäuse Recruit Feststoffraketen der Army angebracht. Die Little Joe wurde schon im Sommer 1958 entworfen. Neben den Kosten galt es auch, den Zeitfaktor zu berücksichtigen: Die Redstone und Atlas mussten erst gefertigt werden, sie wären daher relativ spät verfügbar. Die Clusterung von Feststoffraketen versprach nicht nur eine kostengünstigere Lösung, sondern auch eine schnellere. Damit waren Fluchtturm und die Flugeigenschaften der Mercurykapsel überprüfbar, bevor die größeren Trägerraketen einsatzbereit waren. Durch die Wiederholung von Starts startete die letzte Little Joe aber erst nach den bemannten Mercury-Redstone Flügen und während der unbemannten Atlas-Mercuryflüge.

Am 21.10.1958 vergab die NASA die Ausschreibung für den Rahmen der Little Joe. Bemannte Flüge sollte sie nicht durchführen, das reduzierte die Sicherheitsanforderungen und die Gipfelhöhe sollte nach einer Revision des Aufstiegsprofils nur 160.000 anstatt 240.000 Fuß betragen. Am 21.12.1958 bekam North American den Auftrag, die Zelle zu fertigen. Ab Juni 1959 sollte alle drei Wochen eine Zelle ausgeliefert werden. Ein weiterer Vorteil der Litte Joe war, dass die Vorbereitungszeit für einen Test sehr kurz war, im Schnitt 5 bis 6 Wochen. Die Vorbereitung einer Redstone dauerte dagegen im Schnitt 20 Wochen und die einer Atlas 30 Wochen.

Die Litte Joe bestand aus einer Zelle aus 2,5 mm dicken Aluminiumblechen, in der sich vier zylindrische Aufnahmen für Castor oder Polluxbooster befanden. An der Außenseite wurden Recruit Feststoffraketen der US-Army montiert. Alle Einsatzversionen setzten vier Recruits ein, die gemeinsam mit den Castor/Pollux gezündet wurden, aber schon nach etwa 2 s ausgebrannt waren. Daneben konnte man die Zahl der Booster in der Mitte variieren. Castor und Pollux haben in etwa denselben Gesamtimpuls, aber einen anderen Schubverlauf. Beim Castor ist er kurz nach dem Start auf einem Plateau, bis etwa 25 s nach dem Start. Beim Pollux steigt er auf ein Maximum an und fällt dann ab. Der Spitzenschub des Pollux ist daher etwas höher, die Brennzeit dagegen um 2 s kürzer.

Die Rakete hatte keine aktive Steuerung. Sehr große Finnen am Heck stabilisieren den Flug. Wenn die Rakete anfing, sich zu drehen, wirkten die Flächen der Drehung entgegen. Damit musste die Little Joe aber auch Brennschluss haben, bevor die Atmosphäre zu dünn wurde. Die Form der Aufstiegsbahn und die Gipfelhöhe wurden festgelegt, indem die Litte Joe nicht senkrecht, sondern in einem steilen Winkel von 75 bis 82 Grad gestartet wurde. Damit die Finnen effektiv wirkten, musste die Rakete möglichst schnell eine hohe Geschwindigkeit erreichen. Daher zündete man beim Start gleichzeitig die Recruit-Raketen, die durch ihre kurze Brennzeit zusätzlichen Schub lieferten. Ihre Düsen waren um 12 Grad nach Außen gerichtet.

Die Castor konnten nur paarweise verwendet werden, da man die Boosterversionen für die Thor einsetzte, die eine schräg angebrachte Düse hatten. Zwei Antriebe, deren Düsen in entgegengesetzte Richtungen zeigten, verhinderten, dass sich die Little Joe vom Start weg dreht und schließlich überschlägt.

Die Bestückung war recht unterschiedlich. Die NASA führt folgende Varianten auf:

Typ	Hauptantrieb	Hilfsantrieb	Little Joe Flug	Heutige Nummer	Startdatum	Startmasse
I	2 Castor	4 Recruit	5	5	8.11.1960	17.898 kg
I	2 Castor	4 Recruit	6	5A	18.3.1961	17.898 kg
I	2 Castor	4 Recruit	7	5B	28.4.1961	17.898 kg
II	4 Castor	4 Recruit	3	2	4.12.1959	18.174 kg
III	2 Pollux	4 Recruit	-	1	21.8.1959	12.124 kg
III	2 Pollux	4 Recruit	2	1A	4.11.1959	12.134 kg
III	2 Pollux	4 Recruit	4	1B	21.1.1960	12.133 kg
IV	4 Pollux	4 Recruit	1	6	4.10.1959	18.757 kg

Die Little Joe Nummer entspricht nicht der Startreihenfolge, sondern dem Test:

Litte Joe III: Test eines Massenmodells der Kapsel bei maximaler aerodynamischer Belastung. Zündung des Fluchtturms in der unteren Stratosphäre, typische Gipfelhöhe 14 bis 15 km, Weite: 18 km. Der erste Little Joe Test scheiterte, weil der Fluchtturm 35 Minuten vor der Zündung der Rakete startete. Bei der Wiederholung Little Joe 1A baute der Fluchtturm zu langsam Schub auf, sodass man auch diesen Test wiederholte. Little Joe 1B erfüllte schließlich die Testvorgaben.

Die Litte Joe IV hatte die Aufgabe, die Little Joe selbst zu qualifizieren. Dazu wurde die größte Version mit vier Boostern eingesetzt. Der Fluchtturm wurde nicht getestet, das Modell der Mercurykapsel war fest mit der Little Joe verbunden.

Danach fand der Litte Joe II Start statt. Dieser Test hatte die Aufgabe, den Fluchtturm in einer Höhe zu testen, die nach Ausbrennen der Redstone erreicht wurde. Dabei wurde ein Rhesusaffe auf eine Spitzenhöhe von 88 km gebracht.

Die Little Joe I bildete den Abschluss. Es war eine Wiederholung des Tests von Little Joe III, diesmal mit den neueren Castor-Boostern und einer echten Mercurykapsel, keinem Modell. Auch hier waren wegen der vorzeitigen Auslösung des Fluchtturms durch ASIS drei Starts nötig.

Bei den Versionen mit vier Boostern zündete beim Start nur das erste Paar. Das zweite Paar zündete erst nach 23 s (Pollux) bzw. 25 s (Castor). Beim Start von Little Joe 6, dem ersten Einsatz von vier Boostern, wurden die beiden anderen vorzeitig nach 9 bzw. 18 s entzündet. Dies erfolgte durch die Verbrennungsabgase der schon laufenden Booster. Das Problem wurde durch eine zusätzliche Isolation behoben.

Alle Flüge der Little Joe wurden von Wallops Island vor der Küste Virginias gestartet. Das lag näher beim Langley Forschungszentrum, wo das Mercuryprogramm betreut wurde, als Cape Canaveral. Bei den Tests war der Startort ohne Belang. Wallops Island wurde damit zu einem US-Weltraumbahnhof. Später fanden von Wallops Island aus die Starts der Scout statt. Heute starten die Minotaur 1 und Antares von Wallops Island aus.

Das Konzept preiswerte verfügbare Feststoffantriebe zu bündeln war erfolgreich. So entwickelte man für das Apolloprogramm die Little Joe II. Sie verwandte ebenfalls unterschiedliche Feststoffantriebe. Erneut die Recruit-Motoren als Hilfsantrieb, dazu als Hauptantrieb Algol 1D Stufen. Diese waren die Erststufe der Scout, die Castor wurde als zweite Stufe der Scout eingesetzt. Die Little Joe II war daher ungefähr dreimal schwerer als die Little Joe I, da auch die Apollokapsel erheblich schwerer als die Mercurykapsel war.

Bei Feststoffantrieben unterscheidet man zwischen der Brennzeit bei einem vorgelegten Schublevel (Web) und der Gesamtbrennzeit, bis er verlöscht. Die Webbrennzeit ist die, in der der Schub einen Vorgabewert überschreitet. Der Schub fällt nach Erreichen eines Maximums erst langsam, dann stark ab. Die Rakete verlöscht, wenn ein Mindestdruck in der Brennkammer unterschritten wird. Analog kann man den Webimpuls vom Gesamtimpuls unterscheiden. Webimpuls und Webbrennzeit sind immer kleiner als Gesamtimpuls und Gesamtbrennzeit.

Parameter	Castor/Pollux	Recruit
Leermasse:	604,7 kg	45,4 kg
Treibstoff:	3.985 kg	165,1 kg
Startmasse:	4.589,7 kg	210,5 kg
Air Frame Litte Joe:	1.100 kg	
Gesamtimpuls:	7.150.000 N	271.140 N
Web-Impuls:	6.937.000 N	246.000 N
Gesamtbrennzeit:	40 s / 37 s	2,5 s
Web-Bennzeit:	27 s / 23 s	1,52 s
Schub (Meereshöhe):	258,9 kN	166,6 kN

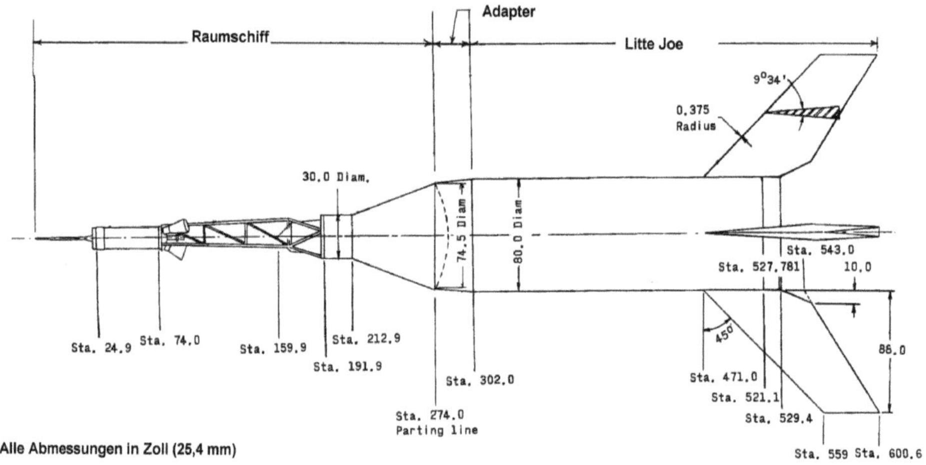

Abbildung 50: Abmessungen der Litte Joe © NASA / Bernd Leitenberger

128

Datenblatt Little Joe (2/6)			
Einsatzzeitraum:	1959 – 1961		
Starts:	7		
Zuverlässigkeit:	71,4 %, zwei partielle Fehlschläge		
Abmessungen:	Höhe: 15,25 m, maximaler Durchmesser: 6,40 m		
Startgewicht:	12.700 kg mit zwei Castor Boostern		
	19.900 kg mit vier Castor Boostern		
Max. Nutzlast:	1.814 kg auf 160 km Höhe		
Startkosten:	990.000 Dollar, reine Fertigungskosten: 250.000 Dollar		

	Recruit (4)	Castor (2 oder 4)	Airframe
Länge:	2,68 m	6,20 m	5,78 m, 7,58 m mit Finnen
Durchmesser:	0,23 m	0,79 m	2,03 m
Startgewicht:	210,5 kg	4.589,7 kg	1.100 kg
Trockengewicht:	45,4 kg	604,7 kg	1.100 kg
Schub Meereshöhe:	166,8 kN	259,2 kN	
Schub Vakuum:			
Triebwerke:	XM-E19-C12	XM-33E2 / XM-33E4	
Spezifischer Impuls (Meereshöhe):	1.642 m/s	1.794 m/s	
Spezifischer Impuls (Vakuum):		2.179 m/s	
Brenndauer:	1,52 s	25 s	
Treibstoff:	Kunststoff/Ammonium-perchlorat/Aluminium	Kunststoff/Ammonium-perchlorat/Aluminium	

Mercury Jupiter und Mercury Scout

Neben den Redstone orderte die NASA anfangs auch zwei Jupiter von der Army. Die Jupiter war die zweite Mittelstreckenrakete, die Wernher von Braun für die US-Army entwickelte. Sie wurde unter der Bezeichnung Juno II als Satellitenträger eingesetzt. Die Jupiter wog etwa 50 t und war eine Konkurrenzentwicklung der Army zur Thor der Air Force, die sich schließlich als Standard-Trägerrakete für mittelschwere Nutzlasten etablierte.

Die beiden Starts mit der Jupiter sollten den Hitzeschutzschild qualifizieren. Zuerst mit einem Massenmodell beim ersten Flug. Der zweite Test sollte die Mercurykapsel in der endgültigen Form qualifizieren, besonders ihr Verhalten beim maximalen Andruck. Dabei sollte ein Schimpanse auf eine suborbitale Bahn gebracht werden. Die Jupiter konnte zwar eine höhere Geschwindigkeit als die Redstone erreichen, aber nicht die Geschwindigkeit einer Atlas.

Schon im Juli 1959 wurden die beiden Starts gestrichen, da es für sie keine Mittel im Budget gab. Der Test des Hitzeschutzschildes erfolgte dann mit einer Atlas (Big Joe, S. 244), der zweite Flug entfiel als der erste erfolgreich war. Die Atlas D (Standard ICBM-Modell) für Big Joe war günstiger, weil es ein normaler USAF-Testflug war, die Rakete die NASA also nichts kostete, sie musste nur für zusätzliche Aufwendungen aufkommen. Damit konnte auch der Zeitplan eingehalten werden, denn das Hauptargument für die Jupiter war, das die modifizierte Atlas erst relativ spät für die Mercury-Atlas Flüge zur Verfügung stand. Big Joe 1 fand so ein Jahr vor der MA-1 Mission, der ersten regulären Mission einer Atlas im Mercuryprogramm, statt.

Selbst die kleine Trägerrakete Scout wurde im Mercuryprogramm verwendet. Die Space Task Group machte sich Sorgen um das aufgebaute Netzwerk von Bodenstationen, das aus dem Stand bei einer Orbitmission funktionieren musste. Damals gab es noch keine Satellitenübertragung und einige Bodenstationen waren in Gegenden, in denen die Infrastruktur noch weit hinter der in den USA hinterherhinkte. Alle Daten wurden analog über Standleitungen (Telefonleitungen) übermittelt und dies teilweise über mehrere Kontinente und Ozeane. Bei einem Überflug hatte eine Bodenstation nur wenige Minuten, um sowohl Daten zu empfangen, wie auch die Bahn mit C- und S-Band Sendern zu bestimmen.

Zum Test des Netzwerkes baute man einen einfachen Körper, das **Mercury Network Test Vehicle** – MNTV. Es beinhaltete den C- und S-Band Bahnverfolgungssender des Raumschiffs. Dazu kamen zwei Sender für Telemetrie im UHF und VHF-Band. Lediglich der Sender für die Sprachübertragung der Astronauten fehlte.

Eingesetzt wurde eine Blue Scout II, eine Variante der Scout X1, dem aktuellen Entwicklungsexemplar der Scout mit einer moderneren ersten Stufe. Die USAF nutzte die Blue Scout II, um den Hitzeschutzschild von Atomsprengköpfen auf hohe Geschwindigkeiten zu beschleunigen. Die Starts erfolgten wie der Start von Mercury von Cape Canaveral aus (die „normalen" Scout, für Satellitenmissionen, wurden von Vandenberg und Wallops Island aus gestartet).

Der 67,5 kg schwere MNTV hatte nur eine 1.500 Wh Batterie als Stromversorgung für die Sender. Er sollte in die Bahn eines Raumschiffs gebracht werden. Die Batterie reichte für eine Betriebszeit von maximal 18 ½ Stunden. Geplant war, die Sender fünf Stunden (drei Umläufe) lang zu aktivieren, dann abzuschalten, um die Ergebnisse auszuwerten. Das sollte noch zweimal für jeweils fünf Stunden wiederholt werden, wobei man Korrekturen im Netzwerk umsetzen konnte.

Es waren zwei Starts geplant, es kam jedoch nur zu einem Einsatz. Das Projekt war spät, erst am 5.5.1961, beschlossen worden. Der Start erfolgte daher so spät, dass schon die ersten vier Mercury-Atlas Flüge stattgefunden hatten und MA-4 prüfte schon das Netzwerk. Der einzige Einsatz der Scout scheiterte schon beim Start.

Im Budget von 1959 werden 1,78 Millionen Dollar für die Jupiter und 3,92 Millionen Dollar für die Scout ausgewiesen. Dies kann aber auch die Stufen mit einschließen, die für die Little Joes benötigt wurden, da diese aus dem Scoutprogramm stammten und der Start einer Scout erst 1961 beschlossen wurde.

Mercury Redstone

Schon 1944 gab es in den USA Pläne für eine Kurzstreckenrakete. Das Ende des Zweiten Weltkriegs stoppte die Entwicklung. Zudem wähnten sich die USA im Alleinbesitz der Atombombe. Zusammen mit der strategischen Bomberflotte schien eine Mittelstreckenrakete nicht mehr notwendig. Ihre Reichweite war zu gering und die Entwicklung erschien für den potenziellen Nutzen zu teuer.

Diese Einschätzung änderte sich, als Russland 1949 seine erste eigene Atombombe zündete. Ein Jahr später begann der Koreakrieg, bei dem die von den USA geführten UN-Streitkräfte schnell an den Rand einer Niederlage gerieten. Im Jahre 1950 vergab die US-Regierung den Entwicklungsauftrag neu. Die Rakete bekam nun die Priorität „1A", die höchstmögliche im US-Militärprogramm. Den Entwicklungsauftrag erhielt das US-Army Redstone Arsenal mit dem Team um von Braun. Die Auftragsvergabe war folgerichtig. In den USA hatten nur Wernher von Braun und etwa Hundert andere an der A-4 Beteiligte die Kenntnis, um eine große, mit flüssigen Treibstoffen angetriebene Rakete zu bauen.

Man muss sich die Situation damals vergegenwärtigen: die USA hatten bis Kriegsende kleine Feststoffraketen entwickelt, wie sie als Starthilfe für überladene Transportflugzeuge oder für die Bazooka benötigt wurden. Ein Triebwerk, das flüssigen Treibstoff nutzte, gab es nicht, erst recht nicht eines wie das der A-4, das eine 20 t schwere Rakete beschleunigen konnte.

Die USA haben zwar ein NASA-Zentrum nach Robert Goddard benannt, das Goddard Space Flight Center in Maryland, aber sein Einfluss auf die Raketenentwicklung war gleich Null. Goddard tüftelte alleine, veröffentlichte nach anfänglicher Kritik an seinen Schriften nicht mehr und meldete lieber alle Entdeckungen beim Patentamt an. Die NASA zahlte später der Guggenheim Foundation, die die Arbeit Goddards finanziert hatte und die Rechte an den Patenten hielt, 1 Million Dollar. Als die Raketenspezialisten Deutschlands 1945 von einer US-Spezialeinheit übernommen wurden, die nur den Auftrag hatte, sie zu finden, und zu „überführen", witzelte einer „Wozu braucht ihr uns, ihr habt doch Prof. Goddard?". Aber keiner der US- Spezialisten für Raketentechnik kannte Robert Goddard.

In Deutschland fand die Entwicklung von flüssigen Raketentriebwerken einige Jahre nach dem ersten erfolgreichen Start von Goddard statt, jedoch mit Finanzierung durch die Reichswehr. Im Januar 1933 erfolgte der erste erfolgreiche Test einer A-1 (Aggregat 1), die im Schub schon Goddards Raketen übertraf. Mit den nächsten Modellen A-2 und A-3 wurden die Raketen größer. Mit der A-2 wurde die Kühlung und Injektion des Treibstoffs verbessert. Die A-3 erprobte erstmals die Stabilisierung des Flugs. Die A-1 und A-2 waren dagegen reine Bodenversuche.

Nachdem man mit A-1 bis A-3 die Lösungsansätze für verschiedene Probleme gefunden hatte, ging die Reichswehr an die A-4, eine Rakete zwanzigmal so schwer wie eine A-3. Parallel dazu entwickelte man die A-5, ein verkleinertes Modell der A-4, mit dem man Aerodynamik und Steuerung der A-4 in der unteren Atmosphäre erproben konnte.

Der wesentliche Unterschied zwischen Goddards Erfindungen und der A-4 war, das Goddard zeigte, das etwas prinzipiell funktionierte. Dagegen wurde bei der A-4 eine praktisch einsetzbare Lösung gefunden. So entdeckte Goddard, dass man mit einem schnell rotierenden Kreisel, einem Gyroskop, eine Rakete stabilisieren konnte. Bei ihm wog der Kreisel fast so viel wie der Rest der Rakete. Bei der A-4 war es ein wenige Kilogramm schwerer Kreisel, der nicht durch seine Masse die Rakete stabilisierte. Die Nutation, die Kraft, die der Kreisel abgibt, wenn er aus der Rotationsachse (z. B. durch Wind) bewegt wird, wurde elektrisch verstärkt und zur Steuerung des Schubvektors verwendet, sodass dieser der einwirkenden Kraft entgegen wirkte.

Was viel wichtiger war: In der A-4 steckten Jahre der Entwicklungsarbeit, in der man das Konzept immer weiter vervollkommnete. Es wurde unzählige Variationen der Brennkammerkühlung erprobt, der Injektor wurde mehrfach überarbeitet und es wurden zahlreiche Methoden der Steuerung und Regelung der Rakete erprobt. Schließlich lagen zwei Jahre zwischen dem ersten erfolgreichen Flug einer A-4 am 3.10.1942 und dem ersten militärischen Einsatz am 8.9.1944.

Der wichtigste Schatz, den die Amerikaner 1945 „erbeuteten", waren nicht die Konstruktionszeichnungen. Es war die Erfahrung der „Peenemünder", die in die USA übersiedelten. Erfahrungswissen steckt nicht in Dokumenten, sondern im Kopf. Die USA sollten dies noch beim Space Shuttle bemerken, als nach dem Apolloprogramm eine Kündigungswelle begann und die Mitarbeiter, die ein Jahrzehnt an den Saturn Trägerraketen gearbeitet hatten, entlassen wurden. Die Triebwerksentwicklung für das Shuttle geriet bald in Schwierigkeiten und das Projekt wurde erheblich teurer und dauerte vier Jahre länger als geplant.

Nachdem die Raketenforscher in die USA übersiedelten, nutzten die Streitkräfte ihr Know-How zuerst nicht. Die „Deutschen" schulten US-Ingenieure zwar im Raketenbau anhand der A-4, von denen einige Dutzend erbeutete Exemplare gestartet wurden. Doch es gab keinen Auftrag für die Entwicklung einer neuen Rakete. Viele Mitarbeiter von Brauns wechselten in dieser Zeit zu US-Firmen, die anfingen Triebwerke zu entwickeln, wie North American, die später ihre Triebwerkssparte als „Rocketdyne" ausgliederten.

Die Situation änderte sich erst mit dem Koreakrieg. Ein bewaffneter Konflikt mit der UdSSR schien nun wahrscheinlicher.

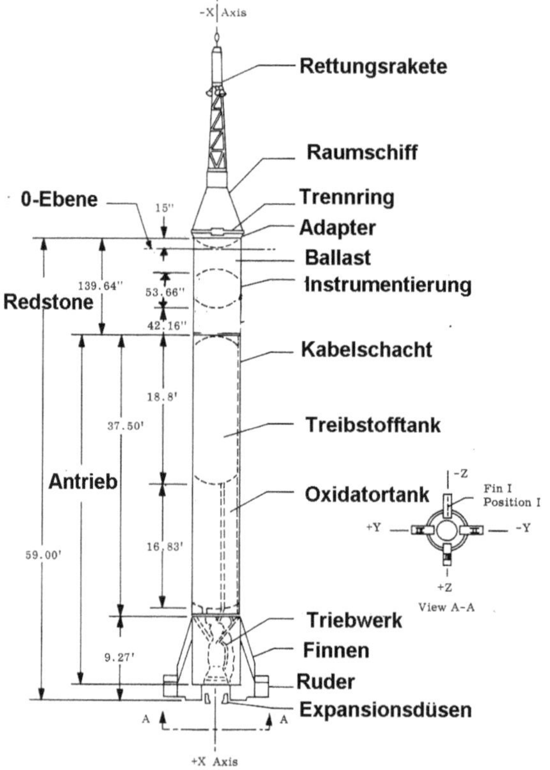

Abbildung 51: Die Redstone mit Mercurykapsel
© NASA / Bernd Leitenberger

Die Ausschreibung des Verteidigungsministeriums forderte die Beförderung eines nuklearen Sprengkopfes über eine Distanz von 200 Meilen, rund 320 km. Die Entwicklung der PGM-11 Redstone begann 1950 und konnte, da es sich um einen direkten Nachfahren der A-4 handelte, schon 1952 abgeschlossen werden. Die Firma Chrysler – Autohersteller und kleiner Flugzeugbauer – bekam den Produktionsauftrag im Oktober 1952. Den Namen „Redstone", nach dem Army Redstone Arsenal, wo sie entwickelt wurde, bekam die Rakete am 8.4.1952.

Bemerkenswert für die damalige Zeit ist, dass Wernher von Braun die Entwicklung vollständig im Army Redstone Arsenal (dem späteren Marschall Space Flight Center) durchführen konnte, also wie vorher in Peenemünde, in einer militärischen Einrichtung. Schon damals vergab die US-Regierung normalerweise den Auftrag für die Entwicklung und Produktion an Firmen, so wie es heute allgemein üblich

Abbildung 52: Serienfertigung des Hecks bei Chrysler

ist. Wernher von Braun behielt so das Know-how bei seinen eigenen Leuten. Durch die Produktion der Rakete erwarb auch Chrysler die Fähigkeiten – Unternehmen und Regierung profitierten von diesem System.

Von Braun war dafür bekannt, dass die Kontrolle der Kontraktoren anders verlief als sonst in der US-Industrie. Das System, das bis heute angewandt wird, basiert auf einer Ausschreibung. Eine Reihe von Firmen unterbreitet Vorschläge, diese werden dann geprüft. Dann erhält eine Firma den Entwicklungs- und Produktionsauftrag. Sie wird zwar von der Raumfahrtagentur überwacht und das Produkt auch eingehend getestet, aber schlussendlich ist der Auftragsnehmer für die Entwicklung verantwortlich. Dabei erwirbt bei der Entwicklung die Firma das Know-How, nicht die NASA.

Abbildung 53: Mercury-Redstone am MSFC mit Projektverantwortlichen und Gus Grissom

Von Braun hielt, soweit es ging, die Entwicklung im ABMA, so wie dies schon bei Peenemünde der Fall war. Auch die ersten kompletten Raketen wurden dort gebaut, selbst noch bei der Saturn V. Danach ging die Produktion an die Industrie über. Doch nicht ohne Kontrolle. Von Huntsville aus schwärmten die Ingenieure zu den Subkontraktoren aus und überwachten die Produktion.

Die enge Verzahnung mit den Herstellern wurde von der NASA abschätzig „Kontraktatorinfiltration" und von den Auftragnehmern als „technische Übernahme durch die Regierung" bezeichnet. So bekam auch bald McDonnell als Kapselhersteller Besuch von Inspekteuren der ABMA. Sie stellten fest, dass man dort mit Verfahren arbeitete, die im ABMA als veraltet und riskant angesehen wurden. So schrieb von Braun am 9.10.1959 Robert Gilruth an, um ihn auf diese Umstände hinzuweisen.

Das machte von Braun und das ABMA bei der STG nicht gerade beliebt. Allerdings waren alle Flüge seiner Raketen erfolgreich, nicht nur der Redstone, sondern auch der Saturn. Im Mercuryprojekt bestand von Braun darauf, dass die Redstone, die Chrysler baute, nicht wie die Atlas zum Cape verschifft wurde, sondern zuerst nach Huntsville. Dort wurden sie nochmals eingehend überprüft. Es gab auch Probezündungen des Triebwerks. Er wollte dasselbe mit der Kapsel durchführen. Das wurde als zeitraubend und die Kosten in die Höhe treibend kritisiert. Die Kritik verstummte schlagartig, als bei MR-1 (S. 267) die Rakete abhob und wieder landete, weil ein Kabel zu kurz war – nun wurde erst vielen klar, dass es es rund 800 Änderungen gab, die überprüft werden mussten, bevor die Redstone startete.

Abbildung 54: Die Astronauten und von Braun bei einem Besuch des MSFC

Der erste Testflug einer Redstone fand am 20.8.1953 statt. Am 3.5.1954 explodiert die dritte Redstone beim Start. Als General Toftoy fragt „Wernher, why did the rocket explode?" weiß von Braun keine Antwort. Nach gründlicher Untersuchung stellte sich heraus, dass jemand schon bei der Fertigung geschlampt hatte und er antwortet Toftoy: „It exploded, because the damn son of a bitch blew up!". Wernher von Braun lernt, dass die US-Produktion eine deutlich schlechtere Qualität abliefert, als das, was er von der A-4 gewöhnt ist. Er drängt bei Chrysler auf eine qualitativ bessere Arbeit und führt ein rigides Qualitätsmanagement ein, das er auch bei allen folgenden Trägern beibehält. Das Ziel war: „Maximum reliability will be achieved, when the target area of the missile becomes more dangerous, than the launching area.".

Die Produktion der Redstone begann 1955, das erste Produktionsexemplar wurde 1956 getestet. Ab 1958 wurden die ersten Redstone in Deutschland stationiert. Die ersten 16 Exemplare wurden vom Redstone Arsenal hergestellt, die folgenden Produktionsexemplare dann von Chrysler in Michigan produziert. Im Jahre 1963 begann bereits die Ausmusterung, die 1964 abgeschlossen war, da die Trägerrakete als „veraltet" eingestuft wurde. 120 Redstone wurden zwischen 1955 und 1960 produziert. Insgesamt 37 Testflüge der militärischen Version erfolgten, davon waren 27 erfolgreich.

Bei der militärischen Version der Redstone wurden zwei Atomsprengköpfe mit 3,75 MT (erste Version) und 500 kT (zweite Version) eingesetzt. Die Reichweite mit dem 3.100 kg schweren 3,75 MT Sprengkopf betrug 322 km, mit dem kleineren und leichteren 500 kT Sprengkopf konnten 800 km erreicht werden. Mit einer Sicherheit von 50 Prozent konnte ein Ziel in einem Kreis von 300 m Durchmesser getroffen werden. Allerdings war dies nur möglich, wenn ein Bataillon vor dem Abschuss seine genaue Position ermittelt hatte. Dies und die Errichtung von mobilen Startrampen erforderte eine Vorbereitungszeit von rund acht Stunden, auch wenn die Rakete innerhalb von 15 Minuten gestartet werden konnte. Die Redstone war damit primär eine Erstschlagswaffe.

Die Entwicklungskosten betrugen 92,3 Millionen Dollar (Wert 1956). Die Produktionskosten eines Trägers beliefen sich auf 1,994 Millionen Dollar. Das entspricht 855 / 18,41 Millionen Dollar im Wert von 2018.

Später wurden Redstones zu Jupiter-C oder Juno-Trägerraketen umgewandelt. Unter dieser Bezeichnung wurden die Träger für die Starts der Satelliten der Explorer Serie eingesetzt.

Danach wurden die Mercury Kapseln suborbital mit den Redstone erprobt. Die Wahl fiel auf die Redstone, weil sie als erste entwickelte Mittelstreckenrakete die längste Einsatzhistorie hatte. Es gab bei Projektbeginn 69 Entwicklungsflüge, die zu 81 Prozent erfolgreich waren – 80 Prozent war der Zielwert der Atlas, die noch gar nicht entwickelt war. Die Bilanz des bei Mercury verwendeten Block II und der daraus abgeleiteten Jupiter-C war noch besser: Die letzten elf Block II Flüge und alle sieben Jupiter-C waren (was die Redstone anging) erfolgreich.

Es gab heftige Diskussionen zwischen den Ingenieuren der ABMA und der Space Task Group. Es ging um den Begriff „man rated" und die Auswirkungen auf die Konstruktion. Die Philosophie von Brauns war: Sicherheit durch „positive Redundanz": Man nehme eine erprobte Rakete und sichere die Systeme soweit es geht durch Redundanzen ab, wie die doppelte Anzahl an Ventilen, Beschleunigungssensoren etc. Ein sicheres Vehikel sollte so noch sicherer werden und es kann auf die Erfahrungen früherer Flüge aufgebaut werden.

Die STG verlangte „negative Redundanz" – das Entfernen aller Systeme, die bei der Mercury Mission nicht erforderlich waren. Dadurch meinte man, mögliche Probleme beseitigen zu können: Ein System, das nicht vorhanden ist, kann auch nicht ausfallen. Wer bestellt, der bestimmt, und so musste die ABMA zahlreiche Änderungen an der Redstone durchführen. Wernher von Braun behielt recht: Die Mercury-Redstone war dadurch praktisch eine neue Trägerrakete. Eine neue Trägerrakete, mit neuen Kinderkrankheiten, die beim Serienexemplar längst ausgeräumt waren.

Der Einsatz der Mercury-Redstone verzögerte sich aufgrund der Entscheidung für „negative Redundanz". Es gab über 800 kleinere und größere Änderungen. Der Zeitverzug beunruhigte die STG, die vor den Russen einen Amerikaner ins All befördern sollten. Bedingt durch die Anpassungen traten neue Probleme auf, wie MR 1 (S. 267) und MR-2 (S. 277) zeigten. Die Probleme bei diesen Starts waren direkt auf die von der STG gewünschten Änderungen zurückzuführen. So wurde noch

ein weiterer Test angesetzt, genannt MR-BD, BD stand für „Booster Development".
Diesen Test wollte die STG nicht. Denn das Programm war im Rückstand. Nun
musste Wernher von Braun Gilruth und Kraft daran erinnern, dass die Sicherheit
absolute Priorität hatte und er setzte einen weiteren Testflug zur Verifikation der
Korrekturen nach MR-2 durch.

Die Redstone kann als direkter Nachfolger der A-4 angesehen werden. Die Technologie der A-4 wurde graduell verbessert. Es gab nur wenige völlige Neuentwicklungen in der Rakete. Allerdings wurden die Leistungsdaten wie das Schub-/Gewichts-
verhältnis des Triebwerks und der Strukturfaktor der Rakete deutlich verbessert.

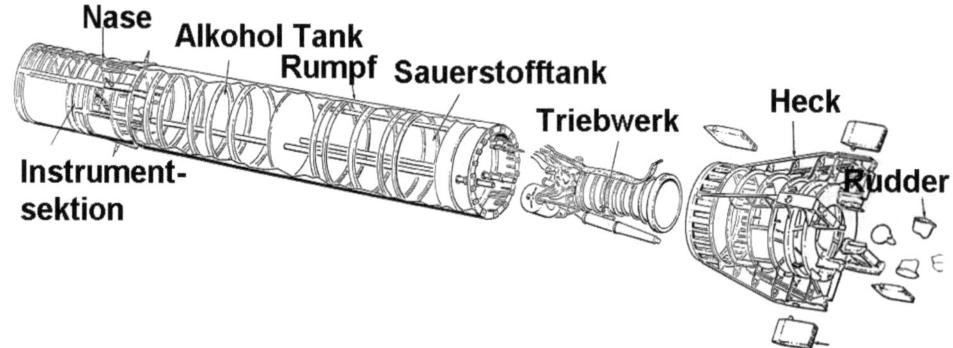

Abbildung 55: Aufbau der Redstone (ohne Sprengkopf) © NASA / Bernd Leitenberger

Das Triebwerk A-6 / A-7

Der Antrieb „A-6" deutet schon auf die Verwandtschaft mit der A-4 hin. Es war die nächste Ziffer, nach der A-5, eine verkleinerte Version der A-4 für Testflüge. Die US-Bezeichnung war „XLR43-NA". Das Triebwerk stammte von North American. Doch es war kein amerikanischer Entwurf. Der Antrieb basierte auf dem letzten Entwicklungsexemplar „39a" der A-4. North American bekam zwei A-4 Triebwerke zur Untersuchung und konnte auf die Unterstützung der Deutschen zurückgreifen. Die wesentlichen Konstrukteure waren Walther Riedel, Hans Huter, Rudi Beichel und Konrad Dannenberg. Dieter Huzel wurde dauerhaft bei North American eingestellt und stellte den Kontakt zum von Braun Team her, wo North American auf zusätzliche Expertise zurückgreifen konnte. Dannenberg verbesserte den bis Kriegsende entwickelten Einkammer-Einspritzkopf in den bis heute üblichen Einspritzkopf in Form eines „Duschkopfes".

Nach dem Zwischenschritt eines Mark II Antriebs (ein Nachbau der A-4 Brennkammer mit US-Materialien und nach US-Standards) begann die Verbesserung. Die erste Version „Mark III" sollte den gleichen Schub wie die A-4 liefern, aber das Triebwerk sollte 15 % leichter werden. Dieses Modell war für den MX-770 Marschflugkörper vorgesehen. Es sollte ihn auf Überschallgeschwindigkeit beschleunigen, bevor sein Staustrahlstriebwerk aktiv wird. Die Erhöhung der Reichweite der MX-770 von 800 auf 1.600 km machte 1949 eine Erhöhung des Schubs von 254 auf 333 kN notwendig.

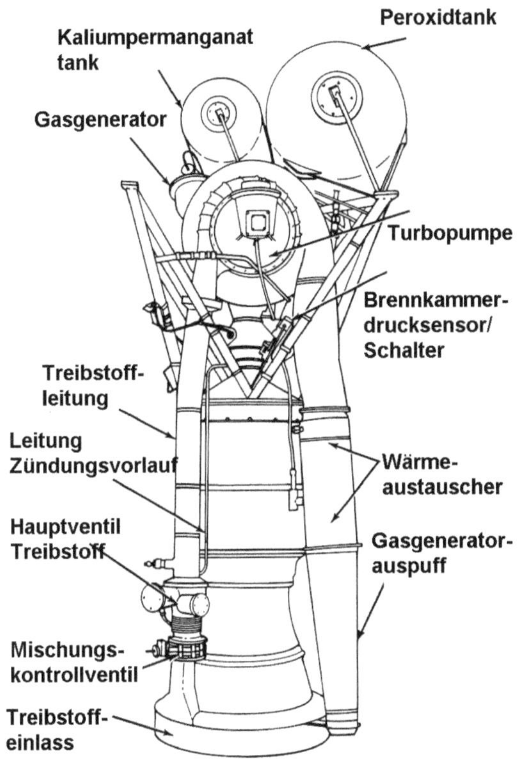

Abbildung 56: Aufbau des A-7 Triebwerks
© NASA / Bernd Leitenberger

1949 waren die ersten Testmuster des „Mark III" verfügbar. Die ersten Tests liefen noch druckgefördert, die Turbopumpe war noch nicht entwickelt. Doch schon bei 10 Prozent Schub zeigte sich eine Oszillation, die bis zur Explosion des Triebwerks führen konnte. Die berüchtigten Verbrennungsinstabilitäten traten auf. Walter Riedel verbesserte das Design, sodass die Druckschwankungen im Betrieb ohne Turbopumpe aufhörten. Im März 1950 lief das Triebwerk erstmals über eine Minute mit vollem Schub. Parallel machte auch die Entwicklung der Turbopumpe Fortschritte. Im März erreichte das erste Exemplar von Mark III mit einer Turbopumpe 12,3 Prozent der nominalen Leistung, im Oktober 1950 konnte erstmals der volle Schub von 310 kN über 5 s erreicht werden.

Abbildung 57: A-7 Triebwerk

Im November trat, bei den höheren Drücken durch die Turbopumpe, erneut Verbrennungsinstabilität auf. Nur einmal bei sieben Tests wurde der volle Schub erreicht. North American konnte das Problem jedoch lösen. Im August 1950 beschloss die Air Force, die Reichweite der MX-770, die nun als „SM-64 Navaho" bezeichnet wurde, auf 10.200 km zu erhöhen, wofür nun ein Triebwerk von 510 kN Schub benötigt wurde. So kam das Mark III als Antrieb für die Navaho nicht mehr infrage, auf diesen Schub war das Triebwerk nicht steigerbar.

Mittlerweile hatte die Army an von Braun den Auftrag gegeben, die Redstone zu entwickeln. Natürlich griff von Braun auf das schon entwickelte Triebwerk von North American zurück. Später gliederte North American seine Abteilung für Raketentriebwerke aus und nannte sie „Rocketdyne". Ihr erstes Produkt war das A-6 Triebwerk aka Mark III. Verglichen mit dem Serienmodell der A-4, (mit 18 Vorbrennkammern im Injektor) konnte die Leermasse von 1.126 auf 658 kg gesenkt und der Schub um 34 % gesteigert werden. Das Schub-/Gewichtsverhältnis stieg um rund 300 %. Allerdings setzten die Serienexemplare der A-4 nicht die aktuellste Technik ein, sondern die robusteste und bewährte. Den Injektor 39a ohne 18 Vorkammern zur Vermischung des Treibstoffs hatte man schon entwickelt, aber er kam nicht mehr in den „Vergeltungswaffen" zum Einsatz.

Das A-6 Triebwerk verbrannte Ethanol mit flüssigem Sauerstoff. Die Verwendung von 75 % Ethanol ging auf die ersten Versuche von Wernher von Braun mit Treibstoffen zurück. Ethanol wurde eingesetzt, weil er in der Kriegszeit leichter beschafft werden konnte als Kerosin. Die 75 % Mischung entsteht bei der Destillation von Rohalkohol z. B. aus Gärungsprozessen. Mehr als 80 % Ethanol wird nur mit mehrstufigen Destillationen erhalten, was die Produktionskosten deutlich erhöht.

Verglichen mit dem bei späteren Trägern eingesetzten Kerosin, ist der Energiegehalt von Ethanol geringer. Reiner Ethanol liefert bei der Verbrennung mit Sauerstoff 29,8 kJ/g, Kerosin dagegen 46 kJ/g. Der Wasseranteil von 25 Prozent im Treibstoff hat den Energiegehalt nochmals abgesenkt. Das Wasser hatte aber den Vorteil, die Verbrennungstemperaturen zu begrenzen. Dies war notwendig, da das Triebwerk noch nicht aus einzelnen Kühlkanälen bestand, sondern eine Doppelwandkonstruktion war. So erhitzte sich die Wand stärker als bei späteren Konstruktionen. Weiterhin ist Wasser ein sehr gutes Kühlmittel mit einer hohen Wärmekapazität. Aufgrund der Weiterentwicklung aus dem A-4 Triebwerk blieb Rocketdyne beim Ethanol. Für das nächste Triebwerk, dem A-7 für die Jupiter, wechselte man auf Kerosin/Sauerstoff.

Das Triebwerk A-6 hatte einen Schub von anfangs 333 kN, etwas mehr als das A-4 Triebwerk mit 250 kN Schub. Es verwendete wie die A-4 vier Strahlruder aus Graphit, die in den Abgasstrahl des fest montierten Triebwerks hineinragten und durch Schrägstellung den Schubvektor in zwei Raumachsen kontrollierten. Dadurch gibt es einen Schubverlust durch die Strahlruder im Abgasstrahl. Er betrug beim A-6 rund 2 Prozent. Die nächste Generation von Raketen erhielt dann hydraulisch schwenkbare Triebwerke.

Da Strahlruder erst bei einer gewissen Geschwindigkeit wirksam sind, gab es kleine Steuerflossen am Heck und an ihnen Düsen, durch die das Abgas des Gasgenerators expandiert wurde, um die Rakete zu drehen oder zu neigen. Immerhin verzichtete man auf eine aerodynamische Stabilisierung durch die großen Heckflossen der A-4. Sie hätten auch nicht ausgereicht, da die A-4 schon in 13 km Höhe Brennschluss hatte, die Redstone aber erst in 30 km Höhe, wo die Atmosphäre so dünn ist, dass sie keine Kräfte mehr auf die Rakete ausübt.

Der Schubrahmen aus vier Röhren übertrug den Schub auf die mittlere Sektion mit den Tanks. Die Wandstärke der Verkleidung aus 5052 Aluminium um den Schubrahmen betrug 3,2 mm.

Der Gasgenerator wurde durch die Zersetzung von Wasserstoffperoxid angetrieben. Das Abgas der Turbine wurde an der Düsenmündung den Abgasen zugesetzt. Für den Gasgenerator befanden sich 72 Gallonen (270 l) Wasserstoffperoxid an Bord.

Kaliumpermanganat forcierte die autokatalytische Zersetzung von Wasserstoffperoxid, wodurch ein heißes Gasgemisch aus Wasserdampf und Sauerstoff entstand. Dieses trieb die Turbine an und die Turbine wiederum die Pumpe, welche die Treibstoffe in die Brennkammer förderte. Auch andere frühe Träger nutzten Wasserstoffperoxid um die Turbine abzutreiben, so z. B. die russische R-7, welche den Sputnik startete. Das System wurde von der A-4 übernommen.

Die Kühlung der Brennkammer erfolgte durch den Ethanol. Sie war eine einfache doppelwandige Konstruktion, bei der der durchströmende Treibstoff ein Durchbrennen der Brennkammer verhinderte, bevor er oben in den Einspritzkopf eintrat. Die Zündung erfolgte durch einen 10 s dauernden Zündfunken. Dazu wurde zuerst das Sauerstoffventil geöffnet und Alkohol aus einem separaten Starttank hinzugegeben. Nach der Zündung wurde das Ventil zum Alkoholtank geöffnet. Bei Temperaturen über 1,7 °C wurde Wasser aus einem 10 Gallonen (37,8 l) fassenden Tank hinzugegeben, um die Brennkammertemperaturen nicht zu schnell ansteigen zu lassen. Bei niedrigeren Temperaturen wurde der Alkoholstarttank mit einem Volumen von 20 Gallonen (75,7 Liter) mit Lithiumchlorid versetzt, das den Gefrierpunkt herabsetzte.

Die Rückkopplung des Brennkammerdrucks steuerte den Treibstofffluss. So blieben Brennkammerdruck und Schub konstant. Der Brennschluss wurde durch einen Zeitgeber nach einer vorgegebenen Zeit ausgelöst. Bei der ersten Version betrug die maximale Brennzeit 117 s. Die Triebwerkssektion war 2,81 m lang.

A-7 Triebwerk (Block II, Juno Version)	
Gewicht:	658 kg
Durchmesser:	1,77 m
Schub:	369,1 kN (Meereshöhe Jupiter-C) / 416,2 kN (Vakuum) 349,5 kN (Redstone Block II Version Meereshöhe) 336 kN (Redstone Block I, Version Meereshöhe)
Maximale Brenndauer:	155 s, 143 s bei einer Mercury-Redstone
Rotationsgeschwindigkeit Turbine:	4.800 U/min, qualifiziert für 6.600 U/min
Leistung Turbine	580 kW
Eingangsdruck Turbine:	1,4 bar
Brennkammerdruck:	26,5 bar
Gasgenerator:	Verbraucht 0,58 kg 75 % Wasserstoffperoxid/s Gesamtvorrat 270 l

Aufbau

Die Rakete bestand aus drei Teilen: dem Kopf (als „Nase" bezeichnet) mit dem Sprengkopf und der darunter liegenden Steuerung, den beiden Treibstofftanks im Rumpf und der Hecksektion mit dem Schubrahmen und Triebwerk. Eine Verbesserung gegenüber der A-4 war, dass nur die Nase den Wiedereintritt überstehen musste. Die A-4 war massiver, da die ganze Rakete den Wiedereintritt in die Atmosphäre mit fünffacher Schallgeschwindigkeit absolvierte. Dadurch konnte die Zelle der Redstone bedeutend leichter werden und die Reichweite wurde gesteigert. Nur die Nase bestand aus 2,3 mm dickem Edelstahl, der Rest der Rakete war aus Aluminium. So wurde das Leergewicht gesenkt. Die Nase mit der Instrumentensektion war an acht Stellen mit dem Sprengkopf verbunden. Diese Bolzen waren fest verschraubt und die Sektion mit der Steuerung blieb nach Abtrennung von der Rakete mit dem Sprengkopf verbunden. Die Nase war 3,55 m lang, zusammen mit dem Sprengkopf, den Flossen zur Stabilisierung und dem Instrumententeil ergab sich bei der Mittelstreckenrakete eine Gesamtlänge von 11,40 m.

Die Nase war mit dem Rumpf durch sechs Verbindungsbolzen verbunden, die 20 bis 25 s nach Brennschluss durch pyrotechnische Sprengsätze durchtrennt wurden. Beim Wiedereintritt stabilisierten kleine Flossen die Nase. Es traten Temperaturen von bis zu 538 °C und ein Druck von 6,8 bar auf.

Gegenüber der A-4 wurde die Steuerung verbessert. Sie sollte eine höhere Zielgenauigkeit ermöglichen. Deswegen enthielt sie in einer mit Gummi druckdicht versiegelten Instrumenteneinheit ein Inertiallenksystem. Es basierte auf einer Kreiselplattform des Typs ST-80 und Beschleunigungsmessern. Der Großteil des Flugprogramms war auf einem Magnetband gespeichert. Es konnte durch direkte Eingaben vor dem Start ergänzt werden. Das Steuerungssystem arbeitete mit Relais, die batterieverstärkt die Pneumatik und Motoren betätigten. Der Bordcomputer war ein analoges Modell mit einer Feedbacksteuerung. Derartige Systeme hatte Deutschland bis zum Ende des Zweiten Weltkriegs entwickelt, doch die serienmäßige Steuerung der V-2 basierte noch auf einem wesentlich weniger genauen Funkleitstrahl. Entsprechend groß war der Sprung in der Zielgenauigkeit durch Einführung des Inertialsystems.

Weiterhin gab es weniger Störeinflüsse, die auf die Rakete einwirkten, da sie kleinere Leitflossen hatte. So hatte die Atmosphäre (sowohl beim Start wie auch beim Wiedereintritt) weniger Fläche um sie vom Kurs abzulenken. Da die Temperaturen in der Instrumenteneinheit 60 °C nicht überschreiten durften, wurde sie aktiv gekühlt. Es gab mehrere Systeme. Anfangs war es Eis in einem abwerfbaren Tank, dann eine elektrische Kühlung mit Sublimationsverdampfung (Wasser wurde an der Außenseite verdampft und die dabei mitgenommene Energie kühlte das restliche Wasser stark ab) und zuletzt wurde Stickstoff-Druckgas dafür genutzt. Es war notwendig, da die Instrumenteneinheit eine Leistungsaufnahme von 3,5 kW hatte und entsprechend viel Abwärme erzeugte.

Die Nutzlastsektion wog je nach Gewicht des Sprengkopfs bis zu 7.900 Pfund (3.584 kg). Eingesetzt wurden zwei Sprengköpfe mit 500 kT und 3.750 kT TNT-Äquivalent. Sie konnten am Boden (beim Einschlag) oder in der Luft (durch Drucksensoren) gezündet werden.

Der Rumpf, der zentrale Teil der Redstone, enthielt einen Treibstofftank mit einem gemeinsamen Zwischenboden, gefüllt mit 25.000 Pfund (11.340 kg) flüssigem Sauerstoff und 19.000 Pfund (8.618 kg) Ethanol. Das Tankvolumen betrug bei der Mercury-Redstone 12.673 l für den Alkohol und 11.728 l für den Sauerstoff. Der gemeinsame Zwischenboden und die Leitungen für den Alkohol, die durch den unteren Sauerstofftank führten, waren mit Glaswolle isoliert. Die Tankdome waren für einen Berstdruck von 6,2 Bar ausgelegt. Schon bei 2,24 Bar öffneten sich Überdruckventile, die den Überdruck entließen.

Es gab einen Entwicklungssprung zur A-4, die nicht tragende Tanks in einer äußeren, tragenden Hülle einsetzte. Die Wände beim Alkoholtrank waren nur 1,6 mm stark, 2,0 mm waren es beim Sauerstofftank. Verwendet wurde die Aluminiumlegierung 5052. Die Tanks hatten eine Belastungsgrenze von 1,35-facher Normbelastung (militärische Version: Faktor 1,25). Sie waren mit Querringen verstärkt. Die Hecksektion wurde mit Springern (Längsversteifungen) verstärkt. Die Druckbeaufschlagung beim Sauerstofftank erfolgte durch den verdampfenden Sauerstoff. Beim Ethanoltank wurde Druckluft eingesetzt. Mit Druckluft wurden auch die Ventile betätigt und der Rumpf nach dem Brennschluss auf Distanz zur Nase gebracht. Dazu gab es im Heck Druckgasflaschen mit einem Anfangsdruck von 211 bar. Der Druck im Treibstofftank betrug nominell 1,4 bar. Beim Sauerstofftank lag er bei 2,1 bar.

Zur Druckbeaufschlagung des Sauerstofftanks führte eine kleine Leitung am Auspuff für das Turbinenabgas entlang, wodurch etwas Sauerstoff verdampfte. Das Sauerstoffgas wurde zur Druckbeaufschlagung zurück in den Tank geführt. Druckventile verhinderten einen Überdruck. Die Rumpflänge betrug bei der Mittelstreckenrakete 9,72 m, bei den Exemplaren mit verlängerten Tanks, wie die Mercury-Redstone, 11,37 m.

Das Stromversorgungssystem bestand aus Batterien, die 28 V Gleichstrom abgaben. Vor dem Start versorgte ein Dieselgenerator die Rakete mit Strom. Er erzeugte 120 V Wechselstrom mit 60 Hz. Ein Inverter in der Instrumentensektion transformierte beide Quellen in die von der Elektronik genutzte 115 V Wechselspannung mit einer Frequenz von 400 Hz.

Teil der Mercury-Redstone	Gewicht	Länge
Nasensektion:	187,4 kg	3,55 m
Mittelteil:	752,5 kg	11,43 m davon Alkoholtank: 5,73 m, davon LOX-Tank: 5,13 m
Triebwerkssektion:	409,4 kg	2,83 m
Ballast:	223 kg	
Dämpfungskomponenten:	200,5 kg	
Schild gegen zurückgeworfene Gase:	7 kg	
Redstone gesamt:	1.784 kg	
Mercurykapsel und Zusatzsysteme:	1.928,7 kg	7,56 m
Davon Adapter:	57 kg	
Davon Kapsel:	1.302,8 kg	
Davon Fluchtturm:	472,3 kg	
Davon Steuerung und Telemetriesysteme:	43,8 kg	

Evolution

Die erste Version der Redstone wurde bald durch das Block II Design abgelöst. Sein A-6 Triebwerk hatte einen Bodenschub von 78.000 Pfund (347 kN), verglichen mit dem ersten Modell mit 75.000 Pfund. Ansonsten war das Modell identisch zur ersten Version. Später entstand die „Jupiter A" aus der Redstone Block II. Die Redstone wurde als „Jupiter-A" genutzt, um Steuerung und Lenkung der Jupiter Mittelstreckenrakete zu erproben. Zudem wurden Verbesserungen der Redstone, die für die Produktionsexemplare vorgesehen waren, mit der Jupiter-A erprobt. So hatten die ersten Exemplare der Redstone nur eine Länge von 19,20 m und eine Brennzeit von 110 s. Die Produktionsexemplare von Block II hatten dank des stärkeren Triebwerks eine Länge von 21,00 m und eine Brennzeit von 123 s.

Es gab elf Testflüge der Jupiter A. Zweimal wurde dabei ein Atomsprengkopf in rund 70 bis 80 km Höhe zur Detonation gebracht. Dabei wurde ein elektromagnetischer Impuls erzeugt, der Elektronik über weite Distanzen empfindlich stören oder sogar beschädigen konnte.

Die Jupiter-C/Juno I war eine Redstone, bei der der Treibstoff Ethanol durch Hydine, eine Mischung aus 60 Prozent UDMH und 40 Prozent Diethylenamin ersetzt wurde. Zusammen mit dem verbesserten A-6 Triebwerk war es möglich, die Treibstofftanks um 1,65 m zu verlängern. Der neue Treibstoff hatte einen höheren spezifischen Impuls. Dadurch stieg auch der Schub an.

Zudem entfiel der schwere Sprengkopf. Diese Version bekam den Namen „Jupiter-C" als Abkürzung für „Jupiter Composite Reentry Test Vehicle". Die Rakete wurde mit Feststoffoberstufen ausgerüstet, um Materialproben der Wiedereintrittsköpfe für ICBM auf hohe Geschwindigkeiten zu beschleunigen. Die Tests fanden ab 1956 statt. Schon der erste Start stellte einen neuen Rekord auf: Die Flugweite betrug 3.354 km, die maximale Höhe 684 km. Die Jupiter-C wurde auch zum Start von Explorer 1 eingesetzt und dort Juno I genannt. Sie wurde als Satellitenträger um ein Bündel von Sergeant-Feststoffoberstufen ergänzt.

Das Mercury Programm verwandte eine Mischform aus Block II und Jupiter-C. Aufgrund der Zuverlässigkeit des Redstone Block II Designs wurde dieses von der

STG bevorzugt. Die Block II Redstone wies aber eine zu geringe Performance auf. Daher wurde das Block II Triebwerk mit den verlängerten Treibstofftanks der Jupiter-C kombiniert. Das war möglich, weil die Mercury Kapsel nur 1,3 t wog, die Rakete aber für den Transport eines 3,7 t schweren Sprengkopfs ausgelegt war. Weiterhin war die Giftigkeit von Hydine ein Problem für bemannte Einsätze.

Die Tanks der Mercury-Redstone wurden um 2,44 m verlängert. Damit stieg auch die Brennzeit um 20 s an. Aufgrund der veränderten Masseverteilung bekam diese Version zusätzlichen Ballast im Kopfteil, um eine zu hohe Lastspitze beim Durchfliegen der maximalen aerodynamischen Belastung zu vermeiden. Anfangs wurden 314 kg Ballast zugeladen. Später wurde die Menge auf 221 kg reduziert.

Die Mercury-Redstone bekam eine neue Steuerplattform LV-3 anstatt der ST-80 Plattform. Sie war einfacher und zuverlässiger. Alle strukturellen Teile wurden mit einem Sicherheitsfaktor von 1,35 beaufschlagt (10 % mehr als bei der militärischen Version). Es gab keine Trennung zwischen Körper und Nase, da diese nicht abgetrennt wurde. Insgesamt gab es 800 Veränderungen gegenüber der ursprünglichen Redstone.

Die Mercury Redstone startete direkt vom Boden aus. Es gab keine Startplattform und keine Fixierung. Die Rakete hob ab, wenn das Triebwerk 85 Prozent des Nennschubs erreichte. Das war 0,8 s nach der Zündung der Fall. Sie konnte die Mercury Kapsel auf eine ballistische Bahn mit einer Gipfelhöhe von 190 km bringen. Das Raumschiff landete 480 km vom Cape entfernt. Die Kapsel sollte auf eine Geschwindigkeit von mindestens 6000 ft/s (1830 m/s) beschleunigt werden.

Es gab zu Programmbeginn die Idee, die Redstone zu bergen. Ein Fallschirm hätte sich gesteuert durch einen Beschleunigungsmesser, mit einer Zeitschaltuhr als Backup, geöffnet. Dies sollte bei einer Geschwindigkeit von 100 bis 120 m/s erfolgen. Der erste Fallschirm von 5,18 m Durchmesser verlangsamte die Redstone stabilisierte ihre Lage. Gesteuert durch einen Drucksensor sollten sich in einer Höhe von 1.600 m die drei Hauptfallschirme mit einem Durchmesser von jeweils 26,5 m öffnen. Die Redstone würde mit dem Triebwerk voraus mit einer Geschwindigkeit von maximal 12,2 m/s wassern, das entspricht dem Fall aus 7,5 m Höhe. Für die Bergung sollte zwischen Redstone und Mercurykapsel ein Ring mit sechs Innenver-

strebungen angebracht werden, in dem die Fallschirme und andere Systeme untergebracht würden. An den Speichen des Rings kann eine Bergungsmannschaft die
Redstone an einem Schiff fixieren.

Diese Bergung wurde sogar erprobt. Eine vier Jahre alte Redstone wurde so umgebaut, das sie den Mercury-Redstones in Gewicht und Gewichtsverteilung glich.
Diese Rakete wurde in mehreren Konfigurationen wie mit leeren Tanks, teilgefüll-
ten Tanks mit und ohne Innendruck in einen Wassertank fallen gelassen. Es gab
nur leichte Beulen im Alkoholtank, der jedoch druckdicht blieb und Risse in der
Hecksektion. Beides war einfach zu reparieren. Ebenso wurde das Bergen einer
Redstone vor der Küste Virginias mit einem Landungsschiff erprobt. Die Redstone
konnte in 80 km Entfernung durch das Radar detektiert und in 16 km Entfernung
der genaue Ort bestimmt werden. Schlussendlich kam es nicht zur Bergung. Der
STG war eine „benutzte“ Rakete zu unsicher. So wurde auch die Redstone, die bei
MR-1 (S. 267) nur kurz abgehoben hatte, nicht erneut eingesetzt, sondern zur Er-
satzteilgewinnung verwendet.

Eine Redstone wurde vor dem Start intensiven Tests unterzogen. Zuerst flog sie
vom Hersteller Chrysler in Michigan nach Huntsville. Dort wurde sie mit deutscher
Gründlichkeit geprüft. Den Abschluss bildete eine Zündung des Triebwerks. Erst
danach wurde sie zum Cape geflogen. Dort fanden vor dem Countdown weitere
Tests statt, sie gipfelten in einem Probecountdown und Simulation des Flugs.

Der Countdown hatte zwei Phasen. Eine von -640 Minuten bis -390 Minuten, in
denen vor allem geprüft wurde, ob die Infrastruktur wie Radar, optische Verfolgung, Empfangsstationen für die Telemetrie etc. bereit war. Dazu kamen grundle-
gende Funktionschecks der Hardware, vor allem der Instrumentenplattform. Dieser Teil konnte auch einen Tag vor dem Start erfolgen. Bei -390 Minuten gab es immer eine Pause. Musste eine Rakete enttankt werden, so war ein Start erst nach 48
Stunden wieder möglich.

Der eigentliche Countdown für die Redstone begann 390 Minuten vor dem Abheben. Der Astronaut betrat 123 Minuten vor dem Abheben den White Room an der
Kapsel und stieg in diese ein. 105 Minuten vor dem Abheben wurde der Druckanzug auf Dichtigkeit geprüft. 95 Minuten vor dem Abheben wurde die Kabine ein

letztes Mal inspiziert, ob alles vorhanden und richtig befestigt war. 90 Minuten vor dem Abheben wurde die Luke fixiert. Nun wurde die Luft in der Kapsel durch reinen Sauerstoff ersetzt und 75 Minuten vor dem Start ein Test auf Druckdichtigkeit durchgeführt. Inzwischen war auch die Luke fest installiert. Danach konnte der White Room, der Serviceturm, zurückgefahren werden, was 60 Minuten vor der Zündung abgeschlossen war. 45 Minuten vor dem Start verließen dann auch die letzten Arbeiter die Startrampe.

Übersicht über die verschiedenen Redstone Versionen				
	Redstone	Redstone Block II	Jupiter-C / Juno I	Mercury Redstone	Redstone-Sparta
Länge:	21,00 m	21,30 m	21,72 m	25,27 m	21,80
Länge Redstone:	16,00 m	16,00 m	17,62 m	19,00 m	16,00 m
Maximaler Durchmesser:	177,8 cm	177,8 cm	177,8 cm	177,8 cm	177,8 cm
Startgewicht:	27.800 kg	27.800 kg	30.000 kg	29.900 kg	24.500 kg
Nur Redstone:	24.220 kg	24.220 kg	28.340 kg	28.086 kg	22.800 kg
Treibstoff:	8.527 kg Ethanol	8.618 kg Ethanol	8.956 kg Hydine	9.908 kg Ethanol	8.527 kg Ethanol
Oxidator:	11.340 kg LOX	11.340 kg LOX	15.440 kg LOX	13.076 kg LOX	11.340 kg LOX
Wasserstoffperoxid:	358 kg	358 kg			
Druckluft:	59 kg	59 kg			
Trockengewicht:	7.484 kg	7.484 kg	5.550 kg	6.916 kg	
Nur Redstone:	3.904 kg	3.904 kg	3.890 kg	4.043 kg	3.140 kg
Bodenschub:	333 kN	347 kN	370 kN	350 kN	333 kN
Vakuumschub:	369 kN	384 kN	417 kN	388 kN	369 kN
Brennzeit:	123 s	117 s	155 s	143 s	123 s
Triebwerk:	A-6	A-6-II	A-6-II	A-6-II	A-6
Nutzlast:	3.580 kg		20 kg	1.814 kg	45 kg
Spezifischer Impuls Boden:	1917 m/s	2070 m/s	2305 m/s	2166 m/s	1917 m/s
Spez. Impuls Vakuum:	2280 m/s	2293 m/s	2600 m/s	2400 m/s	2280 m/s
Starts:	37		10	6	10

Es gab fünf Starts der Mercury-Redstone. Beim ersten Start MR-1 (S. 267) hob die Rakete am 21.11.1960 zunächst ab. Nachdem sie nur 10 cm Höhe erreicht hatte, schaltete sie das Triebwerk ab und die Redstone fiel zurück auf die Startplattform. Dabei wurden die Finnen verbogen. Trotzdem stand die Rakete stabil. Zumindest funktionierte der Rettungsturm – er sollte ausgelöst werden, wenn die Rakete vorzeitig Brennschluss hatte und das war der Fall.

Die mit einem neuen Träger angesetzte Ersatzmission MR-1A (S. 273) war dann am 10.12.1960 erfolgreich. Beim Flug MR-2 (S. 277), gestartet am 31.1.1961, wies die Redstone eine zu hohe Leistung auf, wodurch die Kapsel 212 km weiter flog als geplant. Der Schimpanse Ham war dadurch hohen Beschleunigungsspitzen ausgesetzt, die für einen Astronauten gefährlich waren.

Das führte zu einem weiteren Testflug MR-BD (BD für Booster Development, S. 288), bei dem die Struktur versteift wurde. Das beim letzten Flug defekte Ventil, das zu einer zu hohen Förderleistung der Turbopumpe (und damit zu hohem Schub) geführt hatte, wurde durch eine neue Konstruktion ersetzt. Dieser Flug am 24.3.1961 war erfolgreich.

Die folgenden Flüge waren dann bereits bemannt. MR-3 brachte am 5.5.1961 Alan Shepard auf eine suborbitale Bahn (S. 298), gefolgt von Gus Grissom an Bord von MR-4 am 21.7.1961 (S. 304). Da weitere Flüge nur eine Wiederholung der bisherigen Flüge gewesen wären, wurde im August 1961 das Mercury-Redstone Programm vorzeitig terminiert. Anders als bei der Atlas und Little Joe waren alle Flüge erfolgreich, wenn auch MR-2 eine „Überperformance" aufwies.

Die ausgemusterten militärischen Redstone wurden ab 1964 für verschiedene Tests eingesetzt. Umgebaute Redstone wurden für Antisatellitentests in Australien genutzt. Bei diesen blieb einer von zehn Trägern übrig. Australien nutzte diese Redstone, zusammen mit zwei festen Oberstufen, am 29.11.1967 zum Start des ersten australischen Satelliten Wresat.

Redstones brachten somit den ersten Amerikaner ins All und starteten die ersten Satelliten der USA und Australiens. Die Fertigung und Modifikation von acht Redstone für das Mercury Programm kostete 20,1 Millionen Dollar. Davon wurden sechs benutzt und fünf gestartet (das nur 10 cm hoch geflogene Exemplar vom MR-1 wurde zur Ersatzteilgewinnung genutzt). Die Redstones selbst kosteten nur 13,78 Millionen Dollar, der Rest entfiel auf die Startdurchführung und Tests.

Alle Starts fanden von Pad 5 des CCAF aus statt. Von ihm wurden auch die Pioneer 3+4 Mondsonden gestartet. Der Mercurystarts waren die letzten Starts von Pad 5 aus.

Datenblatt Redstone	
Einsatzzeitraum:	1958 – 1967
Starts:	7 orbitale Einsätze, davon drei Fehlstarts
	5 suborbitale Starts, davon kein Fehlstart
Zuverlässigkeit:	75 % erfolgreich
Abmessungen:	25,27 m Höhe mit Mercurykapsel und Fluchtturm,
	1.78 m Durchmesser Rakete, 3,56 m mit Finnen
Startgewicht:	29.900 kg
Max. Nutzlast:	1.814 kg (als Satellitenträger: 45 kg)
	Redstone
Länge:	19,00 m
Durchmesser:	1,78 m, Spannweite: 3.56 m
Startgewicht:	28.078 kg
Trockengewicht:	4.044 kg
Schub Meereshöhe:	350 kN
Schub Vakuum:	385 kN
Triebwerke:	1 × A-7
Spezifischer Impuls (Meereshöhe):	2.166 m/s
Spezifischer Impuls (Vakuum):	2.400 m/s
Brenndauer:	143 s
Treibstoff:	Alkohol (75 %) / flüssiger Sauerstoff

Abbildung 58: Start von MR-3, Alan Shepard mit Freedom 7

Mercury Atlas

Die Atlas war die erste Interkontinentalrakete (ICBM) der USA. Verglichen mit den zum gleichen Zeitpunkt vorhandenen oder in der Entwicklung befindlichen Mittelstreckenraketen stellte die Atlas einen Entwicklungssprung dar. Aufgrund der Größe und Zielgeschwindigkeit stellte die Rakete erhebliche Anforderungen an die Technik. Die Atlas sollte mit nur einer Stufe einen Sprengkopf nahezu auf orbitale Geschwindigkeit beschleunigen. Spätere ICBM wie die Titan oder Minuteman setzten dafür zwei bis drei Stufen ein.

Als die Atlas entwickelt wurde, gab es noch keine Erfahrung mit dem Zünden von Raketenstufen in der Schwerelosigkeit. Zudem war die Zuverlässigkeit der Antriebe gering. Anfang der Fünfziger Jahre gab es bei der Hälfte aller Triebwerkszündungen Probleme. Sehr oft hatte man mit der Verbrennungsinstabilität zu kämpfen: Druckschwankungen in den Triebwerken beim Start führten zu einer Rückkopp-

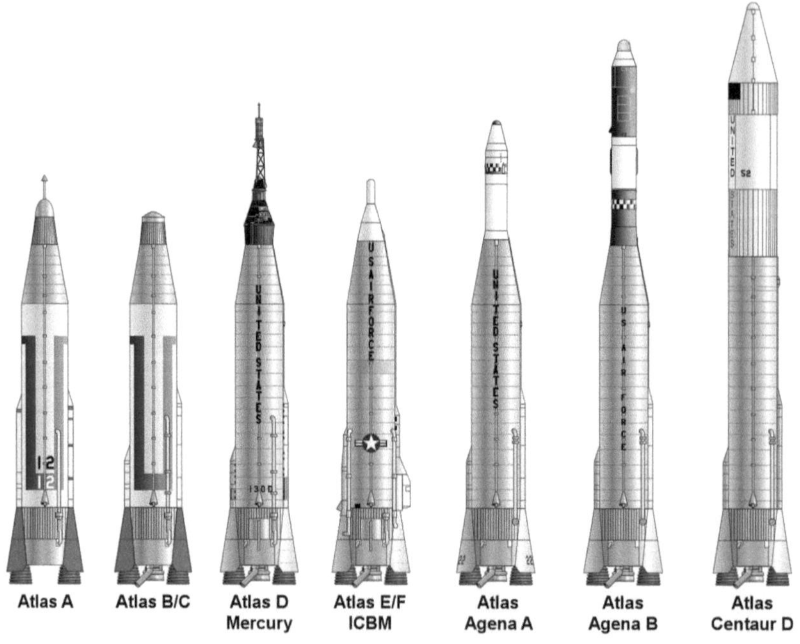

Abbildung 59: Die ersten Atlasversionen von der ICBM bis zur Atlas Centaur (1962) © de Chiara

lung: der schwankende Verbrennungsdruck führt zu einer Verminderung oder Vergrößerung des Treibstoffflusses mit der Folge, dass die Schwankungen durch die unterschiedliche Menge an verbranntem Treibstoff noch größer wurden. Das konnte bis zur Explosion des Triebwerks gehen. Auf dem Teststand konnten die Triebwerke wieder abstellt werden – und so lange modifiziert werden, bis sie stabil liefen. Die Oberstufentriebwerke konnte man nur im Flug testen und so viele Testflüge, wie man damals für die Lösung des Problems brauchte, konnte man nicht finanzieren.

Die Atlas setzte eine Technologie ein, die als „eineinhalbstufig" bezeichnet wird. Sie hatte ein zentrales Marschtriebwerk (als „Sustainer" bezeichnet) mit einer Anpassung an den Betrieb im Vakuum. Links und rechts davon befanden sich zwei Starttriebwerke (als „Booster" bezeichnet), die jeweils den dreifachen Schub des Marschtriebwerkes lieferten. Sie haben eine kürzere Düse, da sie vor allem in der Troposphäre und Stratosphäre arbeiten. Beim Start zündeten alle drei Triebwerke gleichzeitig. Die Abgase des Gasgenerators wurden an der Basis in den Verbrennungsstrom entlassen und produzieren eine schwarze Rußwolke beim Start. Alle drei Triebwerke nutzten ein gemeinsames System zur Verteilung des Treibstoffs. Sobald so viel Treibstoff verbraucht war, dass der Schub des Marschtriebwerks ausreichte, die Rakete weiter zu beschleunigen, wurden die Ventile zu den Starttriebwerken geschlossen. Danach trennten Sprengladungen die Boostertriebwerke mitsamt dem unterstützenden, 4,5 m hohen Schubgerüst ab. Die Atlas wurde dadurch schlagartig um die Hälfte leichter. Trotzdem musste bei dieser Technologie das Gewicht der Treibstofftanks minimiert werden, da sie schon zu 80 Prozent leer waren, wenn die Abtrennung der Boostertriebwerke erfolgte.

Convair erreichte das, indem die Tankwände so dünn gefertigt wurden, dass die Tanks nur unter innerem Druck stabil waren. Bei der Atlas wurde Helium in Flaschen unter 340 bar Druck im Triebwerksteil zur Druckbeaufschlagung genutzt. Sechs Flaschen befanden sich in der Boostersektion. Sie wurden mit dem Triebwerksblock abgetrennt. Eine weitere Heliumflasche beim Zentraltriebwerk diente zum pneumatischen Öffnen von Ventilen und anderen Regulatoren. Die Tanks hatten bei der Trägerrakete eine Wandstärke von 1,2 bis 3,8 mm. Die militärischen Versionen hatten noch dünnere Tanks mit einer minimalen Dicke von nur 0,25 mm. Der Tank bildete zugleich die Außenhaut der Rakete. Es gab einen gemeinsamen Zwischenboden, der Kerosin und Sauerstofftank voneinander trennte. Das ersparte die Zwischentanksektion. Das Konzept der innendruckstabilisierten Tanks war riskant. Es gab mehrere Fälle, in denen eine Atlas kollabierte, als die Druckbeaufschlagung versagte. Es musste nicht nur der Druck im Tank aufrechterhalten werden. Es musste auch eine Druckdifferenz zwischen LOX und Kerosintank herrschen, sonst brach der Zwischenboden. Das passierte viermal bei den Atlas 5C, 5D, 7D, und 81D.

Die Elektronik befand sich nicht an der Spitze, sondern an der Basis bei den Triebwerken. Später gab es die Möglichkeit, an dem Schubgerüst Sekundärnutzlasten mitzuführen. Die versiegelten Behälter wurden dann abgesprengt und nach der Wasserung geborgen. Dabei wurde die Atlas als „Höhenforschungsrakete" zweckentfremdet.

Die Wurzeln der Atlas reichen weit zurück. Schon Anfang der Fünfziger Jahre hatte Convair im Projekt MX-774 bei drei Testflügen Neuerungen erprobt, die in der Atlas verwendet wurden — schwenkbare Triebwerke, einen durch Druck versteiften Tank und einen abtrennbaren Sprengkopf. Convair unterbreitete bereits 1951 dem US-

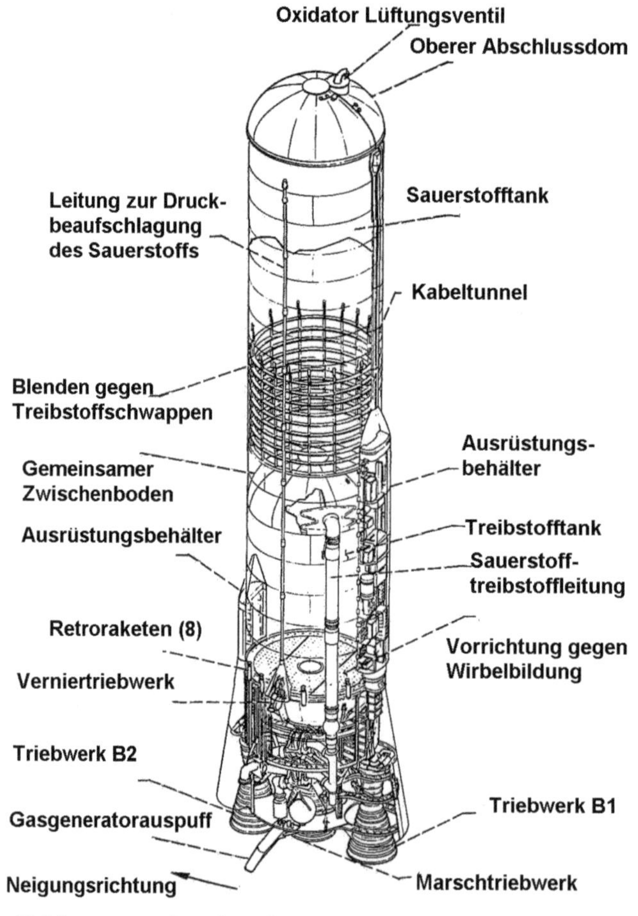

Abbildung 60: Aufbau der Atlas © NASA / Bernd Leitenberger

Verteidigungsministerium den Entwurf für eine Interkontinentalrakete, die schon damals „Atlas" hieß. Sie wog 304.000 kg und verfügte über sieben Triebwerke. Sie sollte einen 8.000 Pfund (3.630 kg) schweren Sprengkopf befördern. So schwer war der atomare Sprengkopf bei der damaligen Technologie. Die russische R-7, die zur gleichen Zeit entstand, sollte einen ähnlich schweren Sprengkopf befördern und wog in etwa genauso viel.

Im Laufe der Zeit änderte sich die strategische Lage. Der Koreakrieg und die Zündung der sowjetischen Atombombe 1949 veränderten die Einschätzung der Bedrohung durch die UdSSR. Bald darauf stellte die Sowjetunion erste strategische Bomber in Dienst. Vorher hatte Russland keine Langstreckenbomber, welche die USA erreichen konnten. Amerika rüstete auf und vergrößerte Anfang der Fünfziger Jahre sein atomares Arsenal.

Fortschritte in der Nukleartechnik machten die ICBM attraktiver. Die 1952 getestete Wasserstoffbombe hatte eine größere Sprengkraft als die Atombombe. Dies verringerte die Anforderungen an die Treffgenauigkeit einer ICBM von 500 m auf 4,5 bis 6 km. Bei großen Sprengköpfen würden sogar 8 km ausreichen. Die Streuung um den Zielpunkt war ein Problem. Mit den vorhandenen Steuerungen war die Zielgenauigkeit, die man für eine Atombombe benötigt wurde, nicht erreichbar. Doch für eine Wasserstoffbombe war die Genauigkeit ausreichend.

Auch die Sprengköpfe wurden kleiner. 1952 versprach eine neue Technik nur 3.000 Pfund schwere Sprengköpfe bei gleicher Sprengkraft wie die vorher 8.000 Pfund

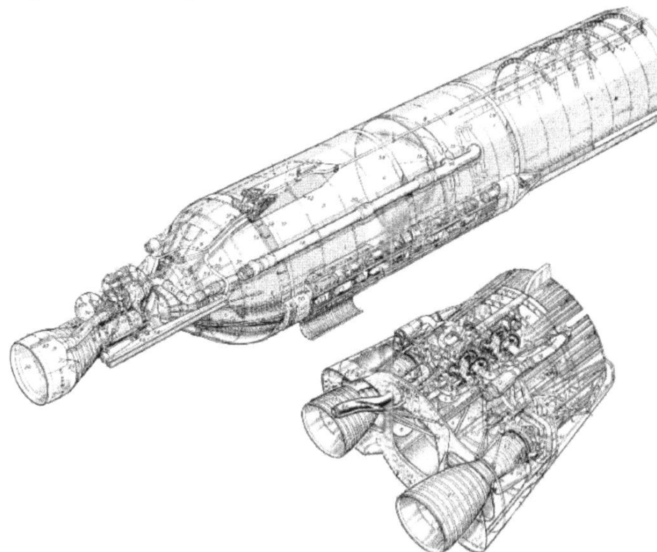

Abbildung 61: Boostertriebwerke und Sustainertriebwerk

schweren. 1954 war mit dem Einsatz von Lithiumdeuterid anstelle von flüssigem Deuterium absehbar, dass ein Sprengkopf nur noch 1.500 Pfund wiegen würde. Dieser hat dann immer noch 500 kt Sprengkraft. Die Atlas musste für den Transport des neuen Sprengkopfes nur noch 109 t statt 304 t wiegen.

In der UdSSR gab es dieselbe Entwicklung, nur das sich Koroljow weigerte, seine 300 t schwere R-7 zu verkleinern – Koroljow misstraute den Atomforschern und ging davon aus, dass sie bald wieder größere Sprengköpfe entwickeln würden. Das Resultat war, dass Russland mit der R-7 (Sputnik, Luna, Wostok, Sojus, Molnija-Trägerrakete, je nach Oberstufe) eine leistungsfähigere ICBM zur Verfügung stand.

Verbesserungen in der Steuerungstechnik versprachen zudem die geforderte Zielgenauigkeit. Es gab noch keine Computer in Raketen, welche die Abweichung von der Flugbahn laufend ermitteln und aktiv korrigieren konnten. Alle Lösungen mussten mit analoger Technik auskommen. Inertialplattformen, in mit Flüssigkeit gefüllten Kanistern besser vor Stößen und Vibrationen geschützt, ermöglichten eine Treffgenauigkeit von 1.000 – 1.500 m.

Die Entwicklungen führten dazu, dass 1954 das Verteidigungsministerium die Entwicklung der Atlas beschloss. Der Auftrag an Convair erging am 14.1.1954. Das DoD räumte ihr die höchste Priorität im Verteidigungsprogramm der USA ein. Die Entwicklung der Atlas wurde als so wichtig eingestuft, dass nahezu alle Flugzeugbauer und Hersteller von Computern, Feinmesstechnik und Instrumententechnik am Programm beteiligt waren, insgesamt 220 Firmen. Es gab für jedes Bauteil/Funktion mindestens zwei Firmen, die es fertigten oder entwickelten.

Man verfolgte, da man die optimale Lösung nicht kannte, oft mehrere Wege gleichzeitig. So arbeiteten verschiedene Firmen an der Steuerung vom Boden aus (Radiolenkung) und an einer Inertialplattform mit einem analogen Rechner in der Rakete. Es wurden bei Testflügen Kupferhitzeschutzschilde und Ablativschilde für die Sprengköpfe erprobt. Als 1955 die Entwicklung der Titan beschlossen wurde, konnte das Verteidigungsministerium die Firmen zwischen den beiden Projekten aufteilen. Erhalten wurde so eine breite Basis von qualifizierten Firmen – die Ursprünge einer neuen Industrie.

Die Entwicklung der Atlas war für die damalige Zeit enorm teuer und kostete 2,23 Milliarden Dollar, im heutigen Wert von rund 20 Milliarden Dollar. Je nach Quelle wurden 350 bis 381 militärische Atlas gebaut. Davon wurden nur 126 stationiert (je 27 Atlas D+E und 72 Atlas F). Die offizielle Programmbezeichnung war SM-65. Als die Entwicklung begann, war Convair schon Bestandteil des General Dynamics Konzerns, mit dem Convair im März 1953 fusionierte.

Die Atlas sollte in der endgültigen Version einen 1,5 t schweren thermonuklearen Mk 4 Sprengkopf über eine Distanz von 8.000 km befördern. Dieser hatte eine Sprengkraft von 3,75 MT, kam aber nur in der Atlas E+F zum Einsatz. Die Atlas D erreichte mit dem leichteren Mk 2/3 Sprengkopf (1,44 MT) eine Reichweite von 14.480 km. Die Zielgenauigkeit betrug 1.600 m. Sie absolvierte während der Entwicklung zahlreiche Testflüge. Alleine die Atlas D hatte 32 Entwicklungsflüge. 25 mit Radiolenkung und sieben mit Inertialsteuerung. Dazu kamen 29 Testflüge, um die Mannschaften für den Abschuss einer Rakete zu schulen.

Als die Atlas entwickelt wurde, war der Sprung von den bisherigen Raketen so hoch, das Convair mit der Air Force aushandelte, das die Atlas eine Ausfallwahrscheinlichkeit von 20 Prozent haben dürfte. Als das Mercuryprogramm begann, betrug nicht die Ausfallwahrscheinlichkeit 20 Prozent, sondern die Zuverlässigkeit. Die Zuverlässigkeit der Atlas war der Punkt, der auch zum Verschieben der ersten bemannten Flüge zwang.

Dies verdeutlicht, wie problematisch die Entwicklung der neuen Rakete war und welches Neuland sowohl in der Größe als auch der Technologie der Antriebe beschritten wurde. Die Triebwerke der Atlas nutzten flüssigen Sauerstoff und flüssiges Kerosin als Treibstoff. Dies war der am besten erforschte und leistungsfähigste verfügbare Treibstoff. Die Verwendung von flüssigem Sauerstoff führte allerdings dazu, dass der Atlas als Interkontinentalrakete nur eine kurze Einsatzdauer beschieden war. Denn die Raketen mussten ständig nachbetankt werden, um die Verdampfung des bei -183°C siedenden Sauerstoffes auszugleichen. Die Atlas wurde nach wenigen Jahren durch die Titan ersetzt. Der aus drei Triebwerken bestehende Triebwerksblock der Atlas wurde „MA" genannt und in fünf Versionen gebaut:

Triebwerksblock	Jahr	Zentraltriebwerk	Boostertriebwerke (2)	Einsatz
MA-1	1957	240 kN	1.335 kN	Atlas A-C
MA-2	1958	255 kN	1.375 kN	Atlas D, frühe Trägerraketen
MA-3	1960	270 kN	1.470 kN	Atlas E-F, Trägerraketen
MA-5	1961	270 kN	1.680 kN	SLV-3A Agena / Centaur
MA-5A	1991	270 kN	1.885 kN	Atlas II-IIAS

Im Mercuryprogramm wurde der Block MA-2, bei den beiden letzten Flügen auch der Block MA-3 eingesetzt. Der Block MA-3 hatte eine verbesserte Zündung und war unempfindlicher gegen Verbrennungsinstabilität. Das ermöglichte es die zwei Sekunden, die eine Atlas mit dem MA-2 Block nach dem Erreichen des vollen Schubs noch festgehalten wurde, wegzulassen. Der MA-2 Block wurde so lange fixiert, weil wenn es eine Verbrennungsinstabilität gab, sie meist direkt nach der Zündung auftrat. So konnte man die Triebwerke wieder abschalten, bevor die Rakete abhob.

Abbildung 62: Atlas B mit SCORE

Die Technik der Atlas

Die Höhe der Atlas ohne Sprengkopf betrug 21,80 m. Den größten Teil davon nahm der Treibstofftank ein. Er hatte alleine eine Höhe von 15,80 m und einen Basisdurchmesser von 3,05 m. Nach 13,10 m verjüngte er sich auf eine Breite von 1,77 m. Auf den Tank folgte ein sich leicht verjüngender Zylinder, der eine Höhe von 1,29 m hatte. Den Abschluss der Atlas bildete der Sprengkopf oder eine Oberstufe. Der Abschlussring hatte 1,52 m Durchmesser. Um das Treibstoffschwappen zu reduzieren, war der oben liegende Sauerstofftank im unteren Drittel mit Stringern und Spanten verstärkt. Die Atlas hatte ein Tankvolumen von 70.870 l (78.900 kg) für den flüssigen Sauerstoff und 44.093 l (34.900 kg) für Kerosin.

Die Tanks bestanden aus Nickelstahlblechen, die mit Rollnähten verschweißt waren. Die militärische Version der Atlas hatte nur 0,25 bis 1 mm dicke Tanks. Die Dicke nahm ab und betrug unten 1 mm und am Abschluss lediglich 0,25 mm. Daher verwundert es nicht, dass dort die Tankhülle bei Mercury Atlas 1 (S. 260) beim Durchqueren der maximalen aerodynamischen Belastung nachgab und die Rakete explodierte. Die Trägerraketen verfügten wegen der schweren Oberstufen und ungünstigeren Aerodynamik über höhere Wandstärken.

Der Überdruck in den Tanks musste mindestens 0,43 bar betragen. Während des Countdowns und des Starts lag der Druck im Sauerstofftank bei 1,8 bar und im Kerosintank bei 4,2 bar. Wenn die Triebwerke liefen, wurde durch ein Ventil im Kerosintank Helium „nachgefüllt", um den Druck konstant zu halten. Beim Sauerstofftank wurde zur Druckbeaufschlagung gasförmiger Sauerstoff eingesetzt, der durch Wärmeaustauscher an den Triebwerken aus dem flüssigen Sauerstoff gewonnen wurde. Während der Lagerung wurden beide (entleerte) Tanks mit Stickstoff unter Druck gesetzt.

Unten befand sich die Triebwerkssektion. Hier wurde eine Breite von 4,88 m erreicht. Jedes der beiden Marschtriebwerke war seitlich des Zentraltriebwerks angebracht und ragte 0,96 m nach außen. Insgesamt hatte die Triebwerkssektion eine Länge von 4,86 m. Die Boostertriebwerke waren in der Nick- und Gierachse unabhängig voneinander um jeweils 5 Grad schwenkbar. Dazu diente eine Hydraulik, die wiederum von einer Pneumatik angetrieben wurde. Es gibt mehrere Generationen des Boostertriebwerks RL-89, das während der Entwicklung und später beim Einsatz im Schub gesteigert wurde.

Boostertriebwerk	XLR-89-5	LR-89-5	LR-89-7	RS-56-OBA
Einsatz auf:	Atlas B-D, Atlas Able, Atlas Agena A+B	Atlas E-F, zivile Atlas D ab 1962	Atlas SLV-3, Atlas SLV-3A, Atlas G/H/I	Atlas II, IIA, IIAS
Triebwerksblock:	MA-2	MA-3	MA-5	MA-5A
Startschub:	667,2 kN	726 kN	835,1 kN	920,8 kN
Vakuumschub:	758,7 kN	822,5 kN	948 kN	1046,8 kN
Gewicht:	643 kg	720 kg	712 kg	805 kg
Durchmesser:	1,45 m	1,53 m	1,53 m	2,45 m
Brennkammerdruck:	40 bar	41 bar	42 bar	48 bar
Expansionsverhältnis:	8	8	8	8
Spezifischer Impuls: (Meereshöhe/Vakuum)	2432 m/s / 2766 m/s	2511 m/s / 2844 m/s	2540 m/s / 2864 m/s	2580 m/s / 2933 m/s

Die Marschtriebwerke LR-89 (Booster) stammten von Rocketdyne. Aus ihm entstand das Triebwerk LR-79, das in der Thor verwendet wurde. Eine Variante trieb die Blue Streak Mittelstreckenrakete Englands an. Brennkammer und Düse bestanden aus hartverlöteten Nickelröhren. Sie wurden vom Kerosin gekühlt. Das Metall Nickel wurde wegen der Hitzebeständigkeit bei gleichzeitig guter Wärmeleitfähigkeit gewählt.

Die Boostertriebwerke wurden für den Betrieb bei 1 Bar Außendruck ausgelegt. Sie haben daher eine Düse mit einem kleinen Expansionsverhältnis. Ein gemeinsamer Gasgenerator speiste zwei Turbopumpen (je eine pro Triebwerk). Der gesamte Block (mit Schubgerüst und Verkleidung) wog rund 3 t und wurde abgetrennt, wenn das Zentraltriebwerk alleine den Flug fortsetzen konnte. Der Zeitpunkt variierte und hing vom Gewicht der Oberstufe und Nutzlast sowie dem Schub der Triebwerke ab. Bei den Atlas der ersten Generation fand der Abwurf nach 130 s statt, drei Sekunden nach Brennschluss der Triebwerke. Bei der letzten Version, der Atlas II, fand die Abtrennung erst nach 172 s statt, da im Laufe der Entwicklung mehrfach die Tanks verlängert wurden. Sensoren maßen die Beschleunigung und lösten bei der ICBM den Brennschluss bei einer Beschleunigung von 5,3 g aus. Auch dieser Wert war variabel, lag jedoch immer über 5 g.

Dazwischen saß das Zentraltriebwerk (Sustainer) LR-105. Sein Schub war geringer, aber es war das erste Triebwerk, das für den Betrieb im Vakuum konstruiert wurde. Es nutzte im Vakuum den Treibstoff besser aus und besaß durch eine längere Expansionsdüse eine höhere Ausströmgeschwindigkeit als die beiden Boostertriebwerke. Die Turbine arbeitete mit einer hohen Rotationsgeschwindigkeit von 10.800 U/min (Booster nur 6.300 U/min). Das Zentraltriebwerk war kardanisch in zwei Achsen um 3 Grad schwenkbar. Die Brenndauer des LR-105 variierte abhängig vom Zeitpunkt des Abwerfens der Boostertriebwerke. Bei der Atlas D brannte es 180 bis 190 s länger als die Booster. Es wurde gleichzeitig mit den Boostertriebwerken gezündet. Das hatte den Vorteil, dass vor dem Abheben der Rakete alle Triebwerke auf korrekte Funktion getestet werden konnten.

Zentraltriebwerk	XLR-105-5	LR-105-5	LR-105-7	RS-56-OBA
Einsatz auf	Atlas D, Atlas Able, Atlas Agena A+B	Atlas E-F, Atlas SLV-3	Atlas SLV-3A, Atlas G/H/I	Atlas II, IIA, IIAS
Triebwerksblock:	MA-2	MA-3	MA-5	MA-5A
Startschub:	252,7 kN	269 kN	269 kN	267 kN
Vakuumschub:	363,2 kN	386,4 kN	386,4 kN	381 kN
Gewicht:	460 kg	460 kg	460 kg	460 kg
Durchmesser:	3,05 m	3,05 m	3,05 m	3,05 m
Brennkammerdruck:	45 bar	48 bar	49 bar	49 bar
Expansionsverhältnis:	25	25	25	25
Spezifischer Impuls: (Meereshöhe/Vakuum)	2099 / 3030 m/s	2109 / 3031 m/s	2158 / 3099 m/s	2119 / 3050 m/s

Dazu kamen zwei Verniertriebwerke, die schräg am Treibstofftank montiert waren. Sie hatten einen Schub von jeweils 4,54 kN und schauten um 45 Grad nach außen. Sie konnten um 140 Grad in der Rollachse und um 30 Grad nach außen (von der Rakete weg) bzw. 20 Grad nach innen (zur Rakete hin) geschwenkt werden. Diese Triebwerke waren, während die Boostertriebwerke arbeiteten, für Feinkorrekturen der Rollachse zuständig. Danach übernahmen sie die Rollachsensteuerung komplett. Die Verniertriebwerke wurden mit den Haupttriebwerken gezündet, was der Atlas beim Start ein charakteristisches Aussehen gab. Es sah aus, als würden Stichflammen aus dem Treibstofftank entweichen. Die Verniertriebwerke brannten bei der ICBM noch bis zu 30 s nach Brennschluss des Zentraltriebwerks weiter. Das erlaubte es, einen Zielpunkt mit höherer Genauigkeit zu erreichen. Beim Start und nach Brennschluss des Zentraltriebwerks versorgten sie eigene Tanks mit Treibstoffen. Bei der Atlas Mercury wurden sie mit dem Zentraltriebwerk abgeschaltet.

Die Triebwerke wurden anfangs pyrotechnisch gezündet, indem ein kleiner Feststofftreibsatz Sauerstoff und Kerosin entzündete. Ab 1962 wurde dies durch eine pyrophore Zündung durch Vorläufe mit hypergolen Flüssigkeiten ersetzt. Die Triebwerke waren nur einmal zündbar.

Der Gasgenerator wurde durch eine Feststoffkartusche, ein Verbrennungssatz, der in einem Sekundenbruchteil eine große Gasmenge erzeugte, angelassen. Das hydraulische System war für Booster- und Sustainertriebwerk doppelt vorhanden. Eine Hydraulikpumpe, angeschlossen an die Welle der Turbopumpe, erzeugte den nötigen Druck für das Hydrauliköl. Während des Betriebs der Boostertriebwerke wurden nur diese geschwenkt. Danach waren die Verniertriebwerke für die Lageregelung um die Rollachse und das Zentraltriebwerk für die Bewegung um die Nick- und Gierachse zuständig.

Da der Resttreibstoff die Leermasse erhöhte, wurde der Druck in den Leitungen von Kerosin und Sauerstoff gemessen, daraus die Verbrauchsmengen bestimmt und mit einem Ventil das Mischungsverhältnis für das Zentraltriebwerk so angepasst, dass beide Komponenten möglichst vollständig aufgebraucht wurden. Der Brennschluss erfolgte, wenn Sensoren signalisierten, dass nur noch wenig Resttreibstoff im Tank verbleibt. Typisch verblieben nur Restmengen von unter 200 kg Sauerstoff und unter 70 kg Kerosin, nur 0,2 bis 0,3 % des gesamten Treibstoffs. Die ursprüngliche Vorgabe von Convair von 500 Pfund (227 kg) Gesamtmenge entpuppte sich als schwer erreichbar.

Die Atlas war nicht nur eine ungewöhnliche, sondern auch eine riskante Konstruktion. Es gab mehrere Unfälle, bei denen das Druckgas aus einer Atlas entwich und deswegen die Hülle kollabierte. Ein Museum in Daytona verlor 1986 eine Atlas, als das System, dass die Hülle unter Druck setzte, versagte. Das Absprengen der Triebwerke im Flug war ebenfalls noch unerprobt. Es scheiterte zumindest einmal bei Big Joe (S. 244). Diese Risiken waren die Hauptgründe, warum die Air Force noch während der Entwicklung der Atlas den Auftrag zur Entwicklung der Titan als Nachfolger gab. Insgesamt bestand eine Atlas aus 40.000 Teilen, viermal mehr als die Kapsel.

Die Atlas Entwicklung gelangte über drei Versuchsserien (Atlas A bis C) von 1957 bis 1960 zu den drei operationellen Serien Atlas D bis F. Die rasche Entwicklung der Raketentechnik in den sechziger Jahren machte die Atlas militärisch bald obsolet. Ihr Treibstoff war nicht lagerfähig und sie galt als unzuverlässig. Daher wurde die Atlas bald von der Titan I und II abgelöst. Im März/April 1965 wurden alle Atlas D-F aus dem Dienst abgezogen. Sie wurden in eine Langzeitlagerung überführt und dienten noch bis 1995 zum Start von Satelliten. Damit begann ihre zweite Karriere als Trägerrakete. Es gab folgende Versionen:

- Atlas A: Entwicklungsmuster von 1957 bis 1958. Sie setzte eine frühe Version des XLR-89 Triebwerks der Booster ein. Das Zentraltriebwerk war noch nicht einsatzbereit. Die Atlas war bedeutend leichter, da der Schub des LR-105 fehlte und auch die XLR-89 einen geringeren Schub aufwiesen. Die acht Testflüge sollten die Boostertriebwerke testen und das Konzept der druckstabilisierten Hülle erproben.

- Atlas B: Entwicklungsmuster von 1958 bis 1959 zum Test des Zentraltriebwerks. Diese Version wies noch nicht die endgültige Reichweite auf und die Steuerung für die ICBM war noch nicht entwickelt. Zwölf Testflüge erfolgten. Der letzte Flug brachte den Satelliten SCORE in die Umlaufbahn.

- Atlas C: Entwicklungsmuster 1959. Sie diente zum Test der Steuerung. Mit den sechs Testflügen wurden zudem die Hitzeschutzschilde für die Sprengköpfe getestet. Die Atlas C hatte eine leichtere Tankhülle als die A+B Version. Die Tests fanden parallel zu denen der B-Version statt. Nach Abschluss des Testprogramms sollte eine Atlas-C zum Start der Able Mondsonden genutzt werden. Sie ging jedoch bei einem Probecountdown verloren. Ursprünglich selektierte die STG die Atlas C für Mercury.

- Atlas D: die erste stationierte Version von 1959 bis 1964. Sie setzte schubstärkere Booster- und Marschtriebwerke ein und hatte eine um 10 t höhere Treibstoffzuladung als die B+C Version. Der Stahl war in einigen Sektionen angepasst worden. Sie arbeitete mit der Radiolenkung, das bedeutet, ihr Autopilot wurde von der Raketenbasis mit den Radardaten über Höhe und Geschwindigkeit versorgt. Während der letzten Testflüge wurde eine Inertialsteuerung getestet, wodurch die Rakete unabhängig nach dem Abheben war, falls die Basis zerstört wird. 27 bzw. 30 Atlas D (je nach Quelle) wurden stationiert. Ihr Sprengkopf vom Typ W38 hatte eine Sprengkraft von 1,44 MT und wog 1.100 kg. Daneben wurden seit 1959 insgesamt 32 Entwicklungsflüge und 29 Testflüge durchgeführt, um die Startmannschaften mit der Bedienung der Waffe vertraut zu machen. Insgesamt (mit Satellitenstarts) erfolgten 135 Flüge.

- Atlas E+F: Beide Träger waren mechanisch identisch, unterschieden sich aber in der Steuerung. Die Triebwerke wurden nochmals leicht in der Leistung gesteigert. Beide Muster waren eingeschränkt silotauglich. Es wurden 18 (andere Quellen: 27) Atlas E und 72 Atlas F stationiert. Insgesamt erfolgten 28 Testflüge und 138 Starts, um die Bodenmannschaften in der Handhabung und den Starts zu schulen. Die Atlas E wurde von 1961 bis 1962 stationiert, die Atlas F von 1962 bis 1964. Sie setzten einen W39 Thermonuklearsprengkopf mit einem Gewicht von 1.860 kg und einer Sprengkraft von 3,75 MT ein.

Version	Erstflug	Produziert	Gestartet	Davon Orbitaleinsätze
Atlas A	11.7.1957	8	8	0
Atlas B	19.7.1958	12	12	1
Atlas C	24.12.1958	7	6	0
Atlas D	14.4.1959	138	135	19
Atlas E	11.10.1960	62	58	26
Atlas F	8.8.1961	126	99	22
Gesamt:		353	318	68

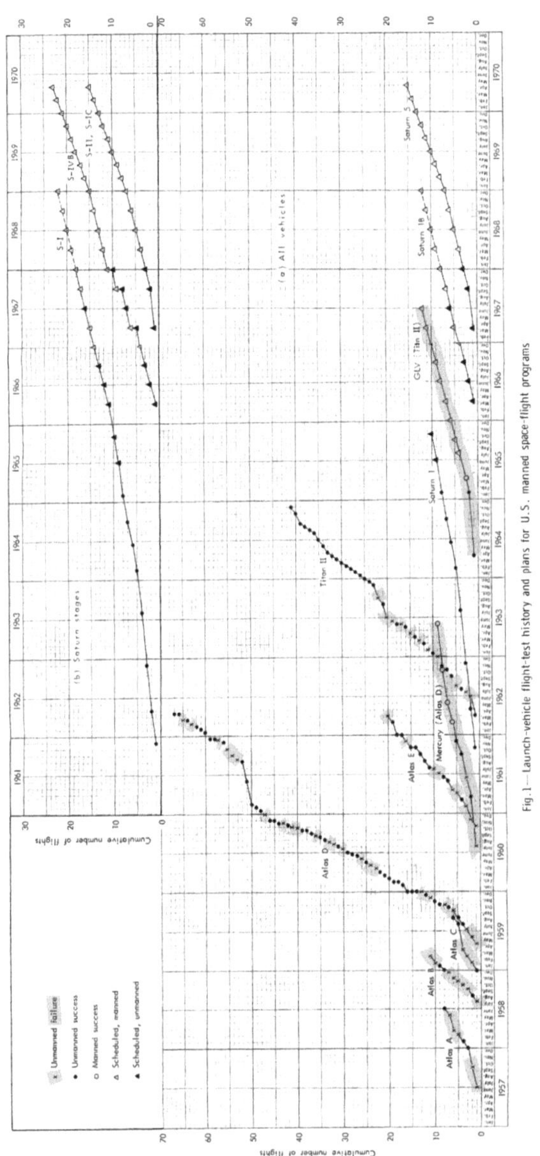

Abbildung 63: Erfolgstatistik Atlas Starts vergleichen mit Titan und Saturn

Eine Trägerrakete namens „Atlas" gibt es heute noch, sie hat mit der ursprünglichen Atlas aber nichts mehr zu tun. Der ursprüngliche Triebwerksblock MA flog bis zur Version Atlas I, die 1997 ihren letzten Start hatte. Die Atlas II, die 1990 eingeführt wurde, ersetzte die beiden Boostertriebwerke durch die der Delta II. Das Zentraltriebwerk blieb aber unverändert.

Die Atlas III setzte erstmals die russischen RD-180 Triebwerke ein, die auch das Nachfolgemodell Atlas V antreiben, das 2019 aktuell ist. Sie hatte aber noch die dünnen Edelstahltanks mit Innendruckstabilisierung. Die Atlas V hat auch diese ersetzt und verwendet konventionelle Tanks, ohne gemeinsamen Zwischenboden aus Aluminium. Obwohl sie 40 Jahre jünger ist, hat sie daher einen schlechteren Strukturfaktor, als die Atlas D, die Mercury startete.

Die Nummerierung der Atlas besteht aus Seriennummer und Typnummer (A-F). Bei jedem Typ beginnt die Seriennummer von vorne. Es wurden damals viele Atlas in kurzer Zeit produziert. Der erste Atlas Flug im Mercuryprogramm (Big Joe S. 244) verwandte die 10D am 9.9.1959. Der letzte Flug von Cooper, 44 Monate später, die 130D und dazu kamen noch die fast zeitgleich produzierten Atlas E+F.

Abbildung 64: Serienfertigung der Atlas bei Convair

Atlas D / LV-3B Mercury

Die Atlas D wurde von der NASA als Standardträger erwählt. Das galt nicht nur für das Mercurpyogramm, sondern auch für den Start von Satelliten, dann meist um eine Oberstufe ergänzt. Auch die Air Force nutzte die D-Version für ihre Starts. Eine Trägerrakete benötigt kein Inertialsystem für die Lenkung. Die Radiolenkung, als Standardsteuerung der D-Version, war ein altes (schon bei der A-4 eingesetztes) Verfahren, das zuverlässig funktionierte, während die mit mechanischen Kreiseln arbeitenden Inertialplattformen als empfindlich und störungsanfällig galten. Das war auch der Grund, warum die Steuerung bei der Mercury-Redstone ausgetauscht wurde. Leistungsfähige Computer konnten im Missionszentrum die notwendigen Korrekturen berechnen und zur Rakete übermitteln. So fiel die Wahl auf die Atlas D. Die Atlas E+F wurden von Inertialplattformen gelenkt. Zudem war die Atlas D gerade die aktuelle Version, als die USAF begann, nach einer Trägerrakete für ihre schwere Satelliten Ausschau zu halten.

Während die militärische Bedeutung der Atlas D nur gering war (lediglich rund 30 Träger wurden stationiert), kam ihr eine wichtige Rolle als Trägerrakete zu. Die Atlas D war mit 138 Exemplaren die am häufigsten gebaute Version. Die ausgemusterten militärischen Atlas D wurden als Ziele für ein experimentelles Raketenabwehrsystem eingesetzt. Sie wurden nicht für den Start von Satelliten genutzt, die 66 Träger dafür wurden zusätzlich gefertigt. Für die Atlas wurden am Cape Canaveral die Startrampen LC 11 bis 14 gebaut. Später kamen noch bei der Vandenberg Air Force Base der Startkomplex 576 und die Startrampe 3 hinzu.

Die ursprüngliche Atlas D wies neben dem Unterschied in der Lenkung bei beiden Boostertriebwerken einen um 130 kN geringeren Schub als die Atlas E/F auf. Auch die Treibstoffzuladung war geringer als bei der Atlas E/F. Ab 1962 erhielt dann auch die Atlas D den Triebwerksblock MA-3 der Atlas E+F.

Die Air Force war von der Atlas überzeugt. Sie war deswegen anfangs nicht bereit, die Atlas den Wünschen der STG anzupassen. Doch kurz darauf häuften sich auch bei den Air Force Atlas D Tests die Fehlstarts. Viele Atlas explodierten schon am Boden (S. 238). So verwundert es nicht, dass der Fluchtturm der Mercurykapsel auch die Kapsel in Sicherheit bringen musste, wenn er am Boden ausgelöst wurde

(Beach Abort, S. 258). Daraufhin revidierte die Air Force ihre Meinung und setzte zahlreiche von der NASA geforderte Anpassungen bei den Trägern um.

Die Atlas D absolvierte ihren ersten Testflug am 14.4.1959. Schon am 9.9.1959 kam es zum Test des Wiedereintrittsschilds der Mercury Kapsel unter der Bezeichnung „Big Joe 1" (S. 244). Damals liefen noch die Entwicklungsflüge der ICBM. Diesem zweckentfremdeten ICBM-Test folgte am 29.6.1960 der Erste unbemannte (MA-1, S. 260) und am 20.2.1962 der erste bemannte Testflug im Mercuryprogramm.

Während die bemannten Mercury Flüge alle erfolgreich waren, schlugen zwei der unbemannten Mercury Flüge (MA-1) und (MA-3) fehl. Die von der NASA als „LV-3B" (**L**aunch **V**ehicle 3B) bezeichnete Version war eine „man rated" Version der Atlas D. Die Anpassungen bestanden darin, die Atlas sicherer zu machen. Die NASA bestellte ursprünglich neben drei Flügen für unbemannte Tests sechs Träger für bemannte Einsätze. Allerdings machten die Fehlschläge zwei weitere unbemannte Testflüge nötig.

Bekannter als die offizielle Bezeichnung LV-3B war die Bezeichnung „Atlas Mercury". Der erste Flug schlug fehl, weil die schwere Kapsel mit ihrem Adapter eine Überlastung der Hüllenstruktur im oberen Drittel verursachte. So kollabierte der LOX-Tank beim Erreichen des maximalen aerodynamischen Drucks. Daraufhin bekam der folgende Flug MA-2 auf Druck der NASA eine strukturelle Verstärkung, ein „Belly Band". Ab MA-3 wurde die Hülle der Atlas im oberen Sauerstofftank um 50 Prozent verstärkt.

MA-3 (S. 293) musste gesprengt werden, als die Atlas nach dem Verlassen des Startturms kein Rollprogramm absolvierte. Es zeigte sich, dass es einen Kurzschluss in der Steuerungselektronik gegeben hatte. Als Folge wurde die Steuerung redundant ausgelegt. Auch dies war vorher noch nicht der Fall.

Das Steuerprogramm war in zwei Hälften aufgeteilt. In der Ersten, in der sich die Atlas noch in der unteren Atmosphäre befand, steuerte der Autopilot der Atlas nach einem fest vorgegebenen Programm. Der Autopilot neigte eine Kreiselplattform nach dem vorgegebenen Flugprofil. Stimmte die räumliche Lage der Rakete nicht mit diesem Profil überein, so gaben die schnell rotierenden Kreisel ein Signal ab, proportional zur Abweichung, das dann verstärkt zu den Servoaktoren der Boostertriebwerke geleitet wurde. Das Radiolenksystem konnte den Autopiloten überstimmen. Dies endete mit dem Brennschluss der Boostertriebwerke. Danach übernahmen die Computer der Missionsleitung. Sie bestimmten mittels Radarverfolgung die aktuelle Höhe und Geschwindigkeit und sandten die Kommandos, um den vorgegebenen Orbit zu erreichen. (Radiolenkverfahren).

Der Brennschluss der Booster wurde durch die Radarvermessung bestimmt. Die Atlas sandte im L-Band Impulse aus, deren Dopplerverschiebung gemessen wurde. Gleichzeitig verfolgte die Bodenstation über ein Bahnverfolgungsradar die Atlas, dass im X-Band Impulse zur Atlas sandte, und ihr Echo empfing und so die Distanz und Höhe bestimmte. Bei Erreichen der Zielgeschwindigkeit wurde die Atlas durch Funkkommando abgeschaltet.

Die Atlas-Mercury verwendete keine Oberstufe. Die Kapsel war an der maximalen Nutzlastgrenze einer Atlas (ohne Oberstufe) von etwa 1.400 kg. Die beiden letzten Flüge verwandten den schubgesteigerten MA-3 Antriebsblock (Schub der Boostertriebwerke etwa 750 anstatt 680 kN). Er wurde für die Atlas E+F entwickelt. In einen kreisförmigen 185 km hohen Orbit betrug die Nutzlast der Atlas D anfangs nur 1.224 kg. So verringerte man das Perigäum auf 150 km Höhe, um die Nutzlast zu erhöhen. Zeitweise war unsicher, ob eine Mercury Kapsel überhaupt von der Atlas transportiert werden konnte, denn die Kapsel wurde laufend schwerer. Der erste Test MA-1 umfasste eine 2.600 Pfund schwere Kapsel und das letzte Raumschiff mit Gordon Cooper (MA-9) an Bord wog 3.060 Pfund (1.388 kg). Die Belastung der Piloten war hoch. Kurz vor Brennschluss erreichte die Beschleunigung einen Wert von über 8 g.

Die Modifikationen umfassten einen neu konstruierten Adapter und die Verlagerung der Retroraketen von der Atlas in das Raketenpaket der Kapsel. Sie bremsten bei der militärischen Atlas die Rakete ab, nachdem der Wiedereintrittskopf abgetrennt wurde. Der Adapter, der zu Resonanzschwingungen neigte, war mit Schuld an der Explosion von MA-1 und wurde danach versteift.

Bei Convair tat man vieles, um die Verlässlichkeit zu erhöhen. So wurde der Sauerstofftank mit einer Fiberglashülle umgeben, die verhindern sollte, dass sich der

Sauerstoff durch die Haupttriebwerke entzündete. Das kam in der Hälfte aller Starts vor. Wo es ging, wurden Systeme der ICBM-Atlas durch bewährte ersetzt, um das Risiko zu minimieren.

Weiterhin wurden Telemetriesender und Steuerung durch leichtere, voll transistorisierte Geräte ersetzt, da die NASA das vorhandene elektromechanische System als unzuverlässig einstufte.

Die Isolation des gemeinsamen Zwischenbodens im Inneren wurde entfernt und dafür der Dom an der Kapsel zugewandten Seite isoliert. Trotzdem war die Zuverlässigkeit der Atlas gering. Ein Paradoxon ist, das die Fehlfunktionen der Redstone, wenn auch ohne Fehlstart, auf das bereitwillige Eingehen der ABMA (unter der Leitung von Braun) auf die Forderungen der STG beruhten, die Fehlschläge der Atlas dagegen darauf, dass die USAF erst nach einem Fehlstart nachbesserte.

Unter der Leitung von Bernhard Hohmann, der schon Testpilot des Raketenjägers Me-163 war, also wusste, wie riskant es ist, auf einer Rakete zu fliegen, erarbeitete die Aerospace Corporation, als unabhängige Non-Profit-Organisation das ASIS und führte ein Review der Atlas durch. Die Aerospace Corporation schlug weitere Maßnahmen vor, um die Rakete sicherer zu machen. Unterstützt wurde Hohmann von Ernst Letsch von der STG. Nicht alle Maßnahmen wurden umgesetzt, so gab Hohmann die Empfehlung, bewährte, anstatt neue High-Tech-Teile einzusetzen, dem folgten NASA und STG nur teilweise.

Die wichtigste Maßnahme war es ein rigides Qualitätsmanagement bei Convair einzuführen, jeden Arbeitsschritt zu dokumentieren und wo immer es möglich war, Teile zu kontrollieren. Das fing bei den Rohmaterialien an, die bisher noch nicht kontrolliert wurden, und endete mit einer formalen „Flight Readiness" Abnahme der Rakete nach dem Rollout. Es dauerte zwei Jahre, bis das Qualitätsmanagement in der Produktion umgesetzt war.

Die Redstone wurde schon nach solchen Standards produziert. Das war allerdings in der US-Industrie die Ausnahme. Denn nicht nur bei Convair gab es diese Mängel. Als wenige Jahre später die NASA von Martin für das Geminiprogramm 12 Titan II erwarb und diese umrüsten lies, bezeichnete der Verantwortliche für die Umrüstung (von Martin!) die ausgelieferten Raketen als „Sub-Standard" und „poor Worksmanship" und schickte sie in die Fabrik zurück für Nachbesserungen.

Erst nach dem Fehlschlag von MA-1 nahm auch die USAF die Vorschläge wirklich ernst. Hohmann hatte vor einem solchen Unglück gewarnt, da das Gewicht der Kapsel zusammen mit der Steuerung, Adapter und Fluchtturm über 3.750 Pfund lag, die strukturelle Belastungsgrenze der Atlas.

Die ersten drei Atlas (reine ICBM) wurden für 5,634 Millionen Dollar bestellt (1.878 Millionen Dollar/Stück). Mit den Änderungen und den zusätzlichen Kontrollen wurden die Raketen aber deutlich teurer und kosteten in der Fertigung im Durchschnitt 2,5 Millionen Dollar. Zusammen mit Startvorbereitungen und Qualitätskontrollen (NASA) wurden die Raketen noch teurer. Insgesamt gab die NASA 52,1 Millionen Dollar für 16 Atlas aus, von denen aber nur zehn gestartet wurden. Die Atlas 77D fiel bei Inspektionen durch. Für die Missionen MA-10 bis 12 waren die Atlas 103D, 144D, 152D und 167D vorgesehen. Keine dieser Raketen taucht bei einer Startstatistik auf. Sie wurden wahrscheinlich verschrottet.

Nach Projekt Mercury wurden von 1964 bis 1967 weitere Atlas D ohne Oberstufen für den Transport der OV1 Satelliten gestartet. Die für Big Joe 2 vorgesehene Atlas 20D wurde im Able Mondprojekt eingesetzt.

Erheblich mehr Starts gab es mit der Agena-Oberstufe. Insgesamt gab es 66 Starts der Atlas D als Satellitenträger vom 26.11.1959 bis zum 27.7.1967. Davon scheiterten 14. Das entspricht einer Zuverlässigkeit von nur 78,1 Prozent. Die Trägerrakete hatte einen standardisierten Abschluss von 1,52 m Durchmesser für die Aufnahme der Agena Oberstufe. Als die Centaur Oberstufe als weitere Oberstufe hinzukam, wurde aus der Atlas D das **S**tandard **L**aunch **V**ehicle (SLV) 3C, das General Dynamics mit nur geringen Anpassungen in zwei Versionen mit einem oberen Abschluss von 1,52 m (für die Agena) und 3,05 m Durchmesser (für die Centaur) fertigen konnte. Es löste die Atlas D ab.

Nachdem die Atlas E+F ausgemustert wurden, wurden die Atlas E+F mit Oberstufen mit festem Treibstoff ausgestattet und für den Start leichter Satelliten vom 6.4.1968 bis zum 24.3.1995 eingesetzt. Von diesen 48 Starts scheiterten nur vier.

Die USAF hatte Anfang der siebziger Jahre 35 Raketen verschrottet, da die Luftwaffe annahm, sie wären im Zeitalter des Space Shuttle überflüssig. Mit einem Bulldozer wurden die Trägerraketen platt gewalzt, um 3.000 Dollar pro Exemplar und Jahr an Unterhaltskosten einzusparen. Für dieses „vorausschauende Handeln" bekam der Air Force Offizier Col. Poor eine Auszeichnung. Das sollte sich ein Jahrzehnt rächen, als diese Träger fehlten und die USAF musste 659,3 Millionen Dollar für die Umrüstung von Titan II ausgeben, um die Atlas zu ersetzen.

Das Aufstiegsprogramm für die Mercurymission war einfach. Die Rakete startete in einen Azimut von 73 Grad (Norden entspricht 0 Grad, Osten 90 Grad). Zwei Sekunden nach dem Start begann das kombinierte Pitch-/Rollprogramm. Das Rollprogramm um 32,46 Grad war nach 15 Sekunden beendet. Es diente dazu, die Antennen in Richtung der Empfangsstationen zu drehen. Das Pitchprogramm mit konstanter Winkelabnahme wurde beibehalten bis kurz vor Brennschluss des Zentraltriebwerks.

Die Wahl von LC14 als Startplatz für Mercury und der Umbau dieser Startrampe (es wurde zusätzliches Equipment für die Sicherheit installiert, unter anderem der White Room) erwies sich als glücklich, denn die Rampen 11 bis 13 wurden von drei Atlas Fehlstarts zwischen dem 26.9.1959 und 8.4.1960 zerstört. Es dauerte zwischen sechs bis neun Monate, bis sie wieder betriebsbereit waren.

Ereignis beim Flug MA-9	Zeit	Höhe	Entfernung	Geschwindigkeit
Abheben:	0	0	0	0
Maximale aerodynamische Belastung:	60 s	10,330 km	3,7 km	458 m/s
Brennschluss Booster:	131,3 s	63,228 km	83 km	2792 m/s
Abtrennung Booster:	134 s	66,222 km	90 km	2800 m/s
Abtrennung Fluchtturm:	154 s	89,101 km	144 km	3726 m/s
Brennschluss Zentraltriebwerk:	304 s	160,400 km	807 km	7399 m/s
Abtrennung Kapsel:	305 s	160,403 km	815 km	7415 m/s

<table>
<tr><td colspan="3" align="center">Datenblatt Atlas D</td></tr>
<tr><td>Einsatzzeitraum:
Starts (ohne Oberstufe)

Zuverlässigkeit:
Abmessungen:

Startgewicht:
Max. Nutzlast:

Nutzlasthülle:
Startkosten:</td><td colspan="2">1959 – 1967
19, davon 6 Fehlstarts
3 suborbitale Flüge (im Mercuryprogramm)
68,4 % erfolgreich
25,00 m Höhe
4,90 m Durchmesser
120.800 kg (mit Mercuryraumschiff)
1.400 kg in einen 185 km hohen, 28,8 Grad LEO-Orbit
1.380 kg in eine 150 × 245 km Bahn, 32,5 Grad Bahnneigung
1.225 kg in einen 555 km hohen, 28,8 Grad LEO-Orbit
Keine eingesetzt
3,25 Millionen Dollar Mercury Version
2,50 Millionen Dollar Version für Satelliten
1,80 Millionen Dollar ICBM-Version</td></tr>
</table>

	Booster	Sustainer
Länge:	4,90 m	21,70 m
Durchmesser:	4,90 m	3,05 m
Startgewicht:	3.350 kg	115.500 kg
Trockengewicht:	3.350 kg	3.400 kg (ICBM: 2.350 kg)
Schub Meereshöhe:	1.375 kN	272 kN
Schub Vakuum:	1.517,4 kN	363,9 kN
Triebwerke:	1 × LR 89-5	1 × LR 105-5
Spezifischer Impuls (Meereshöhe):	2432 m/s	2088 m/s
Spezifischer Impuls (Vakuum):	2765 m/s	3030 m/s
Brenndauer:	131 – 132 s	310 – 315 s
Treibstoff:	LOX / Kerosin	LOX / Kerosin

Abbildung 65: Start von MA-6 mit John Glenns Friendship 7

Die Astronauten

Im Roman und Film „Der Stoff aus dem Helden sind (The Right Stuff)", gibt es eine Szene, die beschreibt, wie man sich angeblich auf die Berufsgruppe einigte, welche die Piloten stellen sollte. Angeblich untersuchte man Artisten wegen des Gleichgewichtsgefühls, Rennfahrer wegen der schnellen Reaktion oder Surfer. Doch dies ist nur Phantasie. In Wirklichkeit griff zwar auch Eisenhower in die Diskussion ein, es waren aber rein praktische Gründe, die zur Wahl von Testpiloten führten.

Eisenhower befürchtete, dass bei einer offenen Ausschreibung, wie sie die NASA plante, sich jedermann für eine Bewerbung berufen fühlte. Dann gäbe es Druck von einflussreichen Politikern, die ihren Sohn als ersten Amerikaner im Weltall sehen wollten. Eisenhower verfügte, dass die Astronauten aus Testpiloten zu rekrutieren seien. Dafür sprachen mehrere Gründe. Testpiloten kamen dem Anforderungsprofil am nächsten. Die Vita und medizinische Untersuchungsergebnisse lagen vor. Sie konnten als Militärangehörige zu Untersuchungen oder Interviews verpflichtet werden. Eisenhower beschleunigte so den Selektionsprozess, der bei der offenen NASA-Ausschreibung alleine in der letzten Phase neun Monate gedauert hätte.

Abbildung 66: Alan Shepard, offizielles Porträt

So wurde am 5.1.1959 ein Katalog verschickt, der folgende Anforderungen enthielt:

- Größe: maximal 5 Fuß, 11 Zoll (1.80 m). Vorgegeben durch die Größe der Kapsel. Gewicht maximal 82 kg.

- Alter: maximal 40.

- Exzellente physische Kondition.

- Bildung: mindestens Bachelor-Abschluss an einer Uni (erster Uniabschluss, erreichbar in sechs Semestern).

- Absolvent einer Testpiloten-schule.

- Mindestens 1.500 Flugstunden nachweisbar.

- Qualifiziert als Jetpilot.

Die größte Einschränkung war die Beschränkung auf Testpiloten. Testpiloten waren schon im Projekt „Man in Space

Abbildung 67: Gus Grissom, offizielles Porträt

Soonest" als Astronauten selektiert worden. Ein Testpilot fliegt eine noch unerprobte Maschine, die zahlreiche Fehler haben kann, sogar abstürzen kann. Er setzt also täglich sein Leben aufs Spiel (einer der Astronauten des MISS-Projektes, Iven Carl Kincheloe starb nur einen Monat nach Selektion beim Absturz einer F-104A). Sie müssen bei Problemen schnell reagieren und kühlen Kopf behalten, dürfen nicht in Panik geraten.

Die beiden anderen Bedingungen (Jetpilot und mindestens 1.500 Flugstunden) dienten dazu Kandidaten auszusondern, die nicht mehr aktiv oder Neulinge sind. Die Altershöchstgrenze ergab sich aus zwei gegenläufigen Trends. Zum einen nimmt die physische Belastungsfähigkeit mit dem Alter ab, andererseits steigt die Lebenserfahrung und jemand der älter ist, handelt oft überlegter. Es gab noch eine Untergrenze von 25 Jahren. Doch wegen der geforderten Flugstunden und dem Bildungsabschluss, war diese nur theoretisch. Praktisch konnte man mit 25 noch keine 1.500 Flugstunden, eine Ausbildung als Jet- und Testpilot und einen Bachelorabschluss vorweisen.

Die Ausschreibung ging an die Kommandanten der Testpilotstaffeln in den Streitkräften. 508 Testpiloten gab es. Am 16.1.1959 wurde die Ausschreibung verschickt. Die Leiter der jeweiligen Staffeln konnten ihre Kandidaten vorschlagen. 110 Piloten erfüllten den Anforderungskatalog und bewarben sich. Das waren so viele, das man sie in drei Gruppen einteilte.

Die ersten beiden Gruppen mit 69 Kandidaten wurden nach Washington eingeladen und vom Januar bis März 1959 eingehend geprüft. Es gab dabei so viele Piloten, die nicht durchs Raster fielen, dass man die letzte Gruppe nicht mehr untersuchte. Die Anforderungen vor allem an die Physis waren so hoch, dass spätere Apollo-Astronauten an ihr scheiterten, so Michael Collins, Pete Conrad und James Lovell die bei der nächsten Selektion, mit gelockerten Anforderungen, genommen wurden.

Von den 69 Kandidaten waren sechs zu groß, 33 fielen in der ersten Phase der Prüfungen durch, vier weitere gaben nach der ersten Phase freiwillig auf. Deke Slayton beschreibt die erste Runde in der Lovelaceklinik wie folgt: „Wenn man Ärzte nicht leiden kann, dann war das ein Albtraum. Nimm die normalen Untersuchungen, wo man dein Herz und Blut untersucht und verschiedene Dinge in dich sticht und multiplizier es mit 10“. Es wurden Gruppen von fünf bis sechs Männern durch die Klinik durchgeschleust. In Slaytons Gruppe war auch Scott Carpenter, der dadurch auffiel, dass er doppelt so lange wie alle anderen beim Lungenfunktionstest eine Quecksilbersäule durch Ausatmen in der Schwebe halten konnte. Nach eigener Aussage stellte er fünf neue Bestleistungen in der Lovelaceklinik auf.

Die zweite Runde führte die Kandidaten zur Patrick-Air Force Base, wo Stressuntersuchungen und psychologische Tests anstanden. Diese waren nach Slaytons Angaben unsinnig: Seiner Ansicht nach waren sie alle Testpiloten. Viele hatten Kampfeinsätze in Korea geflogen, die älteren, wie Slayton oder Glenn auch noch im Zweiten Weltkrieg. Sie waren also stresserprobt. Nun meinte man sie mit blinkenden Lichtern, auf die man schnell reagieren musste, unter Stress setzen zu können. Andere Tests auf der Luftwaffenbasis waren eine Hitzekammer mit einer Temperatur von 54 Grad Celsius und das Verbringen in einen absolut dunklen Raum – da hätte er wenigstens mal schlafen können, so Slayton.

Dazu kamen psychologische Tests, wie ein Fragenkatalog von 600 Fragen, oder man sollte zwanzigmal einen Satz mit „Ich bin …" beginnen, ohne sich zu wiederholen. Auch der berühmt-berüchtigte Rorschachtest kam zum Einsatz. Pete Conrad machte sich einen Spaß aus dem Test und sah in jeder Karte irgendetwas sexuelles wie eine Vagina oder einen Geschlechtsakt.

In der zweiten Runde fielen acht weitere Piloten durch, darunter Pete Conrad. So blieben 18 Kandidaten übrig. Von denen wurden die besten als Mercury-Astronauten selektiert. Es sollten sechs Astronauten sein – fünf hoben sich deutlich vom Rest ab, zwei waren in den Testergebnissen fast gleichauf. Bob Gilruth, Leiter der Space Task Group, entschied dann, beide zu nehmen. Wer die beiden waren, ist bis heute unbekannt. Chris Kraft meint, dass Carpenter einer der beiden war, da er in der Folge negativ auffiel. Was die formelle Qualifikation angeht, so fällt auf, dass Carpenter erheblich weniger Flugstunden absolviert hatte als die anderen fünf Astronauten. Nach Slaytons Ansicht fiel Cooper aus dem Rahmen. Er war der Einzige, den er vorher kannte und er war nach Slaytons Ansicht kein Testpilot, sondern ein Testingenieur. Er hatte bei der Bewerbung auch gerade erst die Ausbildung zum Testpiloten beendet.

Abbildung 68: John Glenn, offizielles Porträt

Obwohl die Ausschreibung 82 kg als Maximalgewicht vorsah, wollte die STG schlanke Astronauten. Glenn und Schirra mussten abzunehmen. Glenn reduzierte sein Gewicht von 67,2 kg auf 64,2 kg beim Flug mit MA-6.

Eugene Cernan aus der dritten Astronautengruppe beschreibt die Mercuryastronauten, mit denen er trainierte, so:

Malcom Scott Carpenter war der physisch leistungsfähigste. Er war froh, Astronaut zu sein, denn er hatte nicht damit gerechnet. Es ging das Gerückt um, nicht er, sondern seine Frau habe ihn angemeldet. Dazu passt auch Kranz Bemerkung, dass Carpenter nach einem Training zum Strand ging, während andere Astronauten noch eine Extrarunde im Trainer absolvierten. Carpenter war wissbegierig und offen für Experimente. Die Experimentierfreude, und die fehlende Fokussierung auf die primären Ziele des Flugs führte auch dazu, dass er nur einmal flog. Kraft geht in seinen Memoiren noch weiter und hält Carpenter schlichtweg für unfähig, er sei sogar vom Capcom-Job überfordert gewesen.

Gordon Leroy Cooper – er bevorzugte die Abkürzung „Gordo" - war umgänglich, schloss schnell Freundschaften und galt als hervorragender Pilot. Er war aber auch draufgängerisch und tat sich sehr schwer mit Routinearbeiten. Seine Vorliebe für alles Schnelle sollte ihm noch Probleme bereiten.

Virgil Ivan „Gus" Grissom galt als wortkrag, redete selten mehr als einige Worte und es war schwer, mit ihm Freundschaft zu schließen. Entweder er mochte einen oder nicht. Er hielt nicht viel von den Neulingen und fühlte sich als Senior Astronaut diesen überlegen. Mit Slayton, der ein ähnliches Naturell hatte, verband ihn eine enge Freundschaft.

Abbildung 69: Scott Carpenter, offizielles Porträt

Walter Marty „Wally" Schirra wird von Cernan als der umgänglichste der Mercuryastronauten beschrieben. Er kümmerte sich am meisten um die „Neulinge". Liebte längere Gespräche und „wohlverdiente" Kaffeepausen mehr als das Simulatortraining, war aber trotzdem ein sehr guter Pilot und Perfektionist. Er fiel schon bei der Vorstellung dadurch auf, dass er der Einzige ohne den bei den US-Streitkräften üblichen Kurzhaarschnitt war.

Alan „Al" Bartlett Shepard war der widersprüchlichste Charakter von allen. Shepard wird von seinen Kollegen als brillant, aber auch cholerisch und misstrauisch beschrieben. Er soll seine Freundschaft zu Slayton bis an die Grenze ausgenutzt haben, um seinen Apollo-Flug zu erhalten. Er konnte warmherzig und persönlich sein und von einem Moment zum anderen der formelle Commander, bei dem das breite Grinsen plötzlich verschwand. Seine Sekretärin soll sogar einen Kalender mit seinen Gesichtsausdrücken an der Wand aufgehängt haben, um Besucher auf die momentane Befindlichkeit von Shepard vorzubereiten. Cernan beschreibt Shepard aber auch als den fähigsten der Mercuryastronauten, von dem er annahm, das er als Erster auf dem Mond landen würde.

John Herschel Glenn ragte von Anfang an aus der Gruppe heraus. Er fiel nicht nur in der Öffentlichkeit durch seine Beredsamkeit auf. Er begriff das Programm als patriotische Verpflichtung und erkannte seine politische Bedeutung. Er wurde dann auch inoffizieller Sprecher der Gruppe und drängte die anderen, ein „sauberes" Image nach Außen vorzuleben, was bei diesen nicht besonders gut ankam. Kraft und Kranz beschreiben Glenn als jemanden, der schon während der aktiven Astronautenzeit mehr Kontakte zum Management als zu dem Bodenpersonal, wie in der Missionskontrolle oder den Simulatoren, pflegte.

Donald Kent „Deke" Slayton galt wie Grissom als wortkarg. Er war auch Grissoms engster Freund. Slayton ist vor allem durch seinen Job als Chefastronaut in Erinnerung geblieben. Schon im Mercuryprogramm galt er als sehr gründlich und bekam auch den Job mit dem gefährlichsten Gefährt zugeteilt: der Atlas. Wenn Slayton sagt, sie ist okay, so ein Zitat, dann kann man mit ihr fliegen. Er bewies viel Beurteilungsvermögen beim Einteilen der Crews, war privat scheu und bevorzugte introvertierte Hobbys, wie Angeln oder Jagen. Er rauchte auch viel und neigte zu Alkoholexzessen. Einmal wurde er von seinen Mitastronauten betrunken am Strand abgesetzt. Dies gab er erst auf, als er die Chance sah, dadurch seinen Flugstatus zurückzuerlangen.

Berühmtheiten von Anfang an

Alle Astronauten hatten einen IQ über 130 und sollten nach den Selektionskriterien fähig sein, im Team und alleine zu arbeiten. An letzterer Einschätzung hat der Autor dann doch seine Zweifel, denn die meisten Mercury Astronauten fielen nach dem Ende des Programms vor allem durch Alleingänge in der NASA auf. Weniger wichtig war der Bildungsabschluss. Zwar hatten alle einen Bachelor-Abschluss, doch nur Walter Schirra auch einen Master. Den Bachelor-Abschluss gibt es inzwischen auch bei uns, doch in den USA ist er sowohl von der Studienzeit wie auch Qualifikation gleichwertig mit einem Vordiplom bei uns, also noch vor dem ersten „richtigen" Abschluss einer deutschen Uni oder auch nur Fachhochschule.

Name	Größe	Gewicht	Alter	Flugstunden	Davon auf Düsenmaschinen
Grissom	1,70 m	57,8 kg	33	3.000	2.000
Cooper	1,76 m	56,0 kg	32	2.300	1.400
Schirra	1,78 m	69,0 kg	36	3.000	1.700
Carpenter	1,79 m	59,7 kg	34	2.800	300
Glenn	1,79 m	67,2 kg	37	5.000	1.500
Slayton	1,79 m	59,7 kg	35	3.400	2.000
Shepard	1,80 m	59,7 kg	35	3.600	1.700

Am 9.4.1958 wurden die Piloten benachrichtigt, dass sie genommen wurden. Am 26.4.1959 wurden die sieben Kandidaten der Presse vorgestellt. Das war auch das erste Mal, das sich alle persönlich begegneten. Sie wurden sofort zu Stars. Heute verständlich, damals für die NASA eine Überraschung, interessierten sich die Reporter und Medien weniger für die Astronautenausbildung und das Mercuryprogramm, als vielmehr für das Privatleben der Astronauten.

Die NASA achtete darauf, dass nur Positives über die Astronauten veröffentlicht wurde, und stellte ihnen einen Presseoffizier an die Seite, der auch oft als der achte Astronaut bezeichnet wurde. John A. Powers, genante „Shorty". Powers verfügte schon über Erfahrung mit den Medien, kannte viele der Reporter der wichtigsten

Magazine und Tageszeitungen persönlich und duzte sich mit ihnen. Er hatte schon bei der US Air Force geholfen, deren Programme ins rechte Licht zu rücken. Er kanalisierte auch die Öffentlichkeitsarbeit. Nach Christopher Krafts Angaben hätte man zwei Astronautencorps benötigt: eines für die Medienarbeit und eines, das trainiert. Powers achtete darauf, dass die Astronauten nicht zu sehr durch die PR belastet wurden. Unter anderem organisierte er Fragerunden mit vielen Journalisten anstatt einzelner Interviews.

Glenn wurde zum Verbindungsmann zur Gruppe. Er war der Älteste und erfahrenste. Das betraf vor allem Verhandlungen mit McDonnell, dem Hersteller der Kapsel, aber auch mit Army und Air Force, wenn es um Änderungen der Technik oder Vorgehensweise ging. Zusätzlich verhandelte er auch innerhalb der NASA, wenn es um das Training und die Arbeitsbelastung ging. Er fiel schon bei der Vorstellung auf. Als die Reporter fragten, ob denn die Familie sie unterstützte, antworteten die anderen kurzsilbig mit „Sicher". Glenn dagegen hielt eine Rede über Gott, Familie und Werte.

Abbildung 70: Wally Schirra, offizielles Porträt

Kurz vor der Vorstellung wurde ein Vertrag mit dem „life"-Magazin in einem Umfang über 500.000 Dollar, das entspricht im Jahr 2018 einem Wert von etwa 4,3 Millionen Dollar, abgeschlossen. Das Magazin konnte exklusiv über die Astronauten berichten – auch hier stand das Privatleben im Vordergrund. Die Einnahmen wurden über vier Jahre gleichmäßig an alle sieben verteilt.

Der Vertrag mit „life" bedeutete nicht nur eine finanzielle Absicherung der Mercury-Seven, die z. B. keine Lebensversicherung abschließen konnten – allen Versicherungen erschien das Risiko zu groß. Zum Zweiten bedeutete der Exklusivvertrag, dass die Astronautenfamilien weniger stark von Reportern belästigt wurden, da nur „life" private Storys publizieren durfte. So etwas wie Paparazzi, also heimliche Nachstellungen, gab es damals noch nicht.

Es gelang der NASA, dass die Berichterstattung über die Astronauten durchweg positiv war. Schon bei der Vorstellung sagte ein General „Wir suchten eine Gruppe von ganz normalen Superhelden". Dabei waren die Astronauten nicht leicht zu handeln. Sie fielen durch Alkoholexzesse auf, fuhren zu schnell. Es gab Gerüchte über Affären. Besonders von Gus Grissom, der vom höheren Management als der beste Kandidat hinsichtlich der Öffentlichkeitsarbeit angesehen wurde. Cooper fiel besonders häufig unangenehm auf. Schon 1959, als ihn ein Reporter auf einem Flug erkannte und ihn fragte, warum er nicht selbst fliege. Cooper beklagte sich über die Situation, in der er steckte: Er war immer noch Militärangehöriger und nur für bestimmte Zeit zur NASA abkommandiert. Das Problem: Als Pilot musste er um den Flugstatus zu erhalten pro Quartal eine bestimmte Anzahl an Flugstunden vorweisen. Das war nun unmöglich und das könnte ihn den Job als Pilot kosten.

Die Veröffentlichung sorgte für Ärger, auch wenn die anderen Astronauten ihm zustimmten – niemand konnte damit rechnen, dass es ein permanentes bemanntes Raumfahrtprogramm geben würde. Alle rechneten 1959 noch damit, dass sie 1962 wieder zurück zum Militär wechseln würden. Die NASA lieh sich nun von der Air Force vier F-102, mit denen die Astronauten ihre Flugstunden erbringen konnten, später wurden sie durch F-106 ersetzt und im Gemini Programm wurden die Jagdflugzeuge durch T-33, später T-38 Trainer ersetzt, in denen zwei Personen fliegen konnten. Das Fliegen der Maschinen wurde sogar zum Bestandteil des Trainings.

Um die Testpiloten bei Laune zu halten, flogen zwei von ihnen auch bei den Starts über das Cape in zwei Höhen. Sie sollten, wenn die Rakete aufstieg, ihren Nachbrenner einschalten, und versuchen parallel zur Rakete aufzusteigen. Das war wissenschaftlich sinnlos aber nach dem Gusto der Testpiloten.

Cooper schaffte es immer wieder, negativ aufzufallen. Als er einmal nach Huntsville musste, tat er das in einer F-102. Der Flugplatz ist dort aber zu klein für diesen Jäger, der eine lange Startbahn brauchte. Er brachte es fertig die F-102 zu landen und rief einen Tanklastwagen, als er wieder zurück musste. Der Fahrer weigerte sich die

F-102 aufzutanken, da die Startbahn zu kurz war. Cooper bestieg das Flugzeug, startete und flog mit lediglich 9 Minuten Resttreibstoff die nächste Luftwaffenbasis an. Selbst Slayton sträubten sich die Haare, als er davon hörte.

Zwei Tage vor seinem Start brachte Cooper es fertig, sich fast um diesen zu bringen, als er in der Flugverbotszone am Cape in niedriger Höhe mit dem Nachbrenner übers Gelände fegte.

Die Bedeutung der Medien war zuerst unterschätzt worden. So hatte man in der Missionskontrolle z. B. keinen Medienbeauftragten vorgesehen. Schließlich wurde die Position des **P**ublic **A**ffairs **O**fficers (PAO) als einer von Dreien im Backroom, in dem sonst nur Programmverantwortliche saßen, geschaffen.

Weiterhin fand man lange keine Regelung für Kanalisierung des Medieninteresses, so tauchten, sobald ein Astronaut in seinem Büro war, Reporter auf. Als Slayton Chef des Astronautenchors wurde, war die erste Maßnahme, dass er die Medien nur noch freitags zuließ.

Abbildung 71: Gordon Cooper, offizielles Porträt

Jedem Astronauten seine Aufgabe

Der Begriff „Astronaut" wurde erst kurz vor der Bekanntmachung gewählt. Vorher diskutierte die STG auch über den Begriff „Cosmonaut" und war dann froh, das Russland diese Bezeichnung für ihre Raumfahrer wählte, da man die Raumfahrer so leicht unterscheiden konnte. Beide Begriffe sind verwirrend, denn zu den Sternen „Astronaut = Sternreisender, Sternfahrer" ist noch kein Mensch gelangt und auch die Erde ist Bestandteil des Kosmos.

Die Selektion erfolgte im April 1959, als das Design der Kapsel schon feststand. Bob Gilruth, Leiter der Space Task Group, sah die Astronauten nicht als Passagiere, sondern wollte sie in das Programm einbinden. So erhielt jeder Astronaut die Aufgabe, sich in einen Teilaspekt einzuarbeiten. Daneben musste er aber auch das Gesamtprogramm gut kennen. Die Aufgaben wurden wie folgt verteilt:

- Scott Carpenter: Kommunikation und Navigation. Carpenter hatte schon mit Kommunikationsequipment in der Navy gearbeitet.

- Alan Shepard: Tracking-Netzwerk und Reentryoperationen.

- John Glenn: Cockpit Layout und Design des Instrumentenpaneels. John Glenn war schon bei der Verbesserung von zahlreichen Vorserienmaschinen beteiligt, und so lag dies auf der Hand.

- Wally Schirra: Lebenserhaltungssystem und Weltraumanzüge. Er kam von der Navy und hatte schon Erfahrungen mit dem Vorgänger des Weltraumanzugs.

- Gus Grissom: automatische und manuelle Kontrollsysteme.

- Deke Slayton: Systemintegration der Kapsel und Verbindung mit der Atlas-Trägerrakete.

- Gordon Cooper: Startvorbereitung und Entwicklung der Trägerrakete. Verbindungsmann zum Redstone Team.

Deke Slayton sagte, diese Verteilung wäre die Idee der Astronauten gewesen. Sie erfolgte danach, wer schon Vorerfahrungen mit Systemen hatte, wie Carpenter mit Navigationssystemen oder Schirra mit Druckanzügen. In den meisten Publikationen geht die Initiative aber von Bob Gilruth aus.

Diese Aufgabe, sich mit Systemen vertraut zu machen, war schließlich die, die im ersten Jahr am meisten Zeit beanspruchte. Die Astronauten arbeiteten sich nicht nur anhand von Dokumenten ein. Sie nahmen auch bei Arbeitsbesprechungen teil und mussten dadurch viel fliegen, denn Teile des Programms wurden an den unterschiedlichsten Stellen gefertigt oder betreut:

- Langley (Virginia): Hauptquartier, Training, dazu kam die Außenbasis Wallops Islands für Little Joe Tests.

- Cape Canaveral: Start der Raketen, Training der Missionen, Vorbereitung der Kapseln auf den Start.

- San Diego (Kalifornien): Sitz von Convair, Hersteller der Atlas-Rakete.

- Huntsville (Alabama): Sitz des Redstone Arsenals, wo die Redstone getestet und für die Mission vorbereitet wurde.

- Charlotte, (North Carolina): Firmensitz von BF Goodrich, Hersteller des Raumanzugs.

- Shepard musste sogar des Öfteren ins Ausland, da seine Aufgabe auch die Bodenstationen tangierte.

Im ersten Jahr waren die Astronauten als Gruppe 32 Tage bei verschiedenen Produktionsstätten, Forschungslaboratorien oder NASA-Zentren unterwegs, davon alleine zehn Tage bei McDonnell und fünf Tage bei Convair und legten 30.000 km zurück. Das hatte den positiven Nebeneffekt, das sich die Arbeiter in den Fabriken mehr Mühe gaben. Sie produzierten nun nicht einfach eine Rakete oder einen Satelliten. Sie sahen die Männer, die mit ihrer Atlas oder ihrer Kapsel starten würden. Der einsilbige Gus Grissom sagte einmal, als er bei McDonnell gefragt wurde, was er von den Arbeitern erwarte, nur „Do good work!". Das machte als Spruch bald die Runde.

Trotzdem blieb den Astronauten viel Zeit. In ihren Memoiren „We seven" schreiben alle von genügend Freizeit für Angeln, Familienbesuche und andere Aktivitäten. Die Memoiren von Gene Kranz und Christopher Kraft berichten dagegen von Arbeitswochen mit typisch 60 Stunden, manchmal auch Arbeit am Wochenende.

Die Rolle des Astronauten wandelte sich rasch. Zum einen bestanden die Astronauten darauf. Sie wurden von anderen Testpiloten getriezt und als „Spam in a Can" bezeichnet. An der Spitze der Bewegung war Chuck Yeager, der als Erster 1947 die Schallmauer durchbrochen hatte. Sehr bald erkannten die Verantwortlichen, dass ein aktiver Astronaut ein Backup für ausfallende Systeme ist und die USA so vielleicht vor den Russen den ersten Mann in den Orbit bringen könnte.

Die Sieben waren jeweils eigene Persönlichkeiten, auch wenn Bestandteil der Anforderungen die Fähigkeit war, im Team zusammenzuarbeiten. Sie stellten bald fest, dass sie die „Stars" im Programm waren, und nutzen das aus. Viele Verbesserungsvorschläge wurden ohne Problem übernommen. So konnte Glenn das Layout der Instrumente weitestgehend selbst bestimmen. Er setzte sich für eine Gruppierung nach Funktionen geordnet durch und auch, dass es eine eigene Sektion mit den Sicherungen gab, die vorher nicht vorgesehen war (bei unbemannten Flügen hätte niemand eine durchgebrannte Sicherung auswechseln können). Problematischer war es, sich untereinander einig zu werden. So war die Mehrzahl der Astronauten für eine Steuerung mit einem Knüppel (die dritte Richtung wurde durch Drehen des Knüppels erhalten) anstatt mit einem Knüppel für Neigen und Gieren und Rudern wie beim Flugzeug für das Rollen.

Manchmal reichte der eine Verbindungsastronaut nicht aus, um eine Änderung durchzusetzen. Dann setzten sich alle sieben zusammen und machten, wie Schirra es ausdrückte, eine „spiritistische Sitzung". Ziel war es, sich abzustimmen und auf eine Position einzuschwören, denn oft wurden dann einzelne Astronauten ins Büro des Leiters zitiert, der sie von ihrem Standpunkt abbringen wollte. Alle sieben hatten als „Stars" des Programms erhebliches Gewicht und konnten vieles durchsetzen. Das bekannteste Beispiel sind die Änderungen an der Kapsel.

So besuchten die sieben Astronauten McDonnell und schlugen eine Reihe von Veränderungen an der Kapsel vor: ein Fenster für freie Sicht, manuell kontrollierbare
Triebwerke, Schalter für die manuelle Bedienung aller Systeme und eine Luke mit
Explosivbolzen, die ohne Hilfe geöffnet werden kann. Die Vorschläge wurden geprüft und umgesetzt. Das Mercuryraumschiff wandelte sich von einem ferngesteu-
erten Raumfahrzeug zu einem, bei dem der Astronaut bei den meisten Systemen
eingreifen konnte. Schließlich hielt sich die Bodenkontrolle komplett aus der Steuerung heraus, selbst als bei Scott Carpenter fast die Mission scheiterte.

Das Auftauchen der Sieben als Einheit führte so bald dazu, dass sich Ingenieure vor
einem solchen Besuch fürchteten, denn er bedeutete, dass man meist alles neu konzipieren musste. Als Alan Shepard dies bemerkte, machte er sich darüber lustig und
fragte, was man denn gegen das Problem tun würde, wenn einem beim Flug übel
wird. Das löste natürlich bei den Verantwortlichen von McDonnell, die an dieses
„Problem" überhaupt nicht gedacht hatten, Sorgen aus. Auf dem Rückflug nahm er
eine der Kotztüten der Airline, schrieb auf sie, dass dies die Lösung des Problems
wäre und dazu noch eine Reihe von Tests, die sie durchlaufen müsste. Anschließend schickte er sie an den Vizepräsidenten von McDonnell.

Wenn schon im „Astronautenbuch" geschrieben wird, dass die Arbeiter sich vor ei-
nem Besuch der Astronauten fürchteten, dann kann man sich vorstellen, welche
Macht sie hatten. Diese Attitüde behielten manche auch nach dem Programm bei.
Thomas Kelly, Manager bei Grumman für den Mondlander, schrieb, dass man für
Shepard immer einen Testflieger als Begleitung abstellte – anders als die anderen
Apollo-Astronauten ignorierte er jeden Anderen, selbst ihn als Programmmanager.

Insgesamt hatten die Astronauten bei Mercury mehr Einfluss auf die Konstruktion
des Raumschiffs als in allen folgenden Programmen.

Ansonsten kamen die Astronauten relativ selten zusammen. Das Training verlief
meist einzeln, es waren ja Einmannmissionen und ihre Aufgaben führten zu vielen
Reisen quer durch die USA. Das Foto, das die Astronauten in ihren Raumanzügen
zeigt, wurde z. B. bei der einzigen Gelegenheit geschossen, als alle sieben ihre Anzüge anhatten. Sie achteten darauf, dass das Gesamtbild stimmte: Das Bild, das bei
dem Überlebenstraining geschossen wurde, zeigt sie mit langen Bärten – die

Übung in der Wüste dauerte aber nur drei Tage. Shepard, der als Einziger ganz zu sehen ist, hat eine willkürlich verschmutzte Astronautenunterwäsche an, die Kleidung der anderen ist dagegen fleckenlos weiß. Das Foto wurde also gestellt.

Es gab natürlich Grüppchen. Scott Carpenter und John Glenn fanden sich ebenso wie Deke Slayton und Gus Grissom, die beide relativ wortkarg waren.

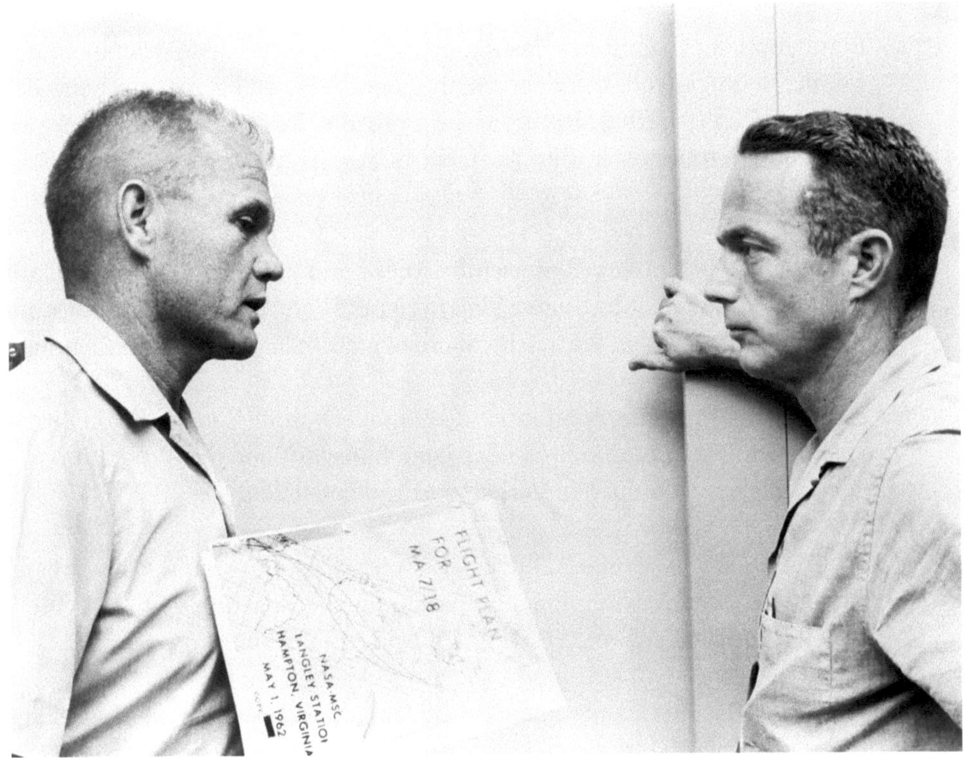

Abbildung 72: John Glenn und Scott Carpenter bei den Vorbereitungen der MA-7 Mission

Das Training

Wie bereitet man die Weltraumfahrer auf ihre Mission vor? Es wurde im Frühjahr 1959 ein Plan ausgearbeitet, mit folgenden Punkten:

1. Wissenschaftliche Grundlagen. Es gab im wesentlichen eine Einführung in die Astronautik. Verglichen mit den folgenden Programmen war dieser Theorieblock mit 50 Stunden in zwei Wochen relativ klein.

2. Simulation der Situationen des Raumflugs. Man setzte die Astronauten unter alle Bedingungen, von denen man meinte, sie kämen vor, wie hohe Beschleunigung (bis 18 g), Herumwirbeln um alle drei Achsen, Schwerelosigkeit und sie mussten in den Anzügen in eine Hitzekammer oder Höhenkammer.

3. Bedienung des Mercury-Raumschiffs. Diese praktische Trainingsphase mit Trainern konnte erst beginnen, als Trainer ein Jahr nach Programmbeginn auch verfügbar waren. Sie machte dann den größten Teil des Trainings aus.

4. Aktive Mitwirkung im Programm: die schon erwähnte Zuteilung von Spezialgebieten. Die Piloten sollten über ihr Raumschiff und das Programm Bescheid wissen, sich aktiv an Verbesserungen beteiligen.

5. Flug in Düsenmaschinen. Offizieller Zweck: das als Testpilot erworbene Gefühl für Gefahrensituationen und die schnelle Reaktionszeit aufrechterhalten. Inoffizieller Zweck: Die Piloten bei Laune halten.

6. Mit der Bodenausrüstung und dem Bodenpersonal vertraut werden. Beinhaltete das Beobachten von Raketenstarts und Startvorbereitungen, Training im MCC, das Besuchen von Bodenstationen und Teilnahme von Übungen der Bergungsmannschaften.

Nach zwei Wochen mit Theorie meinten die für das Training Verantwortlichen, die Piloten nun Stresstests unterwerfen zu müssen, um ihre physische Kraft zu stärken. Sie kamen in Hitzekammern, wurden unter hohe Kohlendioxidkonzentrationen gesetzt und führten Parabelflüge durch. Nicht jeder Punkt wurde umgesetzt, so befürchtete Wernher von Braun, dass die Astronauten bei den starken Vibrationen und dem Lärm von bis zu 140 db nicht mehr kommunizieren könnten, und schlug im Februar 1960 vor, die Kapsel auf eine Jupiter zu setzen, die statisch geprüft würde. Der Mediziner Dr. Voas lehnte das ab. Trotzdem machte Scott Carpenter einen Test, indem er sich am Ende des Windtunnels, wo die Luftströmung ähnlichen Lärm machte, postierte und die Kommunikation testete – sie klappte.

Bis Juli 1959 stand der erste Trainingsplan. Es sah sechs Stunden pro Woche in der Spezialdisziplin jedes Astronauten vor und vier Stunden athletisches Körpertraining. Dazu kamen drei Stunden Fliegen und zwei Stunden in einem Trainer, der in drei Achsen beweglich war, um sie dagegen abzuhärten, dass ihnen schlecht wurde.

Es gab schon Zentrifugen, in denen man bis zu 20 g erreichen konnte. Die Probanden überstanden dies auch ohne Schäden – sie wurden allerdings bewusstlos. Die Schwerelosigkeit konnte man in Parabelflügen für einige Sekunden simulieren. Allerdings spielte sie im Mercuryprogramm keine große Rolle – es gab zu wenig Platz zum Bewegen. Die ersten Fälle von Weltraumkrankheit gab es bei US-Missionen erst bei Apollo 8 (damals

Abbildung 73: Der MASTIF Trainer

noch geheim gehalten). In den Mercury- und Geminiraumschiffen hatten die Astronauten zu wenig Raum, um sich zu bewegen. Russland hatte den ersten Fall von „Weltraumkrankheit" – englisch Space Sickness Syndrom – bei Wostok 2. Trotzdem gab es Mediziner, welche die Ansicht vertraten, längere Zeit in der Schwerelosigkeit könnte gefährlich sein. So gab es parallel Starts von Tieren, bei denen man einige Minuten Schwerelosigkeit erreichte. Im Basistraining gab es über 100 Parabelflüge mit einer Gesamtdauer von 38 Minuten.

Das Zentrifugentraining begann im August 1959 und wurde dann nochmals vor einer Mission wiederholt. Es galt zum einen herausfinden, inwieweit die Piloten bei hohen Beschleunigungssituationen noch handlungsfähig waren. Das stufte sich ab, in aktive Aktionen wie Betätigen des Abbruchschalters und passive Aktion wie Beobachten des Instrumentenpaneels. Zum anderen hoffte man, die Piloten an hohe Beschleunigungen „gewöhnen" zu können, sodass sie nicht ohnmächtig wurden. Das ist bei jedem Menschen ab einer bestimmten Beschleunigung der Fall, da dann das Herz zu wenig Blut in das Gehirn pumpen kann. Mit bestimmten Übungen, z. B. der richtigen Atemtechnik, konnten die Piloten in der Tat höhere Beschleunigungen aushalten.

Schon Ende 1959 hatte jeder Astronaut zehn Stunden in einer Zentrifuge hinter sich gebracht und wurde einer Beschleunigung von bis zu 16 g ausgesetzt – bei einer Mission waren es maximal 3 $^1/_2$ Minuten und bis zu 11 g.

Abbildung 74: Glenn absolviert sein Einstieg-Ausstiegstraining (EGRESS Training)

Im September und Oktober gingen die Astronauten getrennt in zwei Gruppen jeweils eine Woche zu den Herstellern der Hardware und dem Startort von Little Joe und Big Joe. Nachdem sie sich bisher schon theoretisch in ihr Spezialgebiet eingearbeitet hatten, begann dann die Phase, in der sie praktisch in das Programm involviert waren. Dazu gehörten regelmäßige Besuche bei den entsprechenden Firmen. So konnten die Piloten nicht nur Verbesse-

196

rungsvorschläge einbringen, sie verstanden auch das System besser und bekamen Probleme oder Verzögerungen mit. Vor allem aber vertrauten sie einander mehr als den Firmen. Das wird im „Astronautenbuch" deutlich, indem öfters zu lesen ist, das Astronaut X dem System, das Astronaut Y betreut, vertraut, dass es funktioniert. Innerhalb der drei Monate intensiver Besuche im zweiten Halbjahr 1959 waren die Astronauten jeden dritten Tag auf Reisen und legten jeder über 30.000 km zurück.

Dazu kam das obligatorische Überlebenstraining. Die russischen Kosmonauten trainierten die Notlandung in der Taiga, die Mercuryastronauten in der Wüste. Beides war aus Sicht der Missionsplanung logisch. Wenn bei einer russischen Mission die Wiedereintrittsbahn zu flach war – so vorgekommen bei Woschod 2 oder die Zündung der Retroraketen zu spät erfolgte, würden die Kosmonauten irgendwo in Sibirien niedergehen. Wenn eine Mercurykapsel nicht wassert, (die bevorzugte Methode, auch wegen des sonst harten Aufsetzens) dann wäre es bei der Bahnneigung von 32,5 Grad am wahrscheinlichsten, das sie in der Sahara landet. So trainierten die Astronauten einige Tage in der Wüste Nevadas und lernten, aus den Fallschirmen sich Bekleidung und Schutzzelte anzufertigen.

Den Anfang machte das Überlebenstraining im Wasser, genauer gesagt der erste Teil, das Ein-/ Aussteigen aus dem Raumschiff (EGRESS-Taining). Denn als Erster von vielen Trainern stand ein Modell der Struktur zur Verfügung, bei dem man das Aussteigen aus der

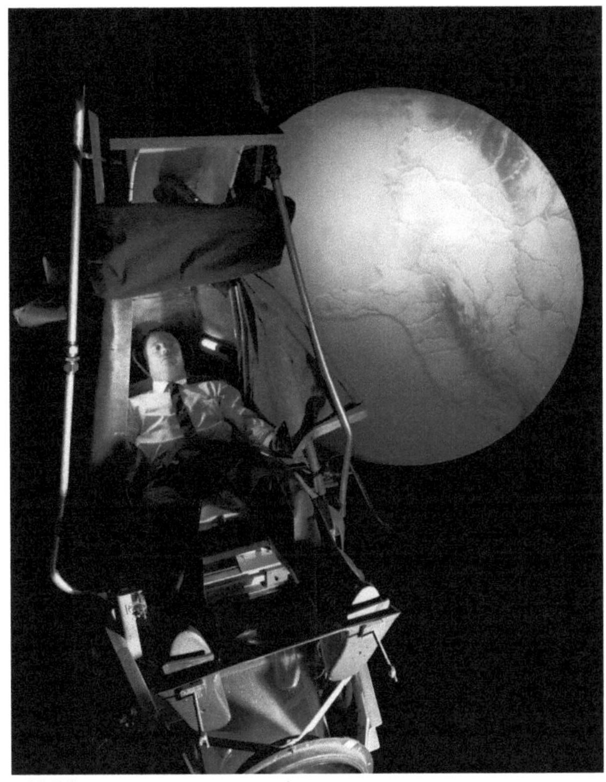

Abbildung 75: Der ALFA-Trainer

Kapsel üben konnte. Das war schon im Mai 1959 der Fall. Später kam ein Training mit dem Schlauchboot und dem Überlebenspaket für die Landung fernab der Bergungsflotte hinzu. Das Überlebenstraining fand im Frühjahr und Sommer 1960 statt.

In den ersten Monaten hatten die Astronauten noch wenig mit dem Raumschiff zu tun. Sie arbeiteten sich vor allem in die Theorie ein, also in die Systeme, die sie zu betreuen hatten. Erst danach kamen die ersten Trainer an.

Das praktische Missionstraining orientierte sich an dem von Kampffliegern. Wir würden heute Simulatoren dafür sagen. Es gab verschiedene Trainer. Der am häufigsten eingesetzte war der „Procedure Trainer". Sie wurden im April 1960 ausgeliefert. Es gab zwei, einen in Langley und einen beim Cape. Diese Trainer waren eine Nachbildung der Kapsel mit nicht funktionsfähigen Systemen. Die Kontrollen reagierten aber genauso wie die echte Kapsel und konnten gezielt aktiviert werden, was allerdings meist nur ein Ein-/Auschaltsignal war. Zwei Trainer, das stellte sich heraus, waren auch mindestens nötig, denn neben den Astronauten mussten auch die Flugkontrolleure und das ganze Bodennetzwerk geschult werden und da waren selbst zwei Trainer zu wenig.

In diesen Trainern übten die Astronauten alle „Proceduren". Das waren Vorgehensweisen sowohl für den normalen Flugverlauf wie auch für die Notfälle (zumindest die, an die man gedacht hatte). Die Astronauten übten so lange, bis sie die Prozeduren auswendig konnten.

Die Abläufe für John Glenns Mission umfassen 61 Seiten im Format 12,7 × 17,8 cm (zwischen den Formaten DIN-A6 und DIN-A5). Etliche sind leer für Notizen, der Rest besteht aus Bildern

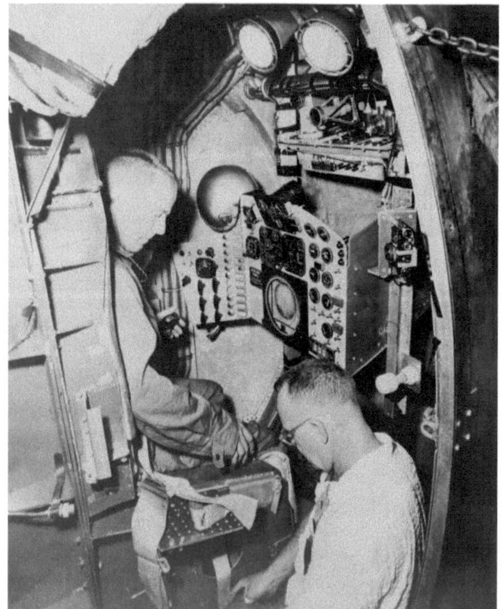

Abbildung 76: Carpenter beim Zentrifugentraining

198

der Kontrollen und Anweisungen. Das Handbuch der Kapsel mit weiteren Diagrammen hatte einen Umfang von 110 Seiten, davon machte die normale Bedienung (ohne Vorfälle) nur 18 Seiten aus. Die Anweisungen sind als Schritt für Schritt Vorgänge formuliert, wie diese für den Abort: (im Original 2 Seiten)

Abort Prior Tower Jettison

1: Actuate the short handle prior command form the ground. If abort light does illuminate, press Cap Sep ring and press Jet Retro.

2: Check „Sep capsule" telelight green

3: Check „Jet retro" telelight green

4: Monitor „Jett Tower" telelight until it becomes green

For off the pad abort allow 2 seconds, but not more than 3 ½ seconds after Tower Jettison, before depressing drogue parachute deploy button (in event of drogue failure)

5: Monitor altitude and if antenna fairing does not deploy below 10.000 feet pull Main chute deploy ring.

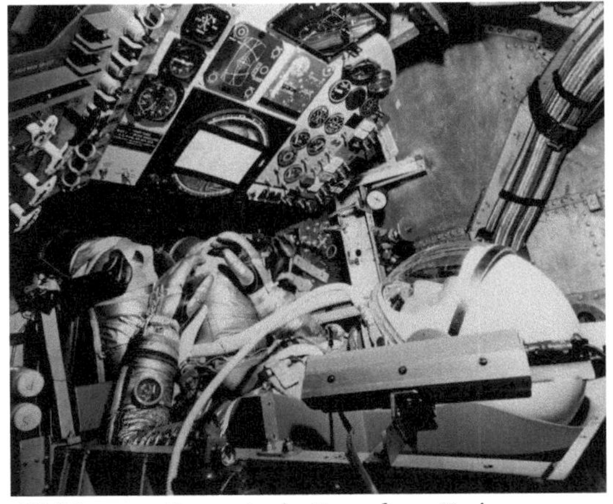

Abbildung 77: Carpenter im Procedures Trainer

6: If Main chute fails to deploy properly, pull Reserve chute deploy ring

7: Snorkel Ring – PULL

8: Complete normal reentry procedures

Insgesamt gab es zu wenige Trainingsmöglichkeiten. So bedauern alle Astronauten, dass es nur einen

Air **L**ubricated **F**ree **A**ttitude (ALFA) Trainer gab. In ihm war der Astronaut „schwebend" aufgehängt und konnte wie im Raumschiff seine Position relativ zur Erde durch den Steuerknüppel ändern. In ihm simulierte man die Steuerung des Raumschiffs. Bei Orbitmissionen ersetzte ein überdimensionaler Globus die Erde, bei den Suborbitalenmissionen war eine Reliefkarte der Ersatz für die Erde. Der Trainer existierte von Anfang an, seine Möglichkeiten waren anfangs noch bescheiden, wurden aber ausgebaut, bis er schließlich computergesteuert die Lage des Raumschiffs akkurat nach den Aktionen des Astronauten veränderte. Die Grundausbildung umfasste 50 Stunden im ALFA-Trainer.

Dazu kam der **M**ultiple **A**xis **S**pace **T**est **I**nertia **F**acility (MASTIF) Trainer im Lewis-Forschungszentrum, der schon 1959 fertiggestellt wurde. Er bestand aus drei ineinander geschachtelten Käfigen aus Aluminiumrohrgestängen. Im MASTIF konnte man eine Mercurykapsel samt Astronaut in einer halben Umdrehung von Null auf 50 U/Minuten beschleunigen und die Kapsel in drei Achsen mit bis zu 60 U/Minuten rotieren lassen. Nach einigen Tests beschränkte man die Rotationsgeschwindigkeit auf 30 U/min, da darüber den meisten Piloten schlecht wurde. Trotzdem brach Shepard als erster Kandidat den Test vorzeitig ab, weil ihm übel wurde. Alle Piloten durchliefen den MASTIF mehrmals, bis sie mit den Kontrollern die wilde Bewegung um alle drei Achsen gestoppt hatten. Die Kontroller betätigten Stickstoffdruckgasdüsen, welche die Lage der Kapsel wie die Triebwerke verändern konnte. Scott Carpenter beschrieb den MASTIF als den „ultimativen Ritt auf der Achterbahn".

Ab April 1960 begann die zweite Phase des Trainings. Vorher war z. B. das Zentrifugentraining dazu da, die Astronauten an hohe Beschleunigungen zu gewöhnen. Nun sollten sie in der Zentrifuge an einem Mockup der Kapsel den Steuerknüppel betätigen, Instrumente ablesen und die abgelesenen Werte durchgeben, also den Aufstieg auf der Rakete simulieren.

Es wurden Tests in Raumanzügen durchgeführt und man erkannte, dass in einem aufgeblasenen Anzug, der unter einem Innendruck von $^1/_3$ Atmosphäre stand, der Astronaut die linke und rechte Seite der Konsole mit dem Arm erreichen konnte, aber nicht die Mitte. John Glenn arrangierte zusammen mit Ingenieuren von McDonnell das Paneel um. Es zeigte sich zudem, das man anders als bei Flugzeugen

Schalter brauchte, die eine spürbare Rückkopplung hatten und die man nicht leicht umlegen konnte, weil durch die klobigen Handschuhe und den Innendruck die Piloten viel weniger spürten. Einige kritische Kontrollen wurden erst ausgelöst, wenn eine Kraft von 222 N (entspricht auf der Erde einem Gewicht von 22,2 kg, das an dem Hebel zieht) einwirkte.

Die Astronauten beschreiben die Vorbereitungszeit meist als zu knapp. Das lag daran, das wegen der begrenzten Zahl der Trainer die Vorbereitung erst starten konnte, wenn die letzte Mission abgeschlossen war, was zwei Monate dafür ließ. Nicht viel früher waren auch die ganzen Procedures schriftlich verfügbar. Problematisch waren Änderungen, die sich aus den Erfahrungen der letzten Mission ergaben und die nun neu trainiert werden mussten. Bei den Orbitmissionen nach Glenns Flug gab es zudem Experimente, die der Astronaut durchfuhren sollte und die zusätzlich eingeübt werden mussten.

Abbildung 78: Die Mercury Seven vor der Mercury und Apollokapsel

Slayton scheidet aus

Bei Deke Slayton stellte man beim ersten Zentrifugentraining im August 1959, bei dem auch das Herz überwacht wurde, fest, dass er schon vor dem Besteigen der Zentrifuge keinen richtigen Sinusrhythmus hatte. Slayton litt unter idiopathischem Vorhofflimmern, das ist eine Herzrhythmusstörung mit unregelmäßiger Tätigkeit der Vorhöfe, ohne das man die genaue Ursache benennen kann (idiopathisch). Wie die meisten Patienten, die unter Vorhofflimmern leiden, hatte Slayton dies vorher nicht bemerkt.

Eine erste Untersuchung durch einen Luftwaffenarzt im August 1959 bescheinigte Slayton, dass dies seinen Gesundheitszustand nicht beeinträchtige und er weiter Astronaut sein konnte. Nach dem Arzt sterben etwa zwei Drittel der von dieser Herzerkrankung betroffenen schon in jungen Jahren und die anderen hätten lebenslang keine Beschwerden. Slayton war schon zu alt für die erste Gruppe. Er selbst beschreibt, dass er nur alle paar Wochen für einige Tage einen beschleunigten Puls hatte und dies durch körperliches Training verkürzen könnte.

Dann schrieb 1961 ein Arzt aus Albuquerque, bei dem er privat in Behandlung war, direkt den NASA-Chef James Webb an und informierte ihn über Slaytons Herzrhythmusstörung. James Webb lies zuerst eine Gruppe von Luftwaffen-Ärzten die Berichte nochmals durchgehen. Sie kamen zu keinem neuen Ergebnis. Nun setzte Webb eine Kommission aus drei zivilen Ärzten ein, die ihn untersuchten und sie kamen zum Ergebnis, Slayton den Flugstatus zu entziehen. Die Entscheidung wird von vielen kritisiert. Als Gegenargumente werden angeführt, dass er niemals Beschwerden hatte und vorher Testpilot und Kampfflieger war, also Gefahren und Stress ausgesetzt war und sein Herz trotzdem keine Probleme hatte.

Aus medizinischer Sicht sieht es anders aus. Die Patienten mit der Erkrankung haben ein erhöhtes Risiko für Schlaganfälle und Bluthochdruck. Viele klagen über unspezifische Störungen wie Leistungsabfall oder Schlafstörungen. Durfte man das Risiko eingehen, so jemand den extremen Belastungen einer Mercurymission auszusetzen? Mediziner haben nun mal den hippokratischen Eid geschworen, das Beste für ihre Patienten zu tun, auch wenn das nicht immer das ist, was der Patient sich wünscht. Mit Sicherheit ist ein langwelliger Bürojob für Slayton gesünder und senkt das Risiko für Herzprobleme, das durch die Erkrankung erhöht ist. Würde es um einen Manager gehen und nicht einen Astronauten, so wären sicher alle auf der Seite der Mediziner.

Das die Verantwortlichen in der NASA dem Ratschlag folgten, war klar. Denn die Mediziner wurden konsultiert, um eine objektive Beurteilung zu geben, die sie als Manager nicht treffen konnten. Zum anderen gab es sieben Astronauten, aber nur sechs Flüge. Einer konnte also sowieso nicht fliegen. Für den Mediziner, der die Mission betreut, macht die Herzstörung den Job auch nicht leichter – wie soll er ein Problem erkennen, wenn Slayton schon beim Start gerade einen der Tage hat, in der Vorhofflimmern auftritt? Dann ist sein EKG schon beim Start nicht normal.

Deke Slayton wurde im September 1961 der Flugstatus entzogen und er koordinierte zuerst die Aktivitäten der anderen Astronauten. Er war damit inoffizieller „Chefastronaut". Im Zuge der Erweiterung des Bereichs bemannte Raumfahrt mit der Schaffung des Lyndon B. Johnson Raumfahrtzentrums in Houston wurde aus dieser inoffiziellen Tätigkeit ein eigener Posten. Ab dem 1.11.1963 war Slayton Leiter des Astronautenoffice. Damit koordinierte er nicht nur alle Aktivitäten der Astronauten, er teilte auch die Besatzungen ein und entwickelte ein System, das bei Gemini und Apollo eingesetzt wurde und jedem Astronauten Sicherheit gab. War eine Besatzung für eine Mission als Backup eingeteilt, so würde sie, wenn sie nicht fliegt, bei der übernächsten Mission die primäre Crew sein. Es konnte wegen der Vorbereitung (Training) nicht die nächste sein. Das galt nicht nur für komplette Besatzungen, sondern auch Einzelpersonen.

Als er den Job übernahm, hatte die NASA schon zwei weitere Astronautengruppen mit neun und vierzehn weiteren Astronauten für Gemini und Apollo rekrutiert. Es gab also schon 29 Astronauten, und damit hatte er auch in dem „Bürojob" genügend zu tun. An deren Selektion war er auch beteiligt. Er legte die Kriterien fest und führte Gespräche mit den Kandidaten.

Crewselektion

Jeder sieben hatte ein ausgeprägtes Ego und meinte, durch Training die Leitung der NASA überzeugen zu können, dass er der Erste im All sein sollte. Bei Mercury war die Rivalität hoch, da allen die historische Bedeutung des ersten Amerikaners im All klar war. Anfang 1961 musste eine Entscheidung fallen.

Robert Gilruth sichtete die Ergebnisse des Trainings und forderte jeden Astronauten auf, einzuschätzen, wer der anderen sechs der Erste im Weltall sein sollte. Er verkündete schließlich intern, dass es einer aus der Gruppe Shepard – Grissom – Glenn sein würde. Das drang nach außen und sorgte für Probleme, denn die Presse bezeichnete diese drei Piloten als das „Golden Team" und die anderen vier als das „Red Team". Das verleitete die verbliebenen vier sogar zu einer Pressekonferenz, in der sie darauf hinwiesen, dass sie ein Korps wären und es genügend Flüge für alle gäbe und die Herausforderungen im Laufe des Programms sogar ansteigen würden.

John Glenn war der Liebling der Medien. Er verkörperte mit seinem gelebten protestantischen Glauben und seinem zur Schau gestellten Patriotismus den Vorzeige-Mittelklasse-Amerikaner. Dazu war er der größte der Sieben und hatte die beste äußere Erscheinung.

Seitens der Administration wurde Gus Grissom bevorzugt. Er war mehr fokussiert auf die Mission, mit einem etwas kleineren Ego als die anderen sechs Astronauten.

In der Missionskontrolle setzte man auf Shepard, weil man mit ihm am meisten zusammengearbeitet hatte, wahrscheinlich auch der Faktor, der entscheidend war. Er hatte die meiste Erfahrung. Die Entscheidung wurde geheim gehalten. Wer am Projekt beteiligt war, konnte den Kandidaten drei Tage vor dem Flug erraten, weil er und sein Ersatzmann dann aus dem Motel auscheckten für eine letzte Untersuchung und die Quarantäne vor dem Flug. Offiziell wussten nur die drei Direktoren Kraft, Williams und Gilruth, wer es war. Die anderen am Projekt Beteiligten erfuhren es, wie die Öffentlichkeit, erst wenn der Astronaut die Kapsel bestieg.

Noch bevor das Mercuryprogramm endete, rekrutierte die NASA eine zweite Astronautengruppe, die bei der letzten Mission schon Aufgaben als Capcoms bekam. Inzwischen war Donald Slayton für die Astronauten zuständig und erarbeitete den Anforderungskatalog für die Auswahl.

Er legte drei Kriterien fest. Das eine war die Flugerfahrung – auch die zweite Gruppe bestand aus Testpiloten, nun erstmals auch zivilen Testpiloten wie Neil Armstrong und Elliot See. Es wurden nur noch 1.000 anstatt 1.500 Flugstunden Erfahrung verlangt. Das Zweite war die akademische Vorbildung: Die Anforderungen wurden deutlich höher angesetzt. Im Gemini und Apollo-Programm mussten die Astronauten komplexe Raumschiffe bedienen, die erstmals Computer an Bord hatten. Eine technisch-naturwissenschaftliche Vorbildung oder Ausbildung war daher wichtig. Das dritte waren Einzelgespräche, die Slayton mit den zukünftigen Astronauten führte. Er wollte nicht die Entscheidung nur nach Aktenlage fällen. Dagegen war die medizinische Prüfung weniger wichtig. Slayton war ja selbst ein Beispiel dafür, dass sie nicht alles entdeckte und Carpenter, der in der Lovelace-Klinik bei fünf Tests neue Bestleistungen aufstellte, erwies sich als der schwächste der Mercury-Seven. Lediglich ein Kriterium wurde verschärft: Die Astronauten durften maximal 32 Jahre alt sein. Die Neun sollten auf dem Mond landen und das war zu Ende des Jahrzehnts, also in sieben bis acht Jahren. Sie sollten dann 40 noch nicht erreicht haben.

Mit dieser zweiten Gruppe, die am 17.9.1962 vorgestellt wurde, hatte dann auch Slayton einen Vollzeitjob, denn er musste nun die Arbeit von 15 Astronauten koordinieren.

Missionsvorbereitung

Die Missionsvorbereitung begann etwa zwei Monate vor der Mission, bei den späteren Missionen auch früher. Der Astronaut und sein Ersatzmann übten die für seine Mission geltenden „Procedures" im gleichnamigen Procedure-Trainer ein. Dazu gehörten zu den normalen Abläufen, die es bei jeder Mission gab, auch die spezifischen für seine Mission. Er hatte Vorrang bei den Trainern. Dazu kamen noch Trainingseinheiten im ALFA-Trainer, in denen er das Manövrieren übte. Alle Astronauten beschrieben diese Trainingseinheiten als zu kurz.

Auch das Zentrifugentraining wurde wieder aufgefrischt. Bei Scott Carpenter, der am 25.5.1962 startete, begann das eigentliche Training erst am 16.3.1962. Er war 31 Stunden 30 Minuten in seinem Raumschiff bei den Vorbereitungen und Prüfungen. Dazu kamen 79 Stunden 30 Minuten in der Kapsel von MA-6, für die er Ersatzmann war (da die Mission MA-6 erst acht Monate nach MR-4 stattfand, gab es für Glenn und Carpenter viel mehr Zeit für die Vorbereitungen auf MA-6).

Im ALFA-Trainer verbrachte Carpenter 70 Stunden 40 Minuten. Er trainierte 114 Drehungen und 92 Retromanöver mit 143 simulieren Systemfehlern. Bei den folgenden Programmen war die Vorbereitungszeit erheblich länger und es gab mehr Trainingsmöglichkeiten. Bei der Apollo 15 Mission fielen z. B. 8.500 Stunden für Primär-/Backupcrew an, pro Person also 1.400 Stunden.

Dazu kam eine noch intensivere Einbindung in die Startvorbereitungen. Der Astronaut war beteiligt bei allen Besprechungen, die es im Vorfeld des Starts gab, wurde informiert über Verzögerungen, Probleme und konnte sich einbringen, z. B, wenn Techniker wegen kleineren Problemen ein Teil auswechseln wollten, das nicht wichtig für die Mission war, das Auswechseln den Start aber verschieben würde, konnte er dagegen stimmen.

Am Tag vorher gingen die Astronauten früh ins Bett. Nach dem Aufstehen gab es das Frühstück, eingenommen mit dem Ersatzpiloten. Das Frühstück war für deutsche Verhältnisse gewöhnungsbedürftig. Bei Shepard gab es Filet Mignon, eingewickelt in Speck und Rühreier, dazu Orangensaft. Ein ähnliches Frühstück bestehend aus Orangensaft, Eiern und Fleisch gab es bei allen Besatzungen.

Nun kam die letzte medizinische Untersuchung, die darüber entschied, ob nicht der Ersatzmann zum Einsatz kam. Es wurde eine Röntgenaufnahme angefertigt, dazu ein EKG. Der Körper wurde vollständig untersucht. Der Rücken wurde abklopft, während er die Zahl „99“ sagen musste, und zum Schluss wurde eine Stimmgabel an die Stirn gehalten. Proben von Körperflüssigkeiten wurden genommen. Den Abschluss bildete ein Gespräch mit dem Psychiater. Wenn die Mediziner den Astronauten für flugbereit erklärten, dann war es die Aufgabe des Ersatzpiloten, die Kapsel ein letztes Mal zu prüfen. Er fuhr zur Startrampe, setzte sich in die Kapsel und prüfte alle Systeme und setzte die Schalter auf Neutralstellung und protokollierte alle Einstellungen. Meistens nutzte der Reservemann die Zeit, um einen Pilotenscherz zu machen. Er platzierte ein Schild in der Kapsel oder bei den Orbitmissionen „normales Essen“ wie ein Sandwich im Handschuhfach.

Der Astronaut zog nun die Unterwäsche an, die mit Kühlröhrchen durchzogen waren. Danach legten die Mediziner die Sensoren an. Damit die Mediziner die richtigen Stellen fanden, waren die Astronauten tätowiert. Es gab sechs Sensoren, die unter die rechte Achselhöhle, den oberen und unteren Teil des Brustkastens, den unteren Bauchraum, in den After (zur Temperaturmessung) und die Nasenhöhle (für die Messung der Atmung) angeklebt wurden. Die Leitungen zu den Sensoren wurden unterhalb des Knies befestigt und dort mit dem Telemetriesystem des Raumschiffs verbunden. Später kamen noch zwei Sensoren für Blutdruckmessung und Puls hinzu, die aber erst in der Kapsel angeschlossen wurden.

Danach wurde der Anzug angezogen und am Schluss aufgeblasen. Dies geschah mit reinem Sauerstoff unter 0,35 Bar Druck. Er wurde damit auf Dichtigkeit geprüft. Danach wurde der Sauerstoff wieder abgelassen. Von nun an war der Astronaut mit einer tragbaren Klimaanlage verbunden, da er sonst im Anzug überhitzte. Er trug diese an einem Koffer mit sich.

Im weißen Raum an der Startrampe, der hermetisch abgedichtet und mit einer Klimaanlage gekühlt wurde, gab es noch ein Gebet mit einem Geistlichen. Zuletzt bestieg der Pilot die Kapsel. Das dauerte relativ lange, bedingt durch die Enge der Kapsel, da die Mannschaft den Piloten dabei kaum unterstützen konnte und es etliche Bänder anzulegen gab, von den Füßen bis zum Kopf. Zuletzt wurde die Luke verschlossen, was wegen der 70 Befestigungsbolzen 15 Minuten dauerte. Bis zum

Abbildung 79: Cooper im Raumanzug vor dem Start

Start überprüfte der Astronaut nochmals alle Systeme.

Ereignis	Mecury Redstone	Mercury Atlas
Beginn des Countdowns.	-390 Minuten	-390 Minuten
Probefeuern der Verniertriebwerke der Atlas.		-250 Minuten
Astronaut besteigt das Raumschiff.	-123 Minuten	-135 Minuten
Beginn Verschluss der Luke.	-90 Minuten	-94 Minuten
Luke verschlossen, Kacheln als Hitzeschutz werden montiert.	-75 Minuten	-74 Minuten
Kacheln montiert.		-64 Minuten
Servicetower wird zurückgezogen.	-60 Minuten	-47 Minuten
Servicetower in Endposition.		-33 Minuten
Sauerstoff in der Atlas wird aufgefüllt.		-32 Minuten
Raumschiff auf interne Stromversorgung.	-15 Minuten	-10 Minuten

In der letzten Minute holte Flugleiter Christopher Kraft das „Go/No Go" von allen am Flug beteiligten Stationen wie Radarüberwachung, Kommunikationsnetzwerk, Blockhaus an der Rampe und den Flugkontrolleuren ein. Nur wenn alle für den Start waren, wurde er durchgeführt. Es wurde zwar ein Countdown heruntergezählt. Es gab aber keine automatische Überwachung der Rakete durch Computer. War T-0 erreicht, so drückte der Leiter im Blockhaus auf den Startknopf.

Die Mercury Seven nach Mercury

Es fällt auf, das die sieben Astronauten nach dem Mercuryprogramm eine kleinere Rolle in den beiden nächsten Projekten Gemini und Apollo spielten. Nach dem letzten Flug verließ John Glenn die NASA und ging in die Politik. Deke Slayton war fluguntauglich geschrieben und bekam, nachdem 1962 eine zweite Astronautengruppe aufgestellt wurde, die Leitung des Astronaut Office. Er koordinierte dort die Ausbildung, Trainingsaktivitäten, öffentliche Termine und stellte die Crews und Backup-Crews für die Flüge zusammen. Seinen Astronautenstatus verlor er trotz Fluguntauglichkeit nicht, was ihn lange Zeit zu dem Astronauten mit der längsten Dienstzeit machte.

Scott Carpenter war nach seinem Flug zwar offiziell Astronaut, hatte aber intern Flugverbot, da Christopher Kraft seine Leistung bei dem Flug als desaströs einstufte. Er ging 1964 in das Sealab-Programm, bei dem die NASA einen Aufenthalt in einer Raumstation in einer in niedriger Tiefe im Meer versenkten Station simulierte. Wie im Weltall waren die Probanden dort abgeschottet, können ohne Sauerstoff nicht überleben und waren bei Ausflügen ins Wasser, bei denen Arbeiten erprobt wurden, schwerelos. Dort absolvierte er zwei Unterwasseraufenthalte von 30 und 45 Tagen Dauer. 1967 schied er aus der NASA aus.

Auch nach der NASA-Karriere blieb Carpenter mit dem Meer verbunden. Er gründete die Beteiligungsgesellschaft Sear Sciences, die das Ziel hatte, die Meeresressourcen besser zu nutzen. Zusammen mit Jaques-Yves Costeau erforschte er die Möglichkeiten dafür. Carpenter war ein leidenschaftlicher Taucher, der auch im Nordpolarmeer unter dem Eis tauchte. Er starb 2013 im Alter von 88 Jahren an den Folgen eines Schlaganfalls.

So waren von den sieben Mercury-Astronauten nur noch vier qualifiziert, eine Mission zu fliegen. Die Zahl reduzierte sich auf drei, als man bei Alan Shepard Morbus Menière feststellte. Diese Krankheit des Innenohres führt zu Schwindel, Hörverlust und Phantomgeräuschen (Tinnitus). Ein Astronaut benötigt einen funktionierenden Gleichgewichtssinn und sollte die Kommunikation verstehen können. Damit verlor auch Shepard am 17.1.1964 den Flugstatus und wurde „Chef-Astronaut", den Titel hatte Slayton bis zur Gründung des Astronautenoffice.

Shepard sollte der Kommandant der ersten bemannten Mission Gemini 3 sein. Sein Ersatzmann war Gus Grissom. So wurde Grissom zum Kommandant der ersten Geminimission. Gemini 3 dauerte nur fünf Stunden und hatte die Aufgabe, die Systeme der Geminikapsel im Flug zu erproben.

Cooper kam bei Gemini 5 zum Einsatz, Schirra bei Gemini 6A. Keiner der beiden war Kommandant einer der anspruchsvolleren Gemini-Missionen der zweiten Hälfte des Programms. Dagegen flogen etliche Piloten der zweiten Astronautengruppe zweimal bei Gemini. Grissom war als Kommandant der ersten Apollomission vorgesehen und kam beim Brand in der Kapsel am 27.1.1967 ums Leben.

Gus Grissom galt zu diesem Zeitpunkt als der beste NASA-Astronaut, nicht umsonst sollte er zum zweiten Mal einen Jungfernflug durchführen, der wegen des noch unerprobten Raumschiffs riskanter als die folgenden Missionen war. Deke Slayton schreibt in seinen Memoiren, dass wenn Grissom nicht ums Leben gekommen wäre, er ihn als Kommandant der ersten Mondlandung eingeteilt hätte.

Bei Gemini gab es immer längere Missionen, bis Gemini 7 die Flugdauer einer Apollomission weit übertraf. An diesen Missionen hatte Schirra kein Interesse. So wurde der für die Gemini 6A Mission eingeteilt. Sie war die erste Mission, die eine Kopplung an eine Agena-Oberstufe durchführen sollte. Diese ging aber bei einem Fehlstart verloren, sodass die Mission umgeplant wurde und nun ein Rendezvous mit dem vorher gestarteten Gemini 7 Raumschiff vorsah. Beim Start zündete die Titan, hob aber, weil ein Triebwerk nicht den vollen Schub erreichte, nicht ab. Schirra hätte nun eigentlich den Abbruch auslösen müssen, bewahrte aber Ruhe und rettete so die Mission. Mit nur 25 Stunden Dauer war Gemini 6A, wie Schirra wünschte, eine kurze Mission.

Walter Schirra war dann als Ersatzmann von Grissom der Kommandant der ersten bemannten Apollomission, Apollo 7. Er hatte schon vor der Mission angekündigt, die NASA zu verlassen. Während der Mission erkrankten er und seine beiden Kollegen an einer Erkältung. Er beschwerte sich massiv über den zu vollen Terminplan und weigerte sich Dinge zu tun, die er für überflüssig hielt. Flugdirektor Kraft sah dies als Meuterei. Das bedeutete auch Flugverbot für seine beiden Kollegen, die sich zwar nicht beschwerten, aber auch nicht gegen Schirra als Kommandanten stellten. Apollo 7 war eine Mission, bei der alle Systeme der CSM-Kombination aus Kapsel und Servicemodul inklusive des Haupttriebwerks im Erdorbit getestet wurden. Mit fast 11 Tagen Dauer war dies die längste Mission eines Mercuryastronauten. Er bewarb sich auch um einen Administrationsposten bei der NASA. Er bekam ihn nicht, weil er den Ruf hatte, dass man schwer mit ihm arbeiten konnte. Das passt auch zu der „Rebellion" bei Apollo 7.

Schirra arbeitete nach seiner Astronautenkarriere zuerst als Comoderator beim Fernsehen bei den folgenden Apollomissionen, dann als Vorstand in mehreren Firmen, bis er 1979 seine eigene Firma Schirra Enterprises gründete. Er starb 2007 an den Folgen einer Krebserkrankung im Alter von 84 Jahren.

Cooper flog bei Gemini 5 als Kommandant. Die Gemini 5 Mission war die zweite einer Serie, in der die Flugdauer bei jeder Mission verdoppelt wurde. Damit wollte man sichergehen, dass es keine medizinischen Probleme bei einer Apollo-Mission gab. Sie dauerte acht Tage. Ansonsten gab es keine Highlights, wie bei der vorherigen Gemini 4 Mission (erster Weltraumausstieg von Ed White), dafür etliche Probleme mit den Brennstoffzellen, die Strom und Wasser lieferten und schließlich mit den Triebwerken, sodass die Kapsel 81 km vom Zielpunkt entfernt landete.

Cooper wurde der Backup-Crew für Apollo 10 zugeteilt. Normalerweise bedeutet das Zuweisen an eine Backup-Crew, das man drei Missionen später die Prime-Crew ist, nicht so bei Cooper. Shepard unterzog sich einer riskanten Operation, die seine Menière-Krankheit heilte. Shepard erhielt so im Mai 1969 wieder den Flugstatus. Deke Slayton teilte ihn als Kommandant von Apollo 13 ein, den Platz, den Cooper innegehabt hätte. Daraufhin verließ Cooper die NASA, da er keine Chance für einen weiteren Einsatz mehr sah. Aus Apollo 13 wurde schließlich Apollo 14, um Shepard mehr Zeit für die Vorbereitungen zu geben.

Cooper fiel schon früher durch Eskapaden auf. Im Gemini- und Apolloprogramm mussten ihn seine Kollegen zum Simulatortraining überreden. Während der Vorbereitungszeit zu Apollo 10 nahm Cooper an dem 24-Stunden-Autorennen von Daytona teil. Dieser mangelnde Fokus auf das Programm und die vielen riskanten Aktivitäten in der Freizeit führten nach Slayton dazu, dass er sich selbst als Kommandant für eine Apollo-Mission disqualifizierte.

Cooper war nach seiner NASA-Zeit technischer Berater im Bereich Luft- und Raumfahrt, von 1970 bis 1980 auch Vizechef der Forschungs- und Entwicklungsabteilung des Walt-Disney-Konzerns. Privat fiel er nicht nur durch seine Vorliebe für schnelle Autos auf, sondern auch weil er an UFO glaubte und 1985 sogar einen Brief an die UN verfasste, in der er sich für eine wissenschaftliche Untersuchung des UFO-Phänomens einsetzte. Er starb 2004 an Herzversagen am 47-sten Jahrestag des Starts von Sputnik 1.

Alan Shepard landete mit Apollo 14 auf dem Mond. Es war die letzte der ersten Apollomissionen, der H-Serie. In den Erinnerungen blieb vor allem sein Versuch, auf dem Mond Golf zu spielen. Während Shepard meinte, der Ball wäre meilenweit geflogen, sprach sein Kollege Mitchell von einigen Hundert Metern. Shepard kehrte danach wieder ins Astronautenoffice zurück, dessen Leitung er übernommen hatte, nachdem Slayton für seine eigene Mission trainierte, und verließ Ende Juli 1974 die NASA. Nach der NASA-Karriere war Shepard im Aufsichtsrat von verschiedenen Firmen. 1996 wurde bei ihm Leukämie diagnostiziert, an der er 1998 verstarb.

Deke Slayton war ab dem 1.11.1963 Chef des Astronautenkorps. Mit der laufenden Vergrößerung des Bereichs bemannte Raumfahrt wurde er 1966 Director of Flight Crew Operations. Seinen Posten als Leiter des Astronautenkorps nahm Alan Shepard ein, der inzwischen auch keinen Flugstatus mehr hatte. Slayton bemühte sich, den verlorenen Flugstatus zurückzuerhalten. In der Mercuryzeit fiel Slayton durch exzessiven Alkoholmissbrauch und starkes Rauchen auf. Er gab beides auf und reduzierte den Kaffeekonsum und nahm Vitamine in hohen Dosen zu sich. 1970 wurde das Herzklopfen trotzdem stärker. Er unterzog sich einer medikamentösen Behandlung, die es reduzierte und es schließlich zum Verschwinden brachte. Nach Ansicht der Ärzte sollte er die Medikamente dauerhaft nehmen, um zu verhindern, dass die Krankheitssymptome wieder auftreten. Doch er befürchtete, dass er dann nicht mehr alleine fliegen könne (alle Astronauten flogen privat die NASA-Trainingsmaschinen). Doch die Rhythmusstörungen traten auch ohne Medikamente nicht mehr auf und im März 1972 bekam er den Flugstatus nach einer intensiven Untersuchung wieder zuerkannt.

Zu diesem Zeitpunkt kam die Statusänderung zu spät, um einen Flug im Apolloprogramm zu erhalten. Auch für Skylab, die erste US-Raumstation, die 1973/74 von drei Besatzungen besucht wurde, waren die Crews schon festgelegt. Doch inzwischen war die Apollo-Sojus Mission als gemeinsame Mission von NASA und Roskosmos beschlossen worden. Slayton wurde Docking Pilot der Apollo Sojus Test Mission. Ein Novum, denn bisher waren alle Mercuryastronauten bei ihren Missionen immer Kommandant gewesen. Er musste diesen Job an Tom Stafford abtreten, der schon zwei Gemini- und eine Apollomission geflogen hatte und damit über erheblich mehr Erfahrung verfügte.

Slayton schied im Februar 1974 als Direktor für Flugoperationen aus, um sich voll dem Training zu widmen. Die Mission dauerte 9 Tage vom 15 bis zum 24.7.1975. Er überwachte dann das Training der Landanflüge des Space Shuttles, die ab 1977 mit der Enterprise stattfanden. Dazu wurde das Space Shuttle von einer B-747 huckepack in die Stratosphäre geschleppt und dort ausgeklinkt. 1982 verließ er die NASA und wechselte zu der privaten Firma Space Services Inc, die eine Höhenforschungsrakete, die Perchercon, entwickelte. Nach seinem Tod kam es auch zu einem orbitalen Start des Nachfolgemodells Conestoga, doch da dieser scheiterte, ging die Firma anschließend in den Konkurs. 1992 stellte man bei Slayton einen bösartigen Hirntumor fest, an dem er am 13.6.1993 im Alter von 69 starb.

John Glenn war der erste Astronaut, der die NASA verließ und trotzdem der letzte der Astronauten, der einen Flug durchführte. Er wurde von Robert Kennedy gebeten, als Senator für die Demokraten in Ohio zu kandidieren. Die Entscheidung fiel leicht, weil man in der NASA ihn bei den ersten Geminimissionen nicht nochmals starten lassen wollte, in der Befürchtung, der Nationalheld könnte dabei sterben. Andererseits war Glenn der älteste aller Mercuryastronauten und wäre fast 50, wenn die Mondlandungen anstanden. Er konnte sich also kaum Hoffnungen auf eine Mondmission machen. Schon am 20.10.1964 konnte er aber seine Popularität nutzen und bekam einen gut dotierten Posten im Vorstand der Royal Crown Cola Company. Zwei Jahre später wurde er Präsident der Firma.

Doch auch der Einzug in den Senat klappte erst im dritten Anlauf. 1964 musste er seine Kandidatur unfallbedingt zurückziehen. 1970 scheiterte er in den Vorwahlen. 1974 wurde er zum Senator gewählt und blieb 24 Jahre Senator für die Demokraten.

Abbildung 80: Der vorletzte Flug eines Mercuryastronauten: Slayton links als Bestandteil der Apollo-Sojus Crew

1984 versuchte er erfolglos, Präsidentschaftskandidat der Demokraten zu werden. Zum Ende seiner letzten Amtsperiode versuchte er noch einen Flug auf dem Space Shuttle zu erhalten und nutzte dazu die Verbindungen, die er als Senator hatte. Das gelang, obwohl es Widerstände in der NASA gegen den Flug gab. Offiziell diente sein Flug der Altersforschung. Es gab allerdings auch viele in der NASA, die den erneuten Flug des ersten US-Amerikaners im All begrüßten. Das Shuttleprogramm war damals in einer Krise. Es wurde von der Öffentlichkeit kaum noch wahrgenommen, weil es keine spektakulären Missionen mehr gab, wie in der Anfangszeit des Programms. Der Start von John Glenn wurde daher als willkommene Publicity angesehen. Bis heute ist John Glenn der mit Abstand älteste Astronaut. Als er zum zweiten Mal ins All flog, war er 77. Er war auch der älteste Mercuryastronaut und wurde 95.

Es fällt auf, das die Reihenfolge der Astronauteneinsätze in Mercury und Gemini fast dieselbe ist (die Liste enthält auch Zuweisungen die später gestrichen wurden als Shepard und Slayton Flugverbot bekamen):

Mercury: Shepard – Grissom – Glenn – Slayton – Carpenter – Schirra – Cooper

Gemini: Shepard – Grissom – Cooper – Schirra

Apollo: Grissom – Schirra – Shepard – Slayton

Alan Shepard war der einzige Mercuryastronaut, der auf dem Mond landete. So scheint die Reihenfolge die Einschätzung der Fähigkeiten der Astronauten wiederzugeben, mit Shepard als dem besten der Sieben, zumindest nach Grissoms Tod.

Name	Geburtsdatum	Ausscheiden aus der NASA	Flüge	Stunden im Weltraum	Sterbedatum
Alan Shepard	18.11.1923	31.7.1974	MR-3, Apollo 14	217	21.7.1998
Gus Grissom	3.4.1926		MR-4, Gemini 3	5	27.1.1967
John Glenn	18.7.1921	16.1.1964	MA-6, STS-95	223	8.12.2016
Scott Carpenter	1.5.1925	10.8.1967	MA-7	5	10.10.2013
Walter Schirra	12.3.1923	1.7.1969	MA-8, Gemini 6A, Apollo 7	295	3.5.2007
Gordon Cooper	6.3.1927	31.7.1970	MA-9, Gemini 5	222	4.10.2004
Deke Slayton	1.3.1924	27.2.1982	Apollo-Sojus Testprojekt	217	13.6.1993

Die Infrastruktur

Als im Januar/Februar 1959 die Zulieferer für die Raketen, die Kapsel und die Subsysteme selektiert wurden, ging man das nächste Problem an. Was wir heute unter Missionskontrolle oder dem Bodensegment verstehen, gab es noch nicht. ICBM wurden schon getestet. Dabei verschwand die Rakete vom Startpunkt (Cape Canaveral Air Force Station oder Vandenberg Air Force Base) hinter dem Horizont und am Zielpunkt tauchte sie Minuten später auf. Bei Start und Ankunft konnte man sie mit dem Radar verfolgen, beim Start auch Telemetrie abrufen. Was dazwischen passiert, wusste man nicht. Das war bei einer ICBM auch egal, denn tun konnte man eh nichts. Sie musste nach dem Start autonom sein.

Für Mercury war dies untragbar. So schuf man die erste Missionskontrolle, die damals schon als MCC abgekürzt wurde. Während das Kürzel aber heute für Mission Control Center steht, stand es damals für **M**ercury **C**ontrol **C**enter und es war im Cape angesiedelt. Ab 1962 begann der Aufbau einer eigenen NASA-Zentrale für die Missionskontrolle bei Houston in Texas, doch der dortige Kontrollraum wurde erst mit der Gemini 3 Mission eingeweiht.

Für Mercury gab es zwei Mindestanforderungen: Man wollte nach dem Start die Atlas nach Brennschluss mindestens 30 s, besser bis zu 120 s, lang mit dem Radar verfolgen, um eine vorläufige Bahnberechnung durchzuführen. Eine Atlas hatte eine Brenndauer von etwas über 6 Minuten. Zudem wollte man die Messwerte von Astronaut und Kapsel für 15 Minuten nach dem Abheben gewinnen, um sicherzugehen, dass es keine Probleme gab.

Das war vom US-Territorium aus nicht möglich. Da beim Start vom Cape aus die Bahn nach Süden dreht, überfliegt die Rakete nach dem Start die Karibik. Es gab schon auf den Bermudas eine kleine Radar-Verfolgungsstation der USAF. Diese wurde nun zu einem Empfangs- und Sendekomplex ausgebaut. Weitere Stationen entlang des Globus wie in Südafrika oder Australien waren wünschenswert. Doch damit musste man die entsprechenden Staaten (Bermuda war britisches Territorium) fragen und neben dem Militär war nun auch das Außenministerium beim Projekt Mercury beteiligt. Das entsprechende Netzwerk taufte man **T**racking **A**nd **G**round **I**nstrumentation **U**nit (TAGIU).

Es war unmöglich, die Bahn von Mercury vollständig zu überwachen, was vor allem die Ärzte beunruhigte. Die Umlaufbahn von Mercury hatte eine Bahnneigung von 32,5 Grad. Das bedeutet, sie überfliegt die Erdkugel zwischen dem -32,5 und +32,5 Breitengrad, das ist zum größten Teil Ozean. Es gab zwar zwei umgerüstete Schiffe, die je nach Bedarf in einem Ozean stationiert werden konnten, aber es bleiben viele Lücken. Die Umlaufbahnen hatten einen erdnächsten Punkt von 150 bis 160 km Höhe und einen erdfernsten in 250 bis 280 km Höhe. In so erdnahen Bahnen beträgt der Radius um eine Bodenstation, in der sie Funkkontakt zum Raumschiff etablieren kann, einige Hundert Kilometer. Man bräuchte für jeden Orbit etwa ein Dutzend Empfangsstationen, um ihn vollständig abzudecken. Damit nicht genug: Die Erde dreht sich alle 24 Stunden, während die Umlaufbahn raumfest ist. Das bedeutet, dass die Kapsel den Äquator bei jedem Umlauf 2.500 km weiter westlich passiert. Selbst wenn eine Empfangsstation beim ersten Umlauf passiert wird, ist bei dem zweiten Orbit die Kapsel eventuell dann schon außer Kommunikationsreichweite.

Als man das Netzwerk designte, entschloss man sich dafür, dass man die ersten drei Umlaufbahnen gut abdeckte, da die erste Mission drei Umläufe dauern würde. Das war einfach, weil durch die Verschiebung nach Westen alle drei Umläufe die USA passieren. Es gab die schon existierenden Empfangsstationen bei Point Arguello in Kalifornien und Corpus Christi in Texas. Ergänzt wurde das Netzwerk durch weitere Stationen im Ausland, so bei Guyamas in Mexiko, auf den Kanarischen Inseln, in Kano, Zaire (Zentralafrika) auf Sansibar vor der Ostküste Afrikas, in Muchea bei Perth und Tidbinbilla, ebenfalls in Australien, später auch Woomera, beim US-Luftwaffenstützpunkt Guam im Pazifik, auf Hawaii, der Canton-Insel im Pazifik und auf den Bermudas. Dazu kamen die beiden Bahnverfolgungsschiffe Coastal Sentry Queback und Rose Knot Vitor. Insgesamt 13 Stationen waren es.

Die Regelbesatzung für eine Station bestand aus drei Personen. Dem Capsel-Communicator (Capcom), dem Flugarzt und einem Verbindungstechniker, der die Daten über Fernschreiber weitergab. Dazu kamen weitere Techniker, die permanent für die Anlage und die Technik verantwortlich waren. Bei den für den Missionsablauf wichtigsten Stationen kam ein Astronaut als zweiter Capcom hinzu.

Die „Anzeigen" bestanden pro Station aus 21 analogen Zeigermessgeräten und einem Schreiber mit acht Stiften, ähnlich wie bei einem Polygrafen oder einem Lügendetektor. Der Arzt hatte weitere 13 dieser Messgeräte, ebenfalls einen 8-Kanal-Polygrafen und dazu ein Anzeigegerät für das EKG. Der Fernschreiber konnte maximal 60 Worte pro Minute übermitteln. Es gab drei Übertragungszentren in London, Sydney und Honolulu, die dann mit der Zentrale verbunden waren. Die Anlagen waren rudimentär und ähnelten eher provisorischen Baracken als Empfangszentren. Sie waren autonom und hatten eine eigene Stromversorgung. Die beiden Schiffe waren ausgemusterte Frachter aus dem Zweiten Weltkrieg. Auf dem Deck wurde, da sie keine Ladung hatten, eine Betonschicht von 30 cm Dicke aufgebracht, in der man dann die Antennenbasis anbrachte. Zu diesen eigens für Mercury errichteten Komplexen nutzte man noch weitere, über die die USAF vor allem auf US-Gebiet verfügte, für die Radarvermessung der Bahn. Sie konnten aber keine Telemetrie oder Sprache empfangen. Das gesamte TAGIU-Netzwerk kostete schließlich 60 Millionen Dollar.

Jede Bodenstation hatte eine oder zwei Radarantennen. Die S-Band-Antenne hat eine Parabolantenne von 3 m Druckmesser. Die Halbwertsbreite (der Winkel, wo das abgestrahlte Signal auf die Hälfte des Mittelwertes zurückgeht) betrug 2,5 Grad. Die Reichweite betrug 1.260 km. Die Sende-/Empfangsantenne für das höherfrequente C-Band hatte eine Öffnung von 3,65 m und wegen der größeren Antenne und höheren Frequenz eine Halbwertsbreite von nur 1,2 Grad. Die Reichweite betrug im C-Band 800 km. Die Anlagen können in maximaler Entfernung die Position auf 4,5 m genau feststellen. Da die Antennen nur kleine Erfassungswinkel haben, gibt es noch Wendelantennen von 20 Grad Strahlbreite, die dazu dienen, die Kapsel aufzuspüren und zu verfolgen. Sie bestimmen nur die Signalstärke und richten die Parabolantennen auf das stärkste Signal aus. Nur die für missionskritische Manöver wichtigen Bodenstationen beim Cape, Bermuda, Hawaii, Point Arguello und auf der Eglin Air Force Base (Florida) hatten eine S-Band-Antenne. Die anderen Stationen nur eine C-Band-Antenne.

Drei Monate nach Beginn des Mercuryprogramms bekam Western Electric den Hauptauftrag. Western Electric vergab Unteraufträge an Bendix für die Bahnverfolgungs- und Kommunikationseinrichtungen, Bell für die Einrichtung der Kontrollzentren, IBM für die Computer und Software und Burns/Rowe Construction für die

Bauarbeiten. Bell, das zeigte sich, hatte jedoch keine Ahnung wie die Missionskontrolle aussehen sollte. Ihr erster Vorschlag war ein Schreibtisch mit drei Telefonen. Das führte dazu, dass Philco wenig später den Auftrag erhielt. Mit Philco arbeitete die USAF schon bei der Instrumentierung anderer Projekte zusammen und so waren sie der logische Partner. Sie leisteten so gute Arbeit, dass sie auch die Kontrollzentren für Gemini und Apollo einrichteten.

Dieses Netzwerk hatte bei den ersten drei Umlaufbahnen pro Orbit mindestens einen Funkkontakt über den USA/Mexiko, einen über Afrika und einen über dem Pazifik. Es gab sehr oft Störungen, manchmal fiel tagelang die Verbindung zu einer Station aus. Auch die Verbindung der Computer in Langley zur Missionskontrolle über Telefonleitungen wurde immer wieder durch Bauarbeiten oder Blitzeinschläge unterbrochen. Erst im Apolloprogramm standen geostationäre Satelliten als zuverlässige Relais zur Verfügung.

Station	Bedeutung
Bermudas	Wichtig für Go-No-Entscheidungen, Astronaut-Capcom
Hawaii	
Australien (zwei Stationen)	
Guaymas, Mexiko	
Point Arguello, Kalifornien	
Kanarische Inseln	Gewinnung von Daten, Abdeckung des Orbits
Nigeria	
Sansibar	
Canton Island	
Guam	
White Sands, Texas	
Schiff Coastal Sentry Queback	
Schiffe Rose Knot Victor	

In der Missionskontrolle wurde das bis heute gültige Konzept eingeführt, das es mehrere Ingenieure gab, die jeweils auf ein System spezialisiert waren und dessen Telemetrie überwachten. Dazu kamen Spezialisten, die nicht mit der Hardware umgingen, sondern mit Missionsaspekten, wie der Flugarzt, der Sicherheitsoffizier und der Capsule Communicator (CapCom).

Die Missionskontrolle wurde im Cape Canaveral angesiedelt. Die Computer für die Bereitstellung der Daten für die Entscheidungen aber standen im Goddard Space Flight Center nahe Washington. Die NASA nutzte für die Verarbeitung der Radardaten IBM 709, röhrenbetriebene Rechner mit einem Speicher von 32 KWorten zu je 36 Bit Breite. Jede Bodenstation und die Anlagen am Cape hatten eine IBM 709. Die Rechengeschwindigkeit war bescheiden und erreichte maximal 5.000 Berechnungen pro Sekunde. Die IBM 709 wurden genutzt, um Geschwindigkeit und Höhe anhand der Radardaten zu berechnen, wie auch den voraussichtlichen Kurs. Damit konnte eine Bodenstation berechnen, wo die Kapsel sein würde, wenn sie sich der nächsten Bodenstation näherte und diese, wenn sie die Koordinaten bekam, ihre Antennen auf diesen Punkt ausrichten. Beim Missionskontrollzentrum nutzte man die IBM 709 für die Kursberechnung. Die Ausgabe erhielt der Range Safety Offizier (RSO), der anhand der Daten die Atlas bei MA-3 (S. 293) sprengte. Für die anderen Kontrolleure errechnete ein weiterer Computer von Burroughs-GE nur die wesentlichen Daten, nämlich Höhe und Geschwindigkeit. Die IBM 709 gehörte zur Bahnverfolgung der Startrampe, nicht zum Mercuryprogramm und war in dieser Funktion auch für andere Starts zuständig.

Im Goddard Space Flight Center wurden zwei IBM 7090 installiert, die Nachfolger der 709. Sie hatten dieselbe Architektur und ebenfalls einen 32 KWort großen Speicher, waren aber als Transistorrechner sechsmal schneller. Die USAF hatte die IBM 7090 für ihr Frühwarnsystem BNEWS beschafft und dessen Aufgabe ähnelte stark den Anforderungen, die es für die Mercurymission gab. Es waren zwei IBM 7090, die parallel dasselbe Programm abarbeiteten. Die Ausgabe eines Rechners, des Primärcomputers, wurde zur Missionskontrolle weitergegeben. Das Konzept bewährte sich, den 90 Minuten vor dem Start von Friendship 7 fiel der Primärcomputer aus. Alle Anzeigen erloschen. Mit einem Schalter konnte man auf den Sekundärcomputer umschalten und den Primärcomputer herunter und wieder hochfahren. Der Countdown musste so nicht abgebrochen werden.

Es gab die Sorge, das die Leitung zu der Missionskontrolle unterbrochen sein könnte. Über eine angemietete Standleitung flossen 1.000 Bits pro Sekunde zur

Missionsleitung. Es war jeweils eine Eingabe- und eine Ausgabeleitung. Die NASA lies von IBM ein Gerät entwickeln, das IBM 7281 Data Communication Channel, das die Zahl der Kanäle verdoppelte. Es nützte aber nichts, denn die Telefongesellschaft bündelte alle Einzelkanäle zu einem Koaxialkabel, und als dieses durch den Schuss einer Schrotflinte beschädigt war, fielen alle vier Kanäle aus. Das war glücklicherweise zwischen zwei Missionen. Ein Dauerproblem blieb, das die analog über Telefonleitungen übertragenen Daten, durch das Rauschen nur teilweise von den Rechnern lesbar waren. Zum Programmende installierte die NASA daher eine eigene Leitung, die direkt zu den Bermudas ging, um das Telefonnetz mit den zwischengeschalteten Vermittlungsstellen zu umgehen.

Die IBM 7090 sollten nicht nur wie ihre Vorgänger IBM 709 die Radardaten verarbeiten, sondern missionskritische Go/No-Go Entscheidungen treffen. Nach Brennschluss der Atlas gab es ein kurzes Zeitfenster, in dem ermittelt werden musste, ob eine stabile Umlaufbahn erreicht war. Brach man die Mission später ab, so war die Kapsel so weit westlich, dass sie bei einer Notlandung über dem afrikanischen Festland niedergehen würde. Später berechnete der Computer laufend, wo die Kapsel landen würde, wenn man jetzt den Wiedereintritt einleiten würde und zeigte dies auf der Anzeigetafel an. Bei der MA-6 Mission gab es eine Abweichung von 65 km von dem geplanten Landepunkt. Wie sich bei der Auswertung zeigte, hatte man die Gewichtsabnahme während der Mission durch verbrauchten Sauerstoff und abgegebenes Kondenswasser vernachlässigt. Als man diese Faktoren mit hinzunahm, wurde die Vorhersage genauer. So konnte man, als Scott Carpenter beim nächsten Flug den richtigen Zeitpunkt für die Zündung verpasste und die Kapsel falsch ausgerichtet war, den Landepunkt vorhersagen und die Bergungsflotte dorthin schicken.

Der Rechner war nicht echtzeitfähig. Das bedeutete, er führte immer nur ein Programm zu einer bestimmten Zeit aus und das war ein Problem. Denn die Zentraleinheit konnte nicht gleichzeitig rechnen und Daten empfangen oder ausgeben. Der Rechner hatte aber drei Aufgaben: Er musste die Daten von Radarstationen rund um den Globus empfangen, sie verarbeiten und die Daten an die Missionskontrolle senden. IBM sollte das Problem lösen.

Die Programmierer entwickelten zwei Teillösungen. Das eine war der Mercurymonitor, eine Hardwarelösung, welche die Zentraleinheit von der Datenausgabe entlastete. So stand das Programm nicht, wenn die Daten mit nur 1000 Bit/s über die Telefonleitung übertragen wurden. Die zweite Lösung war ein rudimentäres Echtzeitbetriebssystem. Die Daten erhielten Prioritätsinformationen. Die höchste Priorität bekamen die Radareingangsdaten. Kamen Daten über die Leitung, die eine höhere Priorität hatten, als die gerade verarbeiteten, so wurde das Programm unterbrochen und zuerst diese Daten verarbeitet. Dieser prioritätsgesteuerte Betrieb reichte für die Mission aus.

Wie bereitet man das Personal in der Missionskontrolle auf eine Mission vor, die es in der Form noch nicht gab? Die Lösung der STG war es, alle Fälle zu durchdenken, vom Routinestart bis hin zu Systemausfällen. Anschließend wurden für jedes Ereignis die Reaktionen festgelegt, die am sinnvollsten waren. Dies bezeichnete man als „Procedures“. In Trainingseinheiten wurde dann dafür gesorgt, dass die Kontrolleure die Procedures auswendig durchführen konnten. Dazu beschrieben Computer Magnetbänder mit Messwerten, die dann bei der Simulation ausgelesen wurden und analog von den Schreibern wiedergegeben wurden. Nicht alles konnte man simulieren. Gene Kranz schreibt, dass man in Simulationen auch eine handbeschriebene Karte, wie bei einem Quiz, übergeben bekam, und dann so tun musste, als wäre das, was dort steht, gerade passiert.

Für Simulationen einer ganzen Mission bereitete man Magnetbänder vor, in denen vorberechnete Daten abgelegt waren. Sie wurden an die Bodenstationen verschickt, von den Rechnern der Bodenstationen der TAGIU gelesen und ihre Ausgabe als „echte“ Radardaten verarbeitet bzw. andere Magnetbänder steuerten die Ausgabe der analogen Schreiber und Messgeräte. Die Simulation funktionierte nur, wenn jede Bodenstation zum richtigen Zeitpunkt das richtige Magnetband einlegte. Mehr als einmal scheiterte eine Simulation, wenn die Magnetbänder vertauscht wurden. Auf ihnen waren auch die Ergebnisse möglicher (korrekter oder falscher) Aktionen abgelegt. Auch hier bedeutete eine Handlung, die nicht vorgesehen war, das Abbrechen der Simulation.

Das war nach heutigen Maßstäben primitiv. Innerhalb weniger Jahre gab es echtzeitfähige Computer, die berechnen konnten was passieren würde, wenn man als

Korrektur dieses und jenes tat und so das Ergebnis der Simulation dynamisch der Handlung anpassten.

Ergänzt wurden diese Magnetbänder durch Simsups, Simulator-supervisors, die die Simulation beaufsichtigten und zugleich die Aufgabe hatten, viele Personen zu ersetzen, die im Hintergrund arbeiteten, falls ein Flugkontrolleur z. B. eine Antwort von einem Spezialisten benötigte, denn nur sie kannten ja die wahre Ursache der simulierten Störung.

Auch die Missionskontrolle kam ohne Computer aus. Die Systeme der Kapsel wurden durch analoge Schreiber überwacht, vergleichbar den Graphen eines Seismometers. Ein Stift zeichnete Linien auf ein Papierband von der Rolle. 16 dieser Schreiber gab es pro Konsole in Mission Control. Gene Kranz bezeichnet die Ausrüstung der Kontrollzentren bei Mercury als „zur Hälfte veraltet und zur anderen Hälfte unerprobt".

Die Daten der Stationen des TAGIU Netzwerks wurden zum MCC über Fernschreiber übertragen. Ein Operateur tippte die Daten, die man beim Überflug gewann (der maximal acht Minuten dauerte) ab. Ein Fernschreiber stanzte dabei Löcher in eine Papierrolle. Die Rolle wurde in ein Lesegerät eingespannt und dann ausgelesen und als Telefonimpulse über eine Standleitung übertragen. Direkt übertragen wurde über eine zweite Telefonleitung die Sprache, also die Kommunikation mit dem Astronauten. Ein Techniker war in der Missionskontrolle nur damit beschäftigt, wie in einer Telefonzentrale mit einem Kabelbündel die jeweils nächste TAGIU-Station mit der Missionskontrolle zu verbinden.

81. Abbildung: Chris Kraft

Für das Training der Astronauten und Kontrolleure schuf man zwei Procedure-Trainer, das waren Kapseln mit den Anzeigen der Mercurykapsel und ihren Schaltern. Sie orientierten sich an schon existierenden Trainern für Flugzeuge. Einer wurde in Langley stationiert, einer bei dem MCC am Cape.

Christopher Kraft, Flugleiter während Mercury, schuf die Organisation des Kontrollzentrums. Es bestand aus verschiedenen Spezialisten, jeder verantwortlich für einen Teilbereich. Das System wurde bis heute beibehalten, nur das bei den folgenden Programmen aufgrund der komplexeren Systeme mehr Spezialisten zum Einsatz kamen. Folgende Rollen gab es bei Mercury:

Flight Director (Rufname: Flight): Verantwortlich für die Mission als Ganzes und für alle missionskritischen Entscheidungen, wie Flugabbruch, wann das Retromanöver beginnt etc. Bis zur letzten Mission, die wegen der Länge zwei Flugdirektoren erforderlich machte, war dies Chris Kraft.

Assistant Flight Direktor: Arbeitet dem Flugdirektor zu und protokolliert alles, was getan wird. Außerdem hat er alle Prozeduren griffbereit, um dort nachzuschlagen, was zu tun ist, wenn ein Notfall auftritt und man für diesen schon Procedures geschrieben hat. Achtet im Gegenzug darauf, dass die Procedures auch eingehalten werden. Gene Kranz fing als Controller an und rückte zum Ende des Mercuryprogramms in diese Position auf. Wenn der Flugdirektor den Raum verlässt, übernimmt er dessen Rolle.

Der **Flugarzt** überwachte die Vitalfunktionen des Astronauten, dazu gab es Sensoren, die auf seinen Körper geklebt wurden. Weitere befanden sich im Anzug. Ein EKG wurde laufend aufgezeichnet.

Da das Befinden des Piloten stark von den Umgebungsbedingungen abhängt, befand sich direkt neben dem Arzt die Konsole des Ingenieurs, der das **Umweltkontrollsystem** überwachte. Es gab einen laufenden Strom an Sauerstoff in den Anzug ab, filterte die Luft, entzog ihr Kohlendioxid und kondensierte das Wasser aus. Daneben überwachte der Spezialist die Temperaturen im Anzug und in der Kapsel und ihren Innendruck.

Das **Lagereglungssystem** hatte einen eigenen Ingenieur. Er überwachte sowohl die räumliche Lage des Raumschiffs wie auch die Tätigkeit der Triebwerke, ihren Treibstoffverbrauch und ihren Vorrat. Er überwachte auch das elektrische System.

Für die Kommunikation des Piloten mit den Bodenstationen und dem Kontrollzentrum gab es einen eigenen Ingenieur. Die Intention war es, die gesamte Kommunikation, selbst die Anweisungen des Flugleiters, in einer Person zu bündeln. Der Capsule Communicator, abgekürzt **CapCom**, blieb als Bezeichnung, obwohl man im Jahre 1962 die offizielle Bezeichnung von „Capsule" zu „Spacecraft" änderte, weil die Astronauten sie als erniedrigend empfanden.

Als die bemannten Flüge begannen, wurden Astronauten mit dem Job des CapComs betraut. Die Idee war, dass sie sich am besten in den Piloten hineinversetzen konnten, durchliefen sie doch dasselbe Training und waren eventuell sogar schon geflogen. Zumindest kannten sie sich persönlich. Einige Astronauten mussten dann zu entfernten Bodenstationen reisen. Bei 3-Orbit-Missionen waren die Bodenstationen auf den Bermudas, Muchea in Australien und Point Arguello mit Astronauten als Capcoms besetzt. Bermuda hatte Funkkontakt, wenn die Atlas Brennschluss hatte und die Kapsel in den Orbit gelangte, oder eben nicht. Das war die erste kritische Go/No-Go Entscheidung. Über Muchea stand das Retromanöver an. Während des Überflugs von Point Arguello erfolgte der Wiedereintritt in die Atmosphäre, bei der die Kapsel eine genaue räumliche Lage einnehmen und aufrechterhalten musste. Die Kapsel landete im Empfangsbereich von Bermuda.

Die Überwachung der Flugbahn erfolgte durch einen eigenen Ingenieur, den Flight Dynamics Officer, kurz **FIDO**. Er überwachte die Bahn, nahm Kalkulationen auf dem Rechner im Goddard Zentrum vor, wie sie sich verändert und ob das Raumschiff an der Position ist, in der es sein sollte. Er hatte vor allem während des Aufstiegs und während des Wiedereintritts viel zu tun.

Da das System sehr komplex war, gab es eine eigene Konsole (Rufname: **Retro**), die sich nur mit den Retroraketen und ihren Subsystemen beschäftigte.

Der FIDO wiederum arbeitete dem Range Safety Officier (**RSO**) zu. Er war ein Angehöriger der USAF und gehörte zum festen Stab von Cape Canaveral. Er hatte dafür Sorge zu tragen, dass die Rakete keine anderen Menschen gefährdet. Wenn die Rakete fest vorgegebene Grenzen überschritt, drückte er den Selbstzerstörungsknopf. Die STG setzte durch, dass zuerst ein Signal den Fluchtturm zündete und die Kapsel von der Rakete entfernte. Erst 3,3 s später wurde die Selbstzerstörung der Rakete initiiert. So geschehen bei MA-3 (S. 293).

Die Vorbereitung der Rakete auf den Start wurde von einem eigenen Team durchgeführt. Es befand sich im „**Blockhaus**", einem Bunker mit meterdicken Betonwänden nahe der Startrampe, um im Falle von Störungen schnell jemanden zur Rakete zu schicken. Sobald die Rakete abhob, wanderte die Zuständigkeit zum Mercury Control Center. Das Blockhaus hatte einen eigenen Capcom, der auch den Astronauten vor dem Abheben bei Laune hielt. Dieser bestieg die Kapsel zwei Stunden vor dem Start. Bei allen frühen Missionen gab es ungeplante Verzögerungen, in denen der Countdown angehalten wurde.

Der für die Rakete Verantwortliche im MCC, „**Booster**" war Verbindungsmann zum Blockhaus bis zum Abheben, danach überwachte er die Rakete.

Ebenso musste jemand sich um die Kommunikation mit dem Netz der Bodenstationen rund um die Welt kümmern. Das war wiederum eine eigene Konsole (**Networks**). Da die wichtigsten Bodenstationen von der USAF am Cape, in Point Arguello, White Sands und auf den Bermu-

82. Abbildung: Walter C. Williams

das betrieben wurden, bekam diesen Job ein Air Force Offizier der nahegelegenen Patrick Air Force Base.

Drei Sitze im hinteren Bereich hatten mit der Mission als Ganzes zu tun. Das war zum einen der **Operations Director**, der für die Mission Zuständige. Während der Orbitalflüge des Mercuryprogramms war dies Walt Williams. Er war bis zur Mission MA-5 Flugdirektor und rückte dann in der Hierarchie auf. Ein weiterer Sitz war für einen hochrangigen Vertreter des Militärs – bevorzugt ein General oder eine ähnliche Position mit Befehlsgewalt – vorgesehen. Die NASA war auf Navy und Air Force angewiesen. Die Bergungsoperationen umfassten bis zu 18.000 Personen und im Falle einer Notlandung benötigte man jemand, der die Befehlsgewalt hatte, Kräfte zu einem neuen Landepunkt zu entsenden. Dies war der **Recovery Commander**.

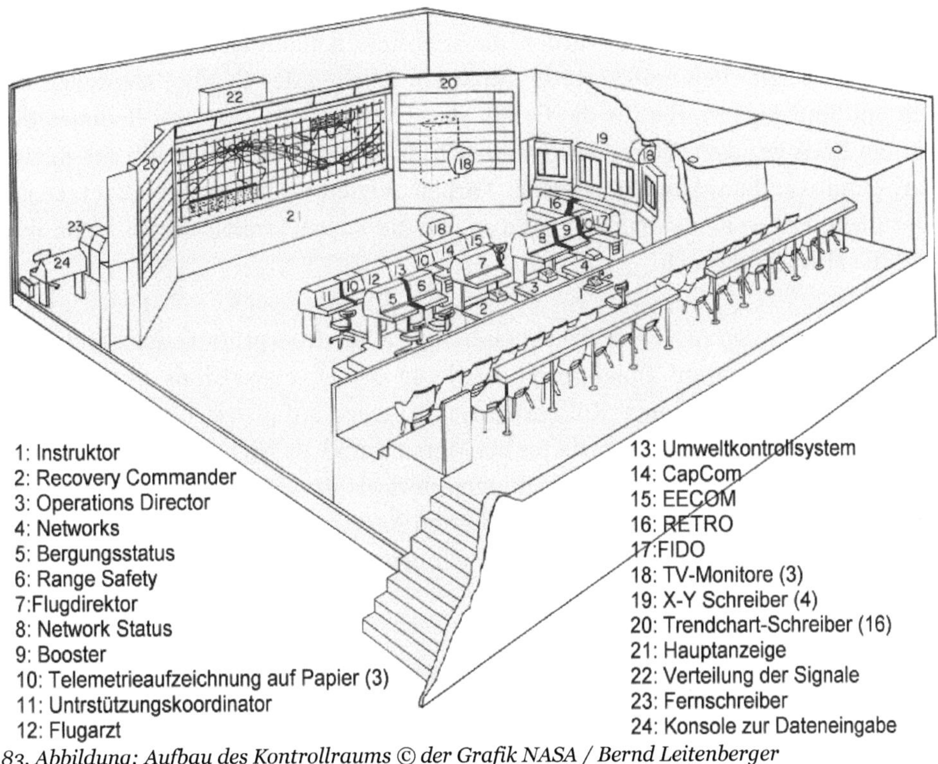

1: Instruktor
2: Recovery Commander
3: Operations Director
4: Networks
5: Bergungsstatus
6: Range Safety
7: Flugdirektor
8: Network Status
9: Booster
10: Telemetrieaufzeichnung auf Papier (3)
11: Untrstützungskoordinator
12: Flugarzt

13: Umweltkontrollsystem
14: CapCom
15: EECOM
16: RETRO
17: FIDO
18: TV-Monitore (3)
19: X-Y Schreiber (4)
20: Trendchart-Schreiber (16)
21: Hauptanzeige
22: Verteilung der Signale
23: Fernschreiber
24: Konsole zur Dateneingabe

83. Abbildung: Aufbau des Kontrollraums © der Grafik NASA / Bernd Leitenberger

Die letzte Position hatte der **Public Affair Officier** (PAO) inne. Der PAO – bei den meisten Missionen „Shorty" Powers, gab an die Medien weiter, was passierte, übersetzte den Jargon der Kontrolleure in allgemein verständliche Sprache. Powers prägte auch den Ausdruck „A-OK", weil er besser als ein einfaches „Ok" klang. Die Astronauten hassten diese „sprachliche Entgleisung".

Zum Kontrollraum kamen noch weitere Räume, in denen weitere Ingenieure saßen, die sich genauer mit den Subsystemen auskannten. Auch Vertreter vom Hersteller der Kapsel, McDonnell, waren anwesend, auf die man bei Problemen zurückgreifen konnte, um eine Expertise einzuholen. Dort gab es auch eine Person, die sich nur damit beschäftigte, dass das Kontrollzentrum überhaupt funktionierte. Vor allem die Leitungen zu den Computern erwiesen sich als anfällig für Störungen.

Erst mit den bemannten Missionen zog die große Erdkarte an der Frontwand ein. Chris Kraft hielt sie für überflüssig, doch als sie da war, sah jeder den offensichtlichen Nutzen. In einer Ecke wurden die wichtigsten Bahndaten des Raumschiffs eingeblendet. Die Bewegung wurde durch ein leuchtendes Symbol angezeigt, das sich auf Sinuskurven, die für die Orbits standen, bewegte. Um jede Bodenstation war ein Kreis gezogen. Wenn das Symbol für das Raumschiff innerhalb des Kreises war, dann war Funkkontakt möglich. Farben zeigten an, ob es Funkkontakt gab oder nicht. Ein weiteres Symbol zeigte an, wo die Kapsel landen würde, wenn man jetzt die Mission abbrach.

Relativ spät wurden Ärzte ins Projekt einbezogen. Die Überprüfung der Kandidaten für die Astronauten auf Tauglichkeit wurde an der Lovelace-Klinik durchgeführt. Dr. Lovelace hatte sich einen Ruf erarbeitet, Personen auf physischen Stress zu testen. Selbst Chris Kraft, Missionsleiter bei Mercury und als Nicht-Astronaut weitestgehend neutral, bezeichnete die Prüfungen dort als die „Hölle". Doch danach sah die STG nicht den Bedarf für einen dezidierten Arzt im Programm. Bald drang aber zur Space Task Group durch, das in Washington, im NASA-Hauptquartier aber auch beim Kongress, Gerüchte aufkamen.

Wie immer wenn ein neues Verkehrsmittel eingeführt wird, das erheblich schneller als das existierende ist, gab es Stimmen, die vor schädlichen Auswirkungen warnten. Als die Eisenbahn aufkam, gab es Ärzte, die davor warnten, dass die hohe Geschwindigkeit zu Gesundheitsschäden führen konnte. Dasselbe wiederholte sich bei der Luftfahrt. 1958 war die Medizin weiter. Niemand postulierte, das die Astronauten die maximal einen Tag im All bleiben würden, langfristige Gesundheitsschäden davon tragen würden.

Doch es gab andere, durchaus ernst zu nehmende und medizinisch begründete Einwände. Was passiert, wenn in der Schwerelosigkeit der Inhalt von Magen, Darm und Blase schwerelos ist? Konnte dies zu Übelkeit, Durchfall oder Inkontinenz führen? Man wusste, das unser Gleichgewichtssinn darauf beruht, dass kleine Steinchen in Sinneszellen einen Reiz ausüben, weil sie durch die Schwerkraft angezogen die Richtung „unten" anzeigten. Was passiert, wenn dies nicht mehr der Fall ist und das Auge z. B. beim Blick auf die Erde verwirrende Informationen an das Gehirn sendet? Würde es zu Schwindel kommen, gäbe es Kopfschmerzen oder wären die Astronauten orientierungslos?

84. Abbildung: Blick auf die Konsolen

Chris Kraft bezeichnet in seiner Autobiografie diese Sorgen als unbegründet. Doch das entspricht nach Ansicht des Autors nicht der Wahrheit. Es gab ja schon die Möglichkeit, bei Parabelflügen kurzzeitig (maximal 30 s) Schwerelosigkeit herzustellen. Vielen, die diese Flüge absolvieren, wird dabei schlecht und sie müssen sich übergeben. Es gibt auch die Weltraumkrankheit, die sich ebenfalls in Übelkeit, Erbrechen und Orientierungslosigkeit äußert und von der etwa ein Viertel der Astronauten betroffen ist. Sie trat nur in den kleinen Kapseln nicht auf, weil man sich dazu frei bewegen musste, um ein widersprüchliches Signal (die Augen melden dem Gehirn „ich bewege mich", der Gleichgewichtssinn meldet gar nichts) zu erzeugen. Sie trat aber bei German Titow auf, dem zweiten Mann im All, wurde allerdings damals nicht erwähnt. In der US-Raumfahrt gab es den ersten offiziellen Fall von Weltraumkrankheit bei Apollo 9 bei Rusty Schweickart. Kraft sah es damals als persönliche Schwäche. Schweickart bekam keinen weiteren Flug mehr.

Die NASA stellte drei Ärzte ein, die schon in den Streitkräften angestellt waren, darunter einen Psychologen. Besonders hilfreich beim Abwehren der Vorwürfe und Gerüchte um die angeblichen Probleme der Astronauten in der Schwerelosigkeit, waren sie nach Krafts Ansicht nicht. Nur einer sah die Problematik, die solche Bedenken für das Programm hatte, und trug dazu bei, sie zu zerstreuen. Sie waren aber an der Ausarbeitung des Testprogramms beteiligt und sie arbeiteten als Flugarzt im MCC. Die Astronauten lobten dagegen den Luftwaffenarzt Williams Douglas, der selbst die Zentrifuge ausprobierte und ihnen Tipps für Übungen gab, mit denen sie höhere Beschleunigungen aushalten konnten.

Auch am Startplatz musste an der Sicherheit nachgebessert werden. Wenn eine Rakete explodierte, wartete man einfach ab. Die Treibstoffe waren hoch entzündlich und das Feuer ging von alleine aus, wenn das Kerosin oder der Alkohol verbannt war. Retten konnte man eh nichts mehr. Das war bei bemannten Missionen nicht möglich. Es wurden zwei „Cherry Picker", das sind Wagen, mit einem ausfahrbaren Kranausleger und einem Korb, angeschafft. Sie wurden angeschafft, weil die Ärzte darauf bestanden, in jedem Falle schnellstmöglichen Zugang zum Astronauten im Falle eines Notfalls zu haben. Sie leisteten gute Dienste: Nach dem kurzen Flug von MR-1 (S. 267) wurde mit einem der Wagen ein Verantwortlicher zur Kapsel gebracht, um ihr elektrisches System abzuschalten. Die Idee stammte von Donald

Slayton, man beschaffte je einen Kranwagen, dessen Hubhöhe zur Atlas und Redstone passte.

Dazu kamen drei M113 Schützenpanzer, die als Feuerwehrfahrzeug ausgelegt waren. In jedem hielt sich eine Feuerwehrtruppe auf, mit flammenbeständigen Anzügen und Atemmasken. Zwei der Fahrzeuge konnten trockenes Pulver zum Flammenlöschen verschießen, ein Dritter hatte einen Kranausleger, mit dem er die Kapsel in Sicherheit bringen konnte. Mit Feuerwehräxten wäre die Luke eingeschlagen worden. Daneben gab es an vier Stellen bei den Startrampen Anschlüsse für Hochdruckschläuche, die Wasser versprühten. An Rampe 14 wurde an dem Serviceturm der Atlas, der etwa 8 m von der Rakete entfernt steht, eine Rampe angebracht, die in 30 s heruntergelassen werden konnte. Sie endete direkt vor Ausstiegsluke. Der Astronaut sollte diese dann herunterrutschen. Er kam bei einem Expressaufzug an, der ihn in 30 s zum Boden bringt. Bis dahin wäre ein Mannschaftswagen zur Startrampe gefahren, der ihn in Sicherheit bringt.

Das Verfahren war für den Notfall, aber ohne Feuergefahr vorgesehen. Bei Feuergefahr wäre in den letzten 30 Minuten vor dem Abheben der Rettungsturm ausgelöst worden. Vorher waren noch genügend Kräfte vor Ort, sodass man erst eine Feuerlöschung versucht hätte. Ein Teil der Maßnahmen wurde praktisch erprobt. Bei MR-BD (S. 288) platzierte man einen Lastwagen als Ersatz für den Cherrypicker 20 m neben der Startrampe und die Feuerwehr wartete in ihren M113 Schützenpanzer 300 m von der Rakete entfernt.

Bei beiden Rampen wurde der White Room installiert. Er war eine verschiebbare Servicestruktur, die an die Kapsel herangeschoben wurde. Er war voll klimatisiert. Die Luft wurde gefiltert, damit er Reinraumbedingungen erfüllte. Der Astronaut fuhr mit einem Aufzug am Servicetower auf die Höhe des White Rooms und betrat ihn durch eine Luftschleuse. Techniker halfen ihm beim Einsteigen und Anbringen der Gurte und verschlossen dann die Luke. Etwa eine Stunde vor dem Abheben verließen alle Personen den White Room, der dann etwa 45 Minuten vor dem Start zurückgefahren wurde, damit er nicht durch den Start beschädigt wurde.

Das Konzept bewährte sich und wurde auch bei Gemini eingesetzt. Apollo und das Space Shuttle hatten dann fest installierte White Rooms auf den Servicetürmen.

85. *Abbildung: Das Mercury Kontrollzentrum während der Mission MA-8*

Die Missionen

Mercury umfasste neben den sechs bemannten Missionen zahlreiche unbemannte Missionen als Vorbereitung. Bei MR-2, (S. 277) und MA-5, (S. 316) wurden Schimpansen als Passagiere gestartet, bei Little Joe 2 (S. 252) und 1B (S. 255) waren es Rhesusaffen.

Bei Mercury als erstes bemanntes Programm war die Zahl der unbemannten Tests besonders groß. Es gab sieben Tests mit der Little Joe zur Erprobung des Fluchtturms, ein Test mit einer Atlas zur Erprobung des Hitzeschutzschildes („Big Joe"), drei unbemannte Tests mit der Redstone und fünf unbemannte Tests mit der Atlas.

Diesen 16 unbemannten Tests (plus zwei Starts des Fluchtturms alleine) standen nur sechs bemannte Flüge gegenüber. Es mussten vier Little Joe Flüge wiederholt werden, daneben die Missionen MA-1 und MA-3 und es gab die zusätzliche Mission Redstone MR-BD. Ursprünglich waren sogar noch mehr Starts geplant:

Träger	Geplant	Tatsächlich
Little Joe	4 + 1 Backup	7 (8 mit Little Joe 1)
Big Joe	0	1
Redstone	8, davon 2 unbemannt	5, davon 3 unbemannt
Jupiter	2	0
Atlas	9, davon 3 unbemannt	9, davon 5 unbemannt
Scout	0	1
Gesamt	23 bis 24	23 (25 mit Little Joe 1 / Beach Abort)

Der originale Plan sah nicht nur mehr bemannte Flüge vor (zwölf anstatt sechs), sondern war auch zeitlich erheblich anspruchsvoller. Der erste Little Joe Test sollte im Juli 1959 stattfinden. Im Februar 1960 sollte die erste bemannte Mercury-Redstone Mission abheben, im April 1960 schon die erste bemannte Mission mit der Atlas und im September 1960 das Programm abgeschlossen sein – der Plan dafür stammte vom Januar 1959, sah also praktisch einen Start alle 18 Tage vor. Das war selbst für die damalige Zeit enorm ambitioniert, vor allem wenn man bedenkt, dass weder Atlas noch Raumschiff qualifiziert waren.

Das Programm wurde vorzeitig nach Mercury-Atlas 9 beendet. Nachdem schon Mercury 8 alle Missionsziele erfüllt hatte und Wostok 3 einen Langzeitrekord im All gesetzt hatte, den Mercury nicht überbieten konnte, verzichtet man auf die folgenden Flüge, um das Gemini-Programm zu beschleunigen. Das erlaubte es, Alan Shepard auf seine Gemini-Mission zu trainieren. Er war für die erste bemannte Geminimission, Gemini 3, als Kommandant vorgesehen. Shepard sollte ursprünglich die nächste Mercurymission, MA-10, fliegen.

Ähnlich bereitete Russland die Wostok-Missionen vor. Koroljow gab als Vorgabe aus, dass zwei unbemannte Missionen in Folge erfolgreich sein mussten, bevor man Gagarin startete. Bei Wostok gab es sieben unbemannte Missionen zur Vorbereitung.

Bei Gemini, wo die NASA schon bei der Qualifikation der militärischen Version der Titan 2 beteiligt war, gab es nur zwei unbemannte Testflüge zur Qualifizierung der Kapsel. Die Titan musste nicht qualifiziert werden. Bei Apollo gab es einen bzw. zwei Tests zur Erprobung der Saturn IB und V. Die Testflüge wurden auch für den Test eines Massemodells des CSM (Saturn IB) und des CSM/LM unter den Bedingungen einer Rückkehrbahn (Saturn V) genutzt. Dazu kamen zwei Tests von Massemodellen der Apollokapsel mit der Saturn I, zwei Tests des CSM auf suborbitalen Bahnen zur Qualifizierung der Abortmodi, je ein Test der Mondlandefähre (Apollo 5) und des Servicemoduls (Apollo 4) getrennt und ein Test der Kombination (Apollo 6). Weiterhin gab es fünf Tests des Fluchtturms mit der Little Joe. Es gab also ähnlich viele unbemannte Tests wie bei Mercury.

Mercury ist das einzige bemannte NASA-Programm ohne toten Astronauten (beim Geminiprogramm starb kein Astronaut bei einer Mission, doch vier Piloten der Astronautengruppe 2 und 3 starben bei Flugzeugabstürzen ihrer T-38 Trainer, die für Privatflüge und Flüge zu den Herstellern / NASA-Zentren genutzt wurden).

Ein weiteres Unikum ist, dass die erste Astronautengruppe die Einzige ist, die in allen vier bemannten Raumschiffen der USA flogen:

- Mercury: alle bis auf Donald Slayton

- Gemini: Grissom, Schirra, Cooper

- Apollo: Schirra, Shepard, Slayton

- Space Shuttle: Glenn

Die Missionen waren so ausgelegt, dass sie auch unbemannt geflogen werden konnte. Eine unbemannte Mercury-Orbitmission sah so aus:

3 s nach Brennschluss der Atlas zünden die Trennraketen. Sie beschleunigen die Kapsel, wodurch sie sich von der Atlas entfernt und das Apogäum etwas höher liegt. Alle folgenden Schritte werden nun von einem Zeitgeber an Bord der Kapsel ausgelöst, können aber durch ein Funkkommando „überstimmt" werden.

Etwa 30 s nach Abtrennung der Kapsel macht diese eine 180 Grad Drehung und dreht sich in Wiedereintrittsposition – die Nase um 34 Grad zur Horizontalen geneigt. In dieser Position liefert ein Horizontsensor, der die IR-Strahlung der Erde empfängt, ein Referenzsignal. Ist die Kapsel falsch geneigt, so liefert er ein abweichendes Signal, was zum Zünden der Triebwerke genutzt wird, bis die Kapsel wieder korrekt orientiert ist.

Die räumliche Orientierung im Raum wird durch Gyroskope überwacht. Diese schnell rotierenden Kreisel geben einen Impuls ab, wenn sie aus ihrer Rotationsachse verschoben werden, wenn z. B. die Kapsel sich neigt. Der Nachteil ist, dass sich die Rotationsachse langsam verschiebt, sodass die Kreisel regelmäßig neu ausgerichtet werden müssen. Man rechnete mit kleinen Fehlern während der nur drei Umläufe dauernden Missionen. Ein automatisches Steuersystem mit 12 Triebwerken, vier in jeder Raumachse, wird dann aktiv und zündet diese gegen die Störbewegung, bis die Rotationsachse der Kreisel wieder in der ursprünglichen Ebene liegt. Diese Systeme halten die Kapsel die nächsten zweieinhalb Umläufe in der korrekten Ausrichtung.

Steht der Wiedereintritt an, zündet ein Zeitgeber die drei Retroraketen. Sie werden 30 s später, ebenfalls durch ein Zeitsignal abgelöst, indem pyrotechnische Ladungen die drei Bänder, mit denen sie fixiert sind, durchtrennen. Die Zeitgeber mussten oft nachjustiert werden. Typisch waren 10 bis 20 s Abweichung in drei Umläufen. Dass lag daran, dass die Umlaufbahnen relativ erdnah waren, mit einem Perigäum von etwa 150 km und einem Apogäum von 250 km. Sinkt während eines Umlaufs das Apogäum um 10 km ab (entspricht einer Abbremsung durch die Atmosphäre um 3 m/s) so geht die Uhr um 6 s nach. Die Umlaufbahnen waren so gewählt, dass sie auch ohne Wiedereintrittszündung nur wenige Tage stabil waren. Die Atlas-Trägerraketen im selben Orbit verglühten meist am nächsten Tag.

Sobald das 0,05-G-Signal den Wiedereintritt signalisierte, brachte das automatische Kontrollsystem die Kapsel in eine langsame Rotation um die Längsachse, damit der Hitzeschutzschild gleichmäßig abgenutzt wurde.

Der nächste Schritt beim Wiedereintritt war die Auslösung des Pilotfallschirms in 6.100 m Höhe. Der Fallschirm mit einem Durchmesser von 2,0 m bremste die Mercurykapsel von 1.020 auf 322 km/h ab. Seine Hauptfunktion war es, den Flug zu stabilisieren. Das Auslösen geschah durch Druckmesser. Würden die Druckmesser für den Pilotfallschirm ausfallen, so würde der Pilotfallschirm durch die Druckmesser des Hauptfallschirms in 3.300 m Höhe entfaltet werden. Die Höhe für die Auslösung des Pilotfallschirms variierte und bei den unbemannten Missionen wurde er in größerer Höhe ausgelöst.

Es folgt dann in rund 3.000 m Höhe der Hauptfallschirm, ebenfalls getriggert durch einen Druckmesser. Wenn der primäre Hauptfallschirm sich nicht korrekt entfaltet oder gar nicht herausgeschossen wird, konnte bei bemannten Missionen der Astronaut einen gleich großen Reservefallschirm auslösen. Sobald die Leinen des Fallschirms gerafft sind, erzeugt die Verzögerung um 4 g das Signal zum Auslösen der SOFAR-Bombe. Sie trennt sich vom Raumschiff, fällt ins Wasser und detoniert, ebenfalls durch Druckmesser getriggert, in 760 m Tiefe. Der Ruck löst auch den Pilotfallschirm und den obersten Zylinder mit den Antennen ab.

Nach der Öffnung des Hauptfallschirms gab der Zeitgeber wenige Sekunden später erst das Signal zum Ablassen des Resttreibstoffs, dann zum Ausfahren des Landesacks. Der Hitzeschutzschild wurde abgelöst. Er zog den Landesack heraus und mit ihm als Luftkissen betrug die Aufschlaggeschwindigkeit auf dem Wasser nur noch 32 km/h. Auch Stanniolstreifen zur besseren Radarortung wurden abgeworfen.

Ein Zeitgeber trennte automatisch 10 Minuten nach der Landung den Hauptfallschirm ab und setzte Leuchtfarbe frei. Gleichzeitig wurden Peilsender zur Ortung aktiviert. Der Astronaut konnte dies abkürzen, indem er einen Schalter umlegte. Das Signal für die Postlandeoperationen lieferte ein Beschleunigungssensor, der bei einer Abbremsung von 7,5 ± 1,12 g aktiv wurde.

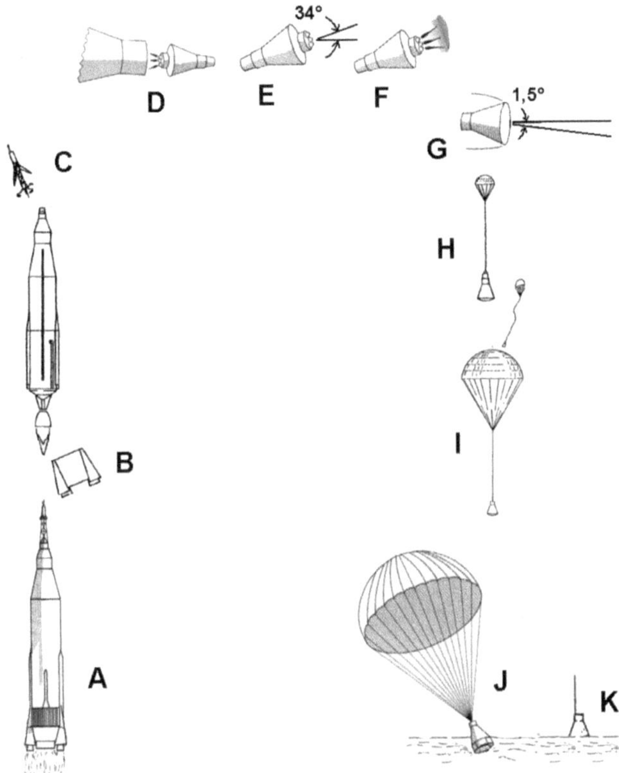

Flog ein Astronaut mit, so konnte er das Raumschiff steuern und das automatische System korrigieren oder ganz abschalten. Ebenso konnte er manuell die Retroraketen auslösen. Ansonsten hatte er wenig zu tun, wenn nicht, wie bei den letzten Missionen, Experimente anstanden. Meistens musste er beim Überfliegen der Bodenstation die Körpertemperatur oral messen und seinen Blutdruck bestimmen und diese Werte dann per Funk durchgeben.

Abbildung 86: Missionsprofil: A: Start, B: Boostertriebwerksabwurf, C: Fluchtturmabtrennung, D: Abtrennung Mercurykapsel, E:Drehen in Wiedereintrittsposition und halten dieser, F: Zündung der Retroraketen, G: Wiedereintritt, H: Auslösen des Pilotfallschirms in 6,4 km Höhe, I: Auslösen des Hauptfallschirms in 3,1 km Höhe, J: Wasserung, K: Abtrennung Fallschirm und Aussenden des Peilsignals © der Grafik NASA / Bernd-Leitenberger

Abbruchszenarien

Die Mission konnte auch anders verlaufen. Fehlstarts waren damals an der Tagesordnung. Bis zum ersten Einsatz einer bemannten Mercurykapsel waren ein Drittel aller Atlas Starts gescheitert. Bei der Redstone waren es 12 % – deutlich besser, aber bei sechs geplanten Starts (im ursprünglichen Programm) wäre statistisch immer noch einer schiefgegangen.

Rettungsturm und ASIS waren dafür verantwortlich, dass die Kapsel unbeschädigt von der Rakete entfernt wurde. Doch dann musste sie auch noch sicher landen.

Der kritischste Punkt war ein Abbruch vor dem Abheben. Es gab damals noch relativ häufig den Fall, das eine Rakete bei den Startvorbereitungen oder kurz nach dem Abheben explodierte. Alleine während des Mercuryprogramms gab es folgende Explosionen einer Atlas auf der Startrampe:

1. 25.9.1959: Eine Atlas 9C hatte eine 24 s lang dauernden statischen Test auf der Startrampe LC12. Sie sollte wenige Tage später die erste Raumsonde des Atlas Able Programms starten. Das Zünden der Triebwerke verlief ohne Problem, aber eine Treibstoffleitung brach und der heraustretende Treibstoff entzündete sich. Die Atlas 9C explodierte und die Startbasis 12 musste acht Monate lang wieder instand gesetzt werden.

2. 5.3.1960: Bei einer Befüllungsübung explodierte auf der Vandenberg Air Force Base die Atlas 19D auf der Rampe 576-A1, als ein Feuer ausbrach.

3. 11.3.1960: Die Nächste von einer Atlas zerstörte Rampe war das Nachbarpad LC13 am CCAF. Die Atlas 51D hob ab, doch als sie gerade mal 2 m über dem Boden war, hatte das Boostertriebwerk B2 eine Verbrennungsinstabilität und durch den absinkenden Schub fiel sie auf die Startrampe zurück. Die Explosion zerstörte LC13. Die Reparatur dauerte sieben Monate.

4. 8.4.1960: Weniger als vier Wochen später beschädigte die Atlas 48D die Nachbarrampe LC11 am Cape. Sie hob diesmal nicht ab. Es gab eine Explosion in der Antriebssektion. Der Antrieb wurde abgeschaltet und brannte

60 s lang vor sich hin, bis auch die Treibstofftanks explodierten. Der Schaden war etwas kleiner als bei der Atlas 51D. Die Startrampe LC11 war schon drei Monate später wieder bereit für den nächsten Start.

5. 9.9.1960: Der Start des militärischen Satelliten SAMOS 3 von Point Arguello stand an. Die Atlas Agena B (106D / 2202) hatte gerade etwa 1 m von der Startrampe LC 1-1 abgehoben, als eine nicht abgetrennte Leitung das Steuersystem zum Umschalten auf externe Stromversorgung brachte. Diese war aber schon abgetrennt. Das hatte zur Folge, dass die Triebwerke abschalteten und die Rakete aus 1 m Höhe wieder auf die Rampe fiel und explodierte. Neun Wochen später wurde von demselben Pad der Schwestersatellit SAMOS 4 gestartet.

6. 7.6.1961: Erneut scheitert ein Flug auf der Vandenberg Air Force Base. Diesmal war es die erste operationelle Atlas E, Nr. 27E. Erneut war die Ursache eine Verbrennungsinstabilität in den Boostertriebwerken. Die Startrampe 476F war für neun Monate außer Betrieb.

7. 9.4.1962: Erneut erwischte es die Atlas-Rampe 11 auf dem Cape. Die Atlas 11F hatte gerade abgehoben, als das zentrale Sustainertriebwerk explodierte und die ganze Rakete in einem Feuerball endete. Startrampe 11 benötigte drei Monate für die Reparatur.

8. 11.5.1963: Eine Atlas D Agena sitzt bei einem Prelaunchcheck auf der Rampe in Vandenberg. Auf ihr eine Agena D Oberstufe und ein GAMBIT Spionagesatellit. Da wird der obere Sauerstofftank entleert. Ohne Druckgas (Leitung blockiert) sank der Druck im Tank und durch das Gewicht von Oberstufe und Nutzlast (zusammen rund 10 t) kollabierte er. Man sieht auf den Filmaufnahmen, wie sich die Oberstufe mit Nutzlasthülle zuerst neigt und dann zur Erde fällt. Es grenzt an ein Wunder, das der dabei beschädigte, noch volle, Kerosintank nicht explodierte, sondern sich „nur“ 40 t Kerosin über die Rampe verteilten.

Das waren acht Bodenexplosionen der Trägerrakete von Mercury in vier Jahren. Alleine 1960 gab es vier. Kein Wunder, das die STG Wert darauf legte, dass der Rettungsturm die Besatzung auch vor dem Abheben in Sicherheit bringen konnte.

Beim Beach Abort Test (S. 258) wurde dies getestet. Der Fluchtturm brachte die Kapsel auf eine Höhe von 750 m. Durch den Drucksensor wurde gleich der Hauptfallschirm geöffnet, der Pilotfallschirm dabei abgetrennt. Die Kapsel ging 1,7 km vom Startpunkt entfernt nieder. Die Höhe reichte aus, den Fallschirm zu entfalten, die Landegeschwindigkeit war aber höher als bei der normalen Landung. Ein Abbruch vor dem Abheben war nur durch Kommando oder den Astronauten möglich. Der automatische Modus des ASIS wurde erst 2 s nach dem Abheben aktiv.

Nach dem Abheben gab es entlang des Flugpfades fünf Bergungszonen, jeweils mit Schiffen und Hubschraubern. Die grundsätzliche Vorgehensweise war immer gleich – man konnte nicht den ganzen Flugpfad absichern. Die Atlas hatte in 800 km Entfernung vom Cape Brennschluss. Man richtete fünf Landezonen ein. Die Abtrennung würde, solange der Fluchtturm noch an der Kapsel ist, durch ihn erfolgen. Ansonsten erfolgte sie durch die Trennraketen von Mercury. Auch der nächste Schritt, das Drehen der Kapsel in Landeposition, erfolgte automatisch.

Nach der Abtrennung hatte der Astronaut die Möglichkeit, mit den Bremsraketen den Punkt zu verschieben, bei dem er landet. Also näher zu einer Landezone oder nicht, indem er sie zündet oder dies nicht tut. Bei einer Rettungsmission wären die Hubschrauber in maximal 30 Minuten bei der Kapsel gewesen und ein Schiff in ein bis zwei Stunden.

Sobald die Kapsel einen Orbit erreicht hatte, war sie relativ sicher. Man kannte nicht die Gefahren durch Mikrometeoriten, die damals höher eingeschätzt wurden, als sie tatsächlich waren. Doch der Astronaut hatte ja noch als zusätzlichen Schutz den Anzug. Es gab rund um den Erdball US-Militärstützpunkte, auf denen während der Missionen Helikopter und Schiffe in Bereitschaft waren, um im Falle eines Falles einspringen zu können. Wenn es ein Vorkommnis im Orbit gab, so war man bestrebt, die Kapsel möglichst nahe an einem dieser Punkte, idealerweise beim primären Landepunkt, herunterzubringen. Die Ausbildung der Astronauten beinhaltete auch Trainingseinheiten für einen Niedergang in der Wüste oder im Wasser.

Zumindest das Erste ist eher unwahrscheinlich, da Afrika, der Kontinent mit der größten Landmasse, der überflogen wurde, innerhalb weniger Minuten passiert war. Verzögerte man also den Eintritt um wenige Minuten, so würde Mercury im Indischen Ozean niedergehen. Da in jedem Falle der Wiedereintritt mindestens 30 Minuten dauerte, stand diese Zeitspanne eigentlich zur Verfügung. Auch die Notsauerstoffversorgung für den Fall einer undichten Kapsel und eines beschädigten Anzugs würde 80 Minuten lang ausreichen.

Der Personalaufwand war für die heutige Zeit enorm. Bei Coopers Mission, die durch ihre Dauer die gesamte Erdoberfläche zwischen dem -30 und +30 Breitengrad überflog, waren 18.000 Personen, 28 Schiffe, 171 Flugzeuge und 84 Ärzte in Bereitschaft.

Alleine die Kosten für die Operationen für 52 Flugstunden werden je nach Quelle auf 16 bis 49 Millionen Dollar beziffert. Das sind heute inflationsbereinigt 128 bis 400 Millionen Dollar.

Abbildung 87: Bergung der Kapsel von MR-3

Little Joe 1 (21.8.1959)

Schon am 21.8.1958, also weniger als ein Jahr nach der Ausschreibung von Mercury, sollte der erste Start einer Litte Joe stattfinden. Das Ziel des ersten Starts war die Simulation der Auslösung des Rettungsturms bei der maximalen aerodynamischen Belastung, die bei Trägerraketen in der Stratosphäre auftritt. Wegen der geringen Höhe und zu diesem Zeitpunkt geringen Geschwindigkeit war die Little Joe nur mit zwei Pollux Boostern ausgestattet. Dazu kamen die vier Recruit als Startunterstützung.

Die Vorbereitung war schon weitestgehend abgeschlossen, die Kameras liefen schon, als Max Faget, der sich in unmittelbarer Nähe der Rakete befand, ein lautes Klicken hörte. Wie Chris Kraft berichtet, fing er darauf zu rennen an. Dieses Vorkommnis wird aber von niemand anderem geschildert. Das Klicken kam angeblich vom Rettungsturm, wo ein Relais die Zündsequenz auslöste.

Gesichert ist jedoch, dass 35 Minuten vor dem vorgesehenen Start der Little Joe der Rettungsturm explosiv von der Little Joe getrennt wurde. Zu diesem Zeitpunkt wurden die Batterien des Trennsystems und des Flight-Programmers geladen. Der Fluchtturm brachte die Mercury Kapsel auf eine Höhe von rund 600 m. Auf dem Gipfelpunkt der Bahn wurde die Verbindung zur Kapsel getrennt und die Hilfsraketen zogen den Fluchtturm vom Raumschiff weg.

Nun sollte sich zuerst der Pilotfallschirm öffnen, der dann den Hauptfallschirm herauszieht. Dazu kam es nicht. Nur der Pilotfallschirm öffnete sich. Es wurde vermutet, dass die Batterien zu schwach waren. Sie waren noch nicht vollständig aufgeladen. Die Kapsel war nur ein „Boilerplate", ein Massemodell ohne Instrumentierung. Sie schlug auf dem Strand auf, trug aber ohne Instrumentierung nur wenig zur Klärung des Vorfalls bei. Es wurde vermutet, dass Kriechströme das Relais ausgelöst hatten. Bei einer genaueren Untersuchung zeigte sich, dass die Ursache eine Spule war. Sie sollte als positive Redundanz die zu schnelle Auslösung des Rettungsturms und als negative Redundanz die Zerstörung des Testboosters verhindern. Eine Spule kann sich aber durch Kriechströme aufladen und so erst die Zündung auslösen. Der Vorfall zeigte, dass es nicht so einfach ist, durch Redundanz ein System sicher zu machen. Es konnte auch das Gegenteil passieren.

Da der geplante Test in der Stratosphäre gar nicht erst stattgefunden hatte, wurde er am 4.11.1959 unter der Bezeichnung Little Joe 1A wiederholt. Die Rakete konnte erneut verwendet werden, aber die Kapsel musste ersetzt werden.

88. Abbildung: Little Joe 1 auf der Startrampe

243

Big Joe 1 (9.9.1959)

Der allererste reguläre Start im Mercuryprogramm galt der Erprobung des Hitzeschutzschildes. Es gab damals zwei Typen von Hitzeschutzschilden, die nach dem Prinzip der Wärmesenke und der ablativen Kühlung arbeiteten. Die größere Erfahrung hatte man mit dem Prinzip der Wärmesenke auf Basis von Beryllium. Das Metall hat eine hohe spezifische Wärmekapazität. Es ist ein sehr leichtes Metall (Dichte nur 1,85 g/cm³) und hat für ein Leichtmetall einen hohen Schmelzpunkt von 1.287 °C. Es war aber nur schwer in die für den Hitzeschutzschild benötigte Kurvenform zu bringen und der beim Bearbeiten anfallende Berylliumstaub ist sehr giftig und steht im Verdacht, krebserregend zu sein.

Militärische Sprengköpfe nutzen Beryllium als Wärmesenke. Doch diese Sprengköpfe hatten eine hohe Dichte und waren klein. Die Schilde hatten kleine Krümmungsradien und mussten vergleichsweise wenig Energie aufnehmen, da die Sprengköpfe im steilen Winkel die Atmosphäre schnell durchquerten.

Ablative Hitzeschutzschilde waren neu, weniger erprobt. Doch sie hatten Vorteile. Bei einem ablativen Hitzeschutzschild wird in eine Trägerstruktur in Honigwabenbauweise aus Aluminium ein Harz eingegossen, das zur Erhöhung der Energieaufnahme noch mit Substanzen mit hohem Schmelzpunkt versetzt wird. Der für Mercury verwendete Schild bestand aus Fiberglas, also Glasfasern in Epoxidharz. Andere Zusätze sind Kork oder Silikatgesteine wie Quarz. Trifft der Hitzeschutzschild auf das durch die Reibungshitze entstehende Plasma, so verkohlt die oberste Schicht. Der Kohlenstoff hat zum einen eine niedrige Wärmeleitfähigkeit, die tiefere Schicht erhitzt sich also langsamer und zum anderen verdampft er bei 3.642 Grad Celsius, ohne vorher zu schmelzen. Es verdampft ein Teil des Hitzeschutzschildes und dieser Teil nimmt den Großteil der Energie auf, die auf das Raumfahrzeug übergeht.

Vergleichen mit dem Hitzeschutzschild auf Basis von Beryllium war der ablative Schild leichter, er konnte einfacher in die gewünschte Form gebracht werden. Aber ein Schild dieser Größe war noch nie getestet worden. Das war die Aufgabe von Big Joe 1. Die Ausschreibung der Kapsel ging noch von dem Wärmesenkenprinzip aus und die suborbitalen Flüge setzten diesen Schild ein. Inzwischen favorisierte Max

244

Faget aber das ablative Prinzip und wollte den Schild bei zwei Testflügen mit der Big Joe qualifizieren.

Big Joe 1 setzte eine der ersten Atlas D, mit der Seriennummer 10D ein. Es war erst der sechste Flug einer Atlas D, zwei der vorhergehenden waren partielle Fehlschläge. Sie sollte ein Mockup der Mercury Kapsel, im Prinzip ein Massenmodell mit den Abmessungen der Kapsel und dem Hitzeschutzschild, auf eine ballistische Bahn bringen. Die Kapsel hatte keinen Rettungsturm und Retroraketen, aber schon Systeme, welche die Bergung erleichterten, wie Peilsender oder fluoreszierende Farbe, die beim Wassern freigesetzt wurde. 50 Sensoren unter der Oberfläche maßen Temperaturen und übertrugen sie zur Bodenkontrolle. Das automatische Kontrollsystem auf Basis von Wasserstoffperoxid gab es noch nicht. Eingesetzt wurde dafür Kaltgas mit geringerem Schub. Seitens der Air Force war es ein Testflug der Atlas, nur mit einer Nutzlast anstatt Ballast.

Zuerst verlief alles nach Plan, doch als die Boostertriebwerke der Atlas Brennschluss hatten, wurden sie nicht abgetrennt. Der Triebwerksblock wog über 3 t, mehr als die Trockenmasse der Restatlas mit dem Zentraltriebwerk betrug. Dieses musste nun mehr Masse bewegen und konnte die Zielbahn nicht erreichen. Zudem hatte das Zentraltriebwerk 14 s zu früh Brennschluss.

Die Kapsel wurde in zu geringer Höhe (140 anstatt 161 km) abgetrennt. Die Geschwindigkeit war um fast 1 km/s zu gering. Als Folge flog die Kapsel nur 2.292 km weit, rund 800 km von der geplanten Landestelle entfernt.

Die Kapsel begann sich erst 138 s nach der Abtrennung von der Atlas zu drehen, da es keine Trennraketen gab. Die Zeit wurde so hoch angesetzt, damit sie bei der Drehung nicht aus Versehen mit der Atlas kollidiert. Bedingt durch die niedrigere Gipfelhöhe und geringere Geschwindigkeit, hatte sie noch nicht die endgültige Wiedereintrittsposition erreicht, als das Wiedereintrittsprogramm mit dem 0,05 G Signal begann. Nun bewährte sich das Prinzip eines aerodynamischen Körpers, der ballistisch abbremst wird – die entstehenden Kräfte drehten die Kapsel, sodass sie von alleine die korrekte Ausrichtung einnahm. Das Lageregelungssystem dämpfte die dabei entstehenden Oszillationen etwas ab. 13 Minuten nach dem Start wasserte das Mockup.

Der Startzeitpunkt war so gelegt worden, dass die Kapsel im Zielgebiet nach Sonnenaufgang niederging, um möglichst viel Zeit mit Tageslicht für die Bergung zu haben. Das zahlte sich aus. Die Kapsel wurde durch ihren Peilsender und den grünen Farbstoff durch patrouillierende Flugzeuge gefunden und ein Zerstörer hielt auf die Position zu. Er konnte sie nach sieben Stunden bergen, da er über 160 km von der Landeposition entfernt war.

Die STG inspizierte den Hitzeschutzschild und sichtete die aufgezeichnete Telemetrie. Die Außenseite der Kapsel war durch die nicht optimale Lage beim Wiedereintritt leicht ramponiert, so waren die Buchstaben von „United States" auf der Oberfläche weitestgehend entfärbt. Strukturen, Instrumentierung, die Sequenzsteuerung und die Kühlsysteme hatten normal gearbeitet.

Es zeigte sich, das der Schild funktioniert hatte. Man konnte von der Abtragung auf die Belastung schließen, die der Schild bei der Rückkehr aus dem Orbit mit der höheren Geschwindigkeit ausgesetzt ist. Zwei Drittel der Stärke waren unangetastet. Die Pläne, einen Hitzeschutzschild aus Beryllium zu bauen, wurden daher aufgegeben und ein zweiter Test, der vorgesehen war, abgesagt. Die dafür vorgesehene Atlas (20D) wurde in das unbemannte Atlas-Able Programm transferiert.

Die STG lernte, dass der Schild für eine nominelle Mercurymission ausreichend dick war und alleine von den beim Wiedereintritt auftretenden Kräften in Position gehalten wurde. Der untere Teil der Hülle musste aber besser geschützt werden. Dort wurden die Kacheln aus Rene 41 durch Berylliumkacheln ersetzt. Eine Besorgnis blieb: Sollten die Retroraketen nicht oder nur eine zünden, so wäre der Wiedereintrittswinkel zu flach und der Hitzeschutzschild wäre nicht dick genug.

Für die USAF und Convair war der Test aber nicht erfolgreich. Es war das erste Mal, das eine Atlas ihre Boostertriebwerke nicht abwarf. Vorher verneinte Convair sogar, dass dies vorkommen konnte. Ursache war ein ausgefallener elektrischer Kontakt. Auch der vorzeitige Brennschluss des Zentraltriebwerks war eine Fehlfunktion. Offiziell ist der Flug daher seitens der Air Force als Fehlschlag eingestuft.

89. Abbildung: Start von Big Joe 1

Little Joe 6 (4.10.1959)

Die Nummerierung der Little Joe Flüge erfolgte nicht sequenziell, sondern nach Testvorhaben. Nach dem unfreiwilligen „Beach Abort" am 21.8. (S. 242) wurde ein weiterer Testflug angesetzt, dessen Nummerierung an die fünf geplanten anschloss. Little Joe 6 war ein Test der Little Joe selbst, wobei Lasten erreicht wurden, die höher als bei einer realen Mission waren. Sowohl Kapsel wie Rettungsturm waren Dummys und fest mit der Little Joe verbunden. Weiterhin sollte der Einfluss von Seitenwinden bestimmt werden. Bei dieser Version wurde die komplexeste Kombination von vier Pollux-Boostern (zwei zündeten später) und vier Recruit eingesetzt. Nach 2,5 Minuten wurde die Rakete durch ein Selbstzerstörungskommando gesprengt.

Der Flug verlief erfolgreich. Man lernte mehr über den Windeinfluss und konnte entsprechend den Winkel für die folgenden Flüge anpassen. Es zeigte sich, dass Wind nur während der ersten 10 Sekunden die Rakete beeinflusst. Es gab leichte Schäden bei der Startplattform durch die Hitze, für die folgenden Starts wurde daher ein Schutz vor den Flammen, die beim Start auf die Plattform und das Gerüst schlugen, installiert. Einziges Vorkommnis war, dass die beiden später gezündeten Booster schon nach 9 bzw. 18 Sekunden durch die schon betriebenen Pollux gezündet wurden, anstatt nach 25 Sekunden.

Die Nutzlast war ein Massenmodell (Boilerplate) der Mercurykapsel. Eine Gipfelhöhe von 60 km und eine Weite von 127 km wurden erreicht.

Parameter	Wert
Abschusswinkel:	75 Grad
Startgewicht:	12.138 kg
Leergewicht:	5.185 kg
Brenndauer (Web):	25 s
Gipfelhöhe:	60 km
Zurückgelegte Distanz:	127 km
Flugdauer:	5 Minuten 11 s

90. Abbildung: Little Joe 6 hebt ab

Litte Joe 1A (4.11.1959)

Nachdem beim Start Little Joe 1 im August (S. 242) der Fluchtturm schon vor dem Start gezündet hatte, musste der Flug wiederholt werden. Das Ziel von Little Joe 1A war das gleiche wie bei Little Joe 1: die Zündung des Fluchtturms in der unteren Stratosphäre bei maximaler aerodynamischer Belastung. Die Rakete war dieselbe, sie kam beim Flug vom 21.8.1959 ja gar nicht erst zum Einsatz.

Für die niedrige Gipfelhöhe von nur etwa maximal 14 – 15 km reichten zwei Pollux Booster mit den obligatorischen vier Recruit. Diesmal klappte der Start problemlos. Als die Castor nach 30 s ausgebrannt waren, zündete der Fluchtturm nicht sofort, sondern erst nach 10 s. So erfolgte die Zündung des Fluchtturms in einer zu großen Höhe. Dadurch wurde nur eine maximale aerodynamische Belastung von 116 N/cm² erreicht. Ziel war eine Belastung von 690 N/cm² (1000 psi). Erneut musste der Test wiederholt werden.

Parameter	Wert
Little Joe Startgewicht:	12.134 kg
Little Joe Brennschlussgewicht:	5.185 kg
Davon Kapsel und Fluchtturm und Adapter:	1.194 kg
Angetriebene Phase:	23 s
Gesamtflugzeit:	8 Minuten 11 Sekunden
Gipfelhöhe:	14,4 km
Zurückgelegte Strecke:	17,6 km
Spitzengeschwindigkeit:	890 m/s
Maximale Beschleunigung:	16,9 g
Maximale aerodynamische Belastung:	11,6 bar

91. Abbildung: Start von Little Joe 1A

Little Joe 2 (4.12.1959)

Little Joe 2 hatte die Aufgabe, Weltraumequipment zu testen und den Einfluss der Schwerelosigkeit auf Primaten (wozu auch der Mensch gehört) zu testen. Deswegen wurde der Rhesusaffe Sam in einem Container mitgeführt, in dem er fixiert war. Der Container wurde auf der Liege befestigt.

Sam war nicht sein Name, sondern die Abkürzung der **S**chool of **A**viation **M**edicine. Es war schon vorgesehen, Primaten bei Redstone und Atlas Flügen mitzuführen. Doch die schon zu diesem Zeitpunkt absehbaren Programmverzögerungen führten dazu, dass die STG diesen Little Joe Flug nutzte. Das Biopack mit Lebenserhaltungssystem konnte Sam für 56 Stunden am Leben halten. Die Mercurykapsel war erneut ein Boilerplatte, also noch kein endgültiges Modell. Eine Fiberglashülle bildete ein luftdichtes Kompartiment, das Sam schützte. Die Aufgabe der Little Joe war es, den Rettungsturm bei Überschallgeschwindigkeit und niedrigem Außendruck auszulösen. Dazu wurde die Konfiguration mit vier Pollux-Boostern verwendet (dieselbe wie bei Little Joe 6, S. 248).

Teil	Gewicht
Rettungsturm:	462 kg, davon 107 kg Ballast
Befestigung Fluchtturm:	8,2 kg
Mercury Modell:	1.082 kg
Befestigung Kapsel:	24 kg
Little Joe:	18.173 kg
Startgewicht:	19.748 kg

Der Start war erfolgreich. Er wurde von den Astronauten Alan Shepard und Gus Grissom beobachtet. Die Instrumentierung zeichnete zahlreiche Parameter, vor allem über Bewegung und Geschwindigkeiten auf. Zehn wichtige Messwerte wurden übertragen, der Rest an Bord gespeichert. Vom Rhesusaffen wurden elf weitere biologische Messwerte übertragen.

Eine Gipfelhöhe von 279.000 Fuß, 85 km wurde erreicht, 3 Minuten 13 Sekunden lang herrschte Schwerelosigkeit. Die Höhe war bedeutend geringer als nach den Berechnungen. Eine Gipfelhöhe von 380.000 Fuß (115,8 km) und 4 Minuten Schwerelosigkeit sollten erreicht werden. Zum Teil ist der etwas flachere Startwinkel daran schuld, denn geplant war eine Neigung von 82 Grad zum Boden. Aufgrund der beim Start herrschenden Winde wurde die Neigung auf 78 Grad abgesenkt. Der Seitenwind während des Flugs führte zu einer weiteren Verflachung der Bahn.

Die Kapsel ging etwa 300 km von Wallops entfernt nieder und wurde nach 1 $^3/_4$ Stunden vom Zerstörer Borie geborgen. Alle Bergungssysteme wie SOFAR-Bombe, SARAH-Peilsignal und die Farbfreisetzung funktionierten. Ebenso entsprachen die Öffnungshöhen und Geschwindigkeiten der beiden Fallschirme den Vorgaben. Die Kapsel wasserte mit einer Geschwindigkeit von 9,1 m/s. Das entspricht einem freien Fall aus 4,3 m Höhe. Der Affe Sam hatte den Flug problemlos überstanden und zeigte normale Reaktionen.

Ereignis	Zeitpunkt
Zündung 4 Recruit + Castor 1+2:	0 s
Brennschluss Recruit:	2 s
Zündung Castor 3+4:	23 s
Brennschluss Castor 1+2:	30 s
Brennschluss Castor 3+4:	58 s in 29,3 km Höhe
Zündung Fluchtturm:	59 s
Abtrennung Fluchtturm:	69,4 s
Öffnung Pilotfallschirm:	372,5 s in ~ 6.100 m Höhe
Öffnung Hauptfallschirm:	408,2 s in ~ 3.100 m Höhe
Wasserung:	676 s, 313 km von Wallops Island entfernt.

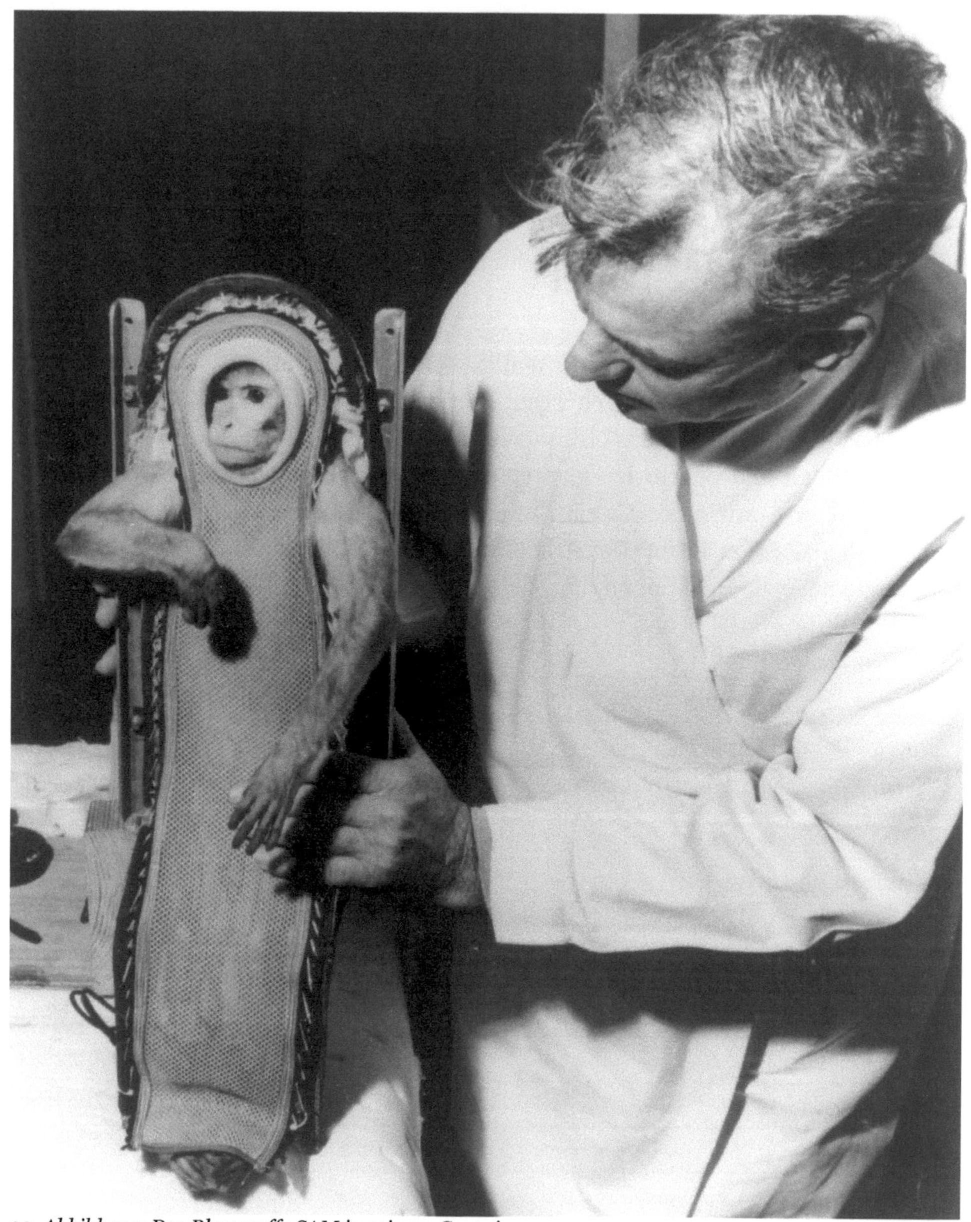

92. *Abbildung: Der Rhesusaffe SAM in seinem Container*

Little Joe 1B (21.1.1960)

Nun stand zum dritten Mal der Test des Fluchtturms bei MAX-Q an. Erneut wurde ein Rhesusaffe mitgeführt, diesmal ein weiblicher, getauft „Miss Sam". Der Grund war, dass der Test von Little Joe 1A nicht die Vorgabebelastung erreicht hatte, da der Fluchtturm zu spät zündete, sodass man ihn wiederholen wollte. In der Öffentlichkeit war das Entsenden eines Affen, auch wenn man nur die Stratosphäre erreichte, schon ein wichtiges Ereignis und „Miss Sam" überschattete so alle anderen Aspekte des Fluges.

Die Konfiguration war dieselbe wie bei Little Joe 1 und 1A: zwei Pollux-Booster unterstützt von vier Recruit. Nach nur 23 s waren beide Raketen ausgebrannt und nach 30 s wurde der Fluchtturm ausgelöst.

Der Flug verlief wie bei Little Joe 1A, nur startete diesmal der Fluchtturm in der korrekten Höhe. Eine aerodynamische Belastung von 1.070 psi (Little Joe 1A: nur 169 psi) wurde erreicht. Das war höher als die Vorgabe von 1.000 psi, rund 69 Bar.

Miss Sam wurde 45 Minuten nach der Wasserung aus ihrem Biopack befreit. Es gab es während des Fluges, nach Auslösen des Fluchtturms (gleichzeitig die höchste Belastung), 30 s lang keine Reaktionen von dem Affen, er war wahrscheinlich bewusstlos geworden.

Bei der späteren Auswertung der Daten und Videoaufnahmen zeigte sich ein Nystagmus (Augenzittern) nach Auslösen des Fluchtturms und

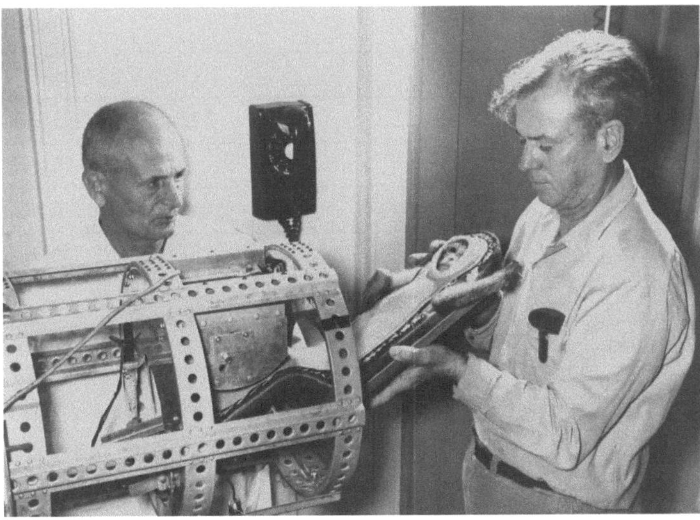

Abbildung 93: "Miss Sam" vor den Startvorbereitungen

vor dem Auftreffen auf dem Wasser, was Besorgnis hervorrief, wenn die Astronauten manuell den Fallschirm auslösen müssten, falls das automatische System versagt. Auch bei Testpersonen stellte man in Zentrifugentests bei hohem Beschleunigungen Nystagmus fest.

Zudem war das Lärmlevel in der Kapsel zu hoch. Sie war zwar noch ein Boilerplate, hatte aber schon Ausrüstung für den Test eingebaut. Es gab die Befürchtung, dass dieser Lärm die Kommunikation mit dem Piloten behindern könnte.

Damit war der Test bei maximaler aerodynamischer Belastung abgeschlossen worden. Da man nun schon vier von sechs bestellten Little Joe verbraucht hatte, orderte die STG an, dass ein siebter Little Joe, der schon gefertigt war, aber bisher für statische Tests der Struktur genutzt wurde, wiederaufbereitet wurde und so zum Einsatz kam. Ebenso hatte man alle Mercury Boilerplates verbraucht, der nächste Start würde der erste einer Mercurykapsel aus der Produktion sein.

Parameter	Wert
Little Joe Startgewicht:	12.134 kg
Little Joe Brennschlussgewicht:	5.185 kg
Davon Kapsel, Fluchtturm und Adapter:	1.194 kg
Angetriebene Phase:	23 Sekunden
Gesamtflugzeit:	8 Minuten 35 Sekunden
Gipfelhöhe:	15,2 km
Zurückgelegte Strecke:	19,2 km
Spitzengeschwindigkeit:	900 m/s
Maximale Beschleunigung:	4,5 g
Maximale aerodynamische Belastung:	69 bar

94. Abbildung: Start von Little Joe 1B

Beach Abort (9.5.1960)

In den Fünfziger Jahren kam es noch vor, dass Trägerraketen direkt nach dem Start versagten oder sogar bei einem Countdown explodierten (S. 238). Der Fluchtturm musste daher fähig sein, von Meereshöhe aus und bei stehender Rakete die Kapsel in Sicherheit zu bringen. Dazu musste er eine Mindesthöhe erreichen, die ausreicht, dass sich der Fallschirm entfaltet, damit er die Kapsel wirksam abbremst. Ob der Fluchtturm dies kann, wurde beim Beach Abort Test überprüft.

Bei dem Test auf Wallops Island wurde erstmals eine Serienkapsel eingesetzt, anstatt eines Prototyps oder eines Massemodells. Kapsel und Fluchtturm wurden schräg montiert. Der Fluchtturm brachte die Kapsel in eine Bahn mit einer maximalen Höhe von 752 m und einer Weite von 1,7 km. Der Fallschirm entfaltete sich und die Kapsel wurde 17 Minuten nach dem Test geborgen. Einziges Vorkommnis war, dass sich der Fluchtturm nach Abtrennung nicht so weit von der Kapsel entfernt wie geplant.

Im Prinzip konnte man schon den ersten Little Joe 1 Test, neun Monate vorher als unfreiwilligen Beach Abort ansehen. Doch damals öffnete sich der Fallschirm nicht, sodass der Test nötig war.

Parameter	Wert
Maximale Höhe:	752 m
Weite:	1.700 m
Dauer:	1 Minute 16 s
Geschwindigkeit:	434 m/s*

*: Die von der NASA angegebene Geschwindigkeit ist viel höher als die maximal durch die Rettungsrakete erreichbare und passt auch nicht zur geringen Spitzenhöhe. Wahrscheinlicher sind 434 ft/s das sind 132 m/s. Ein Atlas Fluchtturm konnte die Kapsel um 155 m/s beschleunigen.

95. Abbildung: Der Beach Abort Test in Einzelaufnahmen

Mercury Atlas 1 (MA-1, 29.7.1960)

Erstaunlicherweise fand der erste Einsatz einer Atlas noch vor einer Redstone statt, die ja die Kapsel nur suborbital testen sollte, obwohl sechs bemannte suborbitale Tests vor dem ersten bemannten Flug vorgesehen waren. Doch die NASA rechnete damit, dass es lange dauert, die Orbitalmission zu qualifizieren. Schließlich gehört dazu auch das gesamte Bodennetzwerk und die Atlas würde mehr Testflüge als die Redstone benötigen. Die Atlas machte in der Tat Sorgen. Big Joe, neun Monate vorher gestartet, war der 6-te Einsatz einer Atlas. Dieser Start war der 31-ste. 25 Starts in weniger als neun Monaten, da sollte man meinen, die Atlas wäre ausgereift: Das Gegenteil war der Fall. Sie hatte bis zu diesem Start eine Erfolgsquote von 60 Prozent. Deke Slayton, unter den Astronauten für die Atlas verantwortlich und bei vielen Testflügen vor Ort, meinte er hätte unzählige scheitern sehen.

MA-1 war ein suborbitaler Test. Die Atlas sollte das Raumschiff auf eine Gipfelhöhe von 181 km bringen und auf 5,8 km/s beschleunigen. 16 Minuten nach dem Start sollte die Kapsel nach einer Spitzenabbremsung mit 16,3 g in 2.400 km Entfernung geborgen werden. Die Flugkurve war steiler als bei einem normalen Wiedereintritt und würde daher die Belastungen einer Orbitmission übertreffen.

Die Atlas 50D war eine Standard-ICBM, wie sie die Air Force einsetzte, die einzige Adaption für Mercury war, dass man den Sprengkopf durch einen Adapter und ein Modell der Mercurykapsel ersetzte. Auch die Projektverantwortlichen der Space Task Group waren nur Zuschauer, der Start wurde von der USAF durchgeführt. Die ursprüngliche Kapsel #6 für den Test war noch nicht bereit, man verwendete stattdessen die Kapsel #4. Schon die Standardkapsel ohne Fluchtturm vergrößerte die aerodynamische Belastung der Atlas. Es war der oberste Kanister, wo die Antennen saßen, nur ein Mockup. Die Kapsel wurde mit 90 kg an Instrumenten beladen, darunter zwei Kameras, einem 16-Kanal-Telemetriesender und 50 Temperatursensoren, vor allem an der Unterseite.

Es war Freitag, der 29.7.1960. Es regnete über dem Cape und eine dichte Wolkendecke hing über dem Startplatz. Das löste Besorgnis bei Walter Williams, Deputy Associate Administrator für das Mercuryprogramm aus. So konnten die Kameras die Atlas nur etwa eine Minute lang verfolgen. Die Radarüberwachung würde davon aber nicht beeinträchtigt werden. Die Air Force konnte Williams mit dem Argument „Krieg kennt kein Wetter" überzeugen, den Countdown nicht abzubrechen. Er wurde trotzdem mehrfach unterbrochen.

Zuerst schien alles reibungslos zu verlaufen, die Atlas verschwand in den Wolken. Kurz darauf meldete der für die Bahnüberwachung zuständige FIDO „Radar is tracking multiple Targets" und die Kurve der Atlas stieg zuerst nicht mehr an und wurde dann chaotisch. Chris Kraft schaute zum Range Safety Officier, der jedoch nur sagte „I didn't do it". Die Atlas war in 9,8 km Höhe bei einer Geschwindigkeit von 430 m/s explodiert. Die Kapsel landete nach 220 s, 9,6 km vom Startplatz entfernt im Wasser. ASIS war zwar aktiv bei dem Flug, konnte das Raumschiff aber ohne Fluchtturm nicht von der Atlas trennen.

Walter „Walt" Williams bereute, dass er den Start nicht verschoben hatte, doch das Projekt hing im Zeitplan hinterher. Niemals später autorisierte er einen Start, ohne das die Kameras ihn vollständig verfolgen konnten, auch wenn dadurch zahlreiche Flüge durch schlechtes Wetter verschoben wurden.

Die Telemetrie zeigte, dass bis 58 s nach dem Start alles normal war, danach fiel der Druck in Sauerstoff- und Kerosintank auf Null. Der Schub sank ab, kurz darauf fiel die Telemetrie aus und es wurden Bruchstücke vom Radar erfasst. Anders als die Entwicklungsversionen der Atlas war diese 50D eine Einsatzversion und daher kaum instrumentiert. Nur 1,2 s lagen zwischen Auftreten der ersten Anzeichen und Verlust des Funkkontakts. Bei 58,5 s gab es eine Neigung um 10 Grad und man verlor die Daten der vorderen Hälfte der Atlas. Dann bei 59,4 s eine zweite, abrupte, Bewegung, ASIS löste aus und schaltete die Triebwerke der Atlas ab, die bisher keine Störungen hatten.

Man ging ins Wochenende und die Space Task Group machte sich an die Auswertung der Daten. Beschleunigungs- und Bewegungssensoren in der Kapsel hatten kurz vor dem Einsetzen der Schwerelosigkeit eine Bewegung gemessen. Daher wurde vermutet, dass diese Bewegung nicht von der Kapsel kam, sondern von unten, also von der Atlas. Nach genauer Durchsicht der Daten kamen die Ingenieure zu der Erkenntnis, dass die wahrscheinlichste Ursache Resonanzschwingungen des Adapters zur Atlas waren, die den oberen Teil der Atlas mitschwingen lies und durch die dünne Wand des LOX-Tanks brach die Tankhülle schließlich. Die Wand war an dieser Stelle am dünnsten, nur 0,25 mm stark.

Mit dieser Erkenntnis ging man am Montag in die gemeinsame Nachbesprechung mit der Air Force. Doch die hatten eine andere Ursache gefunden: Eine Kachel der Verkleidung der Kapsel sollte sich gelöst und ein Loch in die Atlas gebohrt haben. Doch wie kam die Air Force auf diese Vermutung? Wie sich zeigte, hatte man dort nicht die Daten ausgewertet, sondern sich in einem Meeting zusammengesetzt und die wahrscheinlichen Ursachen erörtert und war auf diese Erklärung gestoßen. Der Fluchtturm war nicht installiert. Stattdessen hatte die Kapsel eine Fiberglasverkleidung und die USAF vermutete, dass sich aus ihr ein Teil beim Durchqueren der Zone mit der höchsten aerodynamischen Belastung gelöst hatte.

Ingenieure von Convair plädierten vor dem Start für das Mitführen eines echten Fluchtturms, um das aerodynamische Verhalten der späteren Flüge zu reproduzieren. Die Verantwortlichen der STG waren aber dagegen. Eine Inspektion der Reste der Kapsel, die man aus 12 m Tiefe barg, bestätigte die Beschädigung der Fieberglashülle nicht. Die Struktur der Oberfläche wurde intensiv untersucht, sogar mit dem Mikroskop. Bis September war sich die STG sicher, dass die Schuld an der Atlas lag.

Es kam nun zu einer Auseinandersetzung. Die STG bestand auf einer Verstärkung des oberen Teils des LOX-Tanks. Die Atlas 50D hatte schon einen verstärkten Kerosintank, aber den Standard-LOX Tank.

Die Air Force weigerte sich. Sie war in einer Zwickmühle. Wenn sie nichts tat und eine weitere Atlas scheiterte, so wäre sie dafür verantwortlich. Dann würde sich jeder fragen, warum sie nicht die Änderungen durchgeführt hatte. Wenn sie aber die Änderung durchführt, dann erkennt sie die Schlüsse der NASA an. Das hieß, die noch relativ kleine und junge Schar der Ingenieure der STG hatte den Fehler gefunden und die Air Force mit ihrer mehrjährigen Erfahrung in der Raketenentwicklung nicht. Mehr noch, damit gibt die Air Force zu, dass die Standard-Atlas ohne Modifikationen keine Mercurykapsel transportieren kann. Wie sieht das dann bei noch schwereren Oberstufen, wie der Agena, aus?

Die Sache ging bis zum Staatssekretär, der für die USAF zuständig war (eine Ebene unter dem Verteidigungsminister) und er entschied salomonisch, dass die NASA ab sofort Atlas mit einer oberen verstärkten Sektion bekam. Dies aber ein ausdrücklicher Wunsch des „Kunden" NASA wäre. Damit war die Standard-Atlas wie sie die Air Force einsetzte, rehabilitiert. Das Ganze ist aus Sicht des DoD also nur eine zusätzliche (überflüssige?) Sicherheitsmaßnahme, welche die NASA gerne hätte.

Später bekamen alle Atlas, die als Träger eingesetzt wurden, deutlich dickere Tankhüllen. Trotzdem hatte der Fehlstart von Mercury Atlas 1 das Programm um sechs Monate verzögert. Drei Monate, um die Fehlerursache zu finden und zu beheben und weitere drei Monate, um den Start erneut unter der Bezeichnung Mercury Atlas 2 (MA-2, S. 282) durchzuführen.

Am selben Tag an dem MA-1 scheiterte, kündigte die NASA die ersten Pläne für das Apolloprogramm an, damals noch geplant als Dreimann-Programm in einem Erdorbit, eventuell auch ein Looping um den Mond herum.

96. Abbildung: Die Reste der bei der Explosion der Atlas zerstörten MA-1 Kapsel

97. Abbildung: Start von Mercury Atlas MA-1

Little Joe 5 (8.11.1960)

Die lange Pause zwischen dem letzten und dem nächsten Little Joe Flight lag daran, dass nun die erste Kapsel aus der Produktion getestet wurde. Der Fluchtturm war nach den Tests bei maximaler Belastung (Litte Joe 1) und bei der Geschwindigkeit und Höhe einer Redstone kurz vor dem Brennschluss schon qualifiziert. Nun ging es darum, zu sehen, wie die Mercurykapsel mit den Belastungen einer Abtrennung bei Durchqueren von Max-Q fertig werden würde.

Für diesen Test wurden zwei Castor und vier Recruit eingesetzt, also nahezu die gleiche Konfiguration wie bei Little Joe 1, nur diesmal mit den moderneren Castoren anstatt den Pollux-Boostern. Das senkte etwas die maximale Beschleunigung ab und erhöhte die Brenndauer der Little Joe um 3 s.

Der Flug war ein kompletter Fehlschlag. 16 s nach dem Abheben, während die Castoren noch arbeiteten, zündete die Rettungsrakete vorzeitig. Mehr noch: Die Kapsel mit der Produktionsnummer 3 löste sich dabei nicht von der Little Joe und beide versanken nach 2 Minuten 22 s zusammen im Atlantischen Ozean. Auch dieser Flug musste wiederholt werden. Dabei war die genaue Ursache der vorzeitigen Auslösung durch ASIS noch nicht einmal bekannt.

Parameter	Wert Vorgabe	Wert aktuell
Startgewicht:	17.897 kg	17.897 kg
Brennschlussgewicht:	5.688 kg	10.586 kg
Höhe	16,1 km	16,2 km
Flugweite	20,4 km	22,4 km
Maximaler Druck	67 bar	123,1 bar
Geschwindigkeit	456 m/s	794 m/s

98. Abbildung: Little Joe 5 bei den Startvorbereitungen

Mercury Redstone 1 (MR-1, 21.11.1960)

Mehrfach verzögerte sich der erste Start einer Redstone. Am 9.10.1960 wurde er 22 Minuten vor dem Abheben abgebrochen, beim nächsten Versuch am 7.11.1960 bemerkte man ein Leck in der Mercurykapsel. Eingesetzt wurde die Kapsel #2.

Schließlich erfolgte der Start am 21. November 1960. Kurt Debus zählt vom Blockhaus aus die letzten Sekunden des Countdowns herunter „Three, Two, One, Zero, Fire – Liftoff". Im Kontrollzentrum am Cape verfolgt man den Start, auf die Wand wird das Bild einer Fernsehkamera projiziert, welche die Rakete bei der Zündung zeigt, dann nach oben schwenkt, um ihr zu folgen, sie aber schnell verliert.

„Look at the Acceleration of that son of a bitch" sagt Flugdirektor Chris Kraft nach eigenen Aussagen. Folgt man den Memoiren von Gene Kranz, dann hat er den Satz nicht ganz vollendet. Derselbe Gedanke kam aber auch Kranz – wow, wie schnell beschleunigt die Redstone, wenn die Kamera ihr nicht folgen kann. Als die Kamera nach einigen Sekunden aber die Rakete immer noch nicht eingefangen hat, schwenkt sie zurück zum Startturm und da sitzt sie!

Krafts Gesicht wird rot, man sieht ihn zunehmend etwas verwirrt, und er schreit „Booster, what happend?"

Während er dies noch sagt, sieht man an der Rakete die Sprengbolzen zünden und der Rettungsturm fliegt weg. Kurz darauf ploppt aus der Kapsel der Bremsfallschirm heraus, gefolgt vom Hauptfallschirm, Aluminiumstreifen regnen an der Rakete herunter und gelbe Leuchtfarbe läuft an der Wand entlang. Zuletzt wird der Bremsfallschirm abgeworfen.

„Booster", Joachim Küttner, Deputy Manager am MSFC für das Mercuryprogramm und der für die Überwachung der Redstone im MCC verantwortliche, diskutiert währenddessen mit der Startmannschaft im Blockhaus – in Deutsch, denn die Spezialisten sind deutsche Ingenieure, welche die Redstone konstruiert haben, und die nun in der Anspannung wieder in ihre Muttersprache zurückfallen.

Kraft wird zunehmend wütender, weil „Booster", nicht mit ihm redet, sondern mit dem Blockhaus diskutiert. Bis er schließlich zu ihm geht, das Headset aus der Konsole zieht und sagt „Booster, speak to me dammit". Dann zurück an der Konsole „the damn Germans still haven't learned who they work for. Everyone in this control room must work for me". Damit waren die Kompetenzen geklärt.

Doch das Problem blieb. Da stand nun eine Rakete, sie hatte gezündet und kurz abgehoben. Dann aber hatte das Triebwerk Brennschluss und so stand sie auf dem Pad – gefüllt mit rund 23 t Treibstoff. Nun nahm auch noch der Seewind die Fallschirme auf und zog sie straff – würde die Rakete durch den Zug umfallen? Wie sollte man sie deaktivieren? Mit dem Abheben waren alle Verbindungen zum Kontrollzentrum gelöst, aber das Selbstzerstörungssystem war scharf geschaltet und konnte sie noch sprengen.

Eine heiße Diskussion kam auf. Von Kurt Debus im Blockhaus kam der Vorschlag, dass „A man with a gun" Löcher in die Rakete schießen sollte, um den Tankdruck im LOX-Tank abzubauen. Die Äußerung, die auch den Kontrollraum erreichte, führt zu heftigeren Reaktionen. Fast jeder hielt es für eine „bad idea" mit einem Gewehr auf eine Rakete voll mit Treibstoff zu schießen. Andere schlugen vor, mit dem Kranwagen an die Rakete heranzufahren und die Fallschirmleinen zu durchtrennen, weil der Zug die Rakete umkippen lassen könnte. Einen solchen Wagen hatte die STG angeschafft, für den Fall, dass man den Astronauten aus der Kapsel retten musste und der White Room schon zur Seite gefahren war.

Doch auch das wurde als zu riskant für das Personal angesehen. Schließlich hatte jemand die Idee, die dann umgesetzt wurde: Einfach nichts zu tun! Bis zum nächsten Morgen war die Wettervorhersage günstig, die Winde mäßig. Bis dahin wären die Batterien entladen und damit das Sicherheitssystem der Redstone inaktiv. Die steigende Erwärmung würde dazu führen, dass sich die Sauerstoffüberdruckventile öffnen. Die Rakete war sicher.

So kam es dann auch. Am nächsten Morgen fuhr dann ein Team heran, durchschnitt die Fallschirmleinen und dann kletterte Walter Burke, Vizepräsident von McDonnell, in die Kapsel, armierte die Retroraketen und schaltete die anderen elektrischen Systeme der Kapsel aus. Die Mercury Kapsel hatte eine eigene Stromversorgung, die noch aktiv war.

Chris Kraft, dessen Evangelium „Procedures", also feste Regeln und Verfahrensvorschriften sind, hatte eine neue Procedure: Wenn man in einer Situation nicht weiß, was man tun soll, oder nicht weiß, ob Maßnahmen die Situation nicht verschlimmern, dann sollte man nichts tun.

Was war passiert? Es gab zwei Kabel, die zu der Redstone führten, beide sollten beim Start abgetrennt werden. Das eine Kabel war eine Art „Datenkabel", mit zahlreichen Unterkabeln, die zu der Steuerung führten und das Zweite war ein Stromversorgungskabel.

Die vorgegebene Reihenfolge ist diese: Das Datenkabel wird zuerst abgetrennt. Danach folgt das Stromversorgungskabel. Die Verdrahtung der Elektrik war so ausgelegt, dass das Datenkabel zuerst abgetrennt werden muss, dann erst die Stromzufuhr. Die beiden Kabel sind unterschiedlich lang. Das Kabel der Stromzufuhr ist bei der originalen Redstone 13 mm länger.

Die dahinter steckende Logik ist folgende: Es ist aus irgendeinem Grund das Datenkabel vor dem Start abgegangen, aber das Stromkabel noch aktiv. In diesem Falle darf natürlich die Rakete auf keinen Fall zünden, wenn Leute zur Rakete gehen um das Datenkabel wieder anbringen. Es gibt durch die fehlende Erdung des Datenkabels einen Stromfluss in einem Relais, der das Triebwerk abschaltet. Diese Logik garantierte, dass die Rakete sicher war, solange, bis die Stromversorgung abgezogen wird, dann hatte sie aber schon abgehoben.

Es kam nun, wie es kommen musste: Man hatte im Zuge von zahlreichen Veränderungen an der Redstone aber auch der Startbasis für das Mercuryprojekt die Kabel durch neue ausgewechselt, die kürzer waren. Nun löste sich das Stromkabel vor dem Steuerungskabel ab. Es war einen Zoll (25,4 mm) kürzer. Das ergab eine Zeit von 21 bis 29 Millisekunden, in denen das Datenkabel noch an der Rakete war, aber das Stromkabel nicht. Das reichte aus, das Relais auszulösen und die Redstone schaltete ihr Triebwerk ab. Sie hatte sich nur um etwa 10 cm erhoben (der Flug wurde später als der „Four Inch Flight" berühmt), fiel zurück auf die Startplattform, aber es passierte nichts. Nur einige Finnen wurden verbogen und es gab einige Dellen in der Plattform.

Die folgenden Ereignisse entsprachen dem Programm der Kapsel. Das Abschalten des Haupttriebwerks aktivierte die Steuerung der Mercury Kapsel, die nun als Erstes den überflüssigen Fluchtturm abtrennte (beim planmäßigen Vorgehen entsprach dies dem Brennschluss der Rakete). Das nächste Ereignis sollte die Abtrennung der Kapsel sein. Dies wurde ausgelöst von Sensoren, wenn die Beschleunigung einen Grenzwert unterschreitet. Der Sinn der Sensorabfrage war, dass die Rakete, die noch etwas Restschub durch sich entspannende Gase hat, nicht mit der Kapsel kollidiert. Die Kapsel wäre ohne Restschub der Rakete schwerelos gewesen. Die Trennraketen wurden nur unterhalb einer Beschleunigung von 0,05 g aktiv. Da sie noch am Boden war, maßen die Sensoren eine konstante Beschleunigung von 1 g und lösten nicht aus. Ebenso lösten die Retroraketen nicht aus, weil der Zeitpunkt für das Retromanöver noch nicht gekommen war.

Der nächste Punkt im automatischen Programm war die Auslösung des Bremsfallschirms. Dies wurde durch Druckmesser initiiert. Sobald eine Höhe von weniger als 21.000 Fuß (6.400 m erreicht war) löste der Bremsfallschirm aus, in 10.000 Fuß Höhe, rund 3.000 m gefolgt vom Hauptfallschirm. Die Höhe wurde über den Außendruck bestimmt. Bei einem Druck von etwa 1 bar, wie er in Meereshöhe herrschte, erfolgte die Auslösung beider Fallschirme sofort nach der Aktivierung des Programms. Programmgesteuert folgte dann die Abtrennung der Aluminiumstreifen für die bessere Verfolgung mit dem Radar sowie, wenn die Kapsel auf Meereshöhe angekommen ist, die Freisetzung von gelbem Leuchtfarbstoff für die Ortung von Flugzeugen aus.

Das war die positive Meldung: Das gesamte Programm hatte funktioniert! Besonders der Fluchtturm, der vorher bei Tests keine gute Figur gemacht hatte. Allerdings entdeckte man einen Fehler im Programm: Ein Shutdown des Triebwerks hatte nicht die Kapselabtrennung durch ASIS initiiert. Das sollte nicht passieren. Damit hätte der Astronaut keine Möglichkeit mehr, den Fluchtturm auszulösen, um von der Rakete wegzukommen (Beispiel: Die Rakete schaltet ihr Haupttriebwerk im Flug ab und nun sitzt die Kapsel ohne Rettungsturm auf einer Rakete mit einigen Tonnen Treibstoff ....). So bekam die Steuerung eine Sperre. Die Abtrennung des Fluchtturms von der Kapsel konnte erst kurz vor Brennschluss der Redstone automatisch ausgelöst werden.

Kapsel und Rakete waren nahezu unbeschädigt. Die Kapsel wurde repariert und verloren gegangene Teile, wie der oberste Zylinder mit den Antennen, aus der nächsten Kapsel ersetzt. Das Stromversorgungskabel der Redstone wurde gleich um 30 cm verlängert.

Das neue Kabel waren Folge dessen, dass die STG zahlreiche Änderungen durchsetzte. Von Brauns Philosophie war es, die Rakete durch Redundanz abzusichern, aber bewährte Systeme zu übernehmen. Die Philosophie der Space Task Group war es, wo es ging, vorhandene Komponenten durch noch sichere Systeme zu ersetzen. So bekam die Redstone neue Verbindungskabel mit den bekannten Folgen.

Anders als die Air Force, die nur widerwillig Änderungen an der Atlas durchführte, ging die Army auf die Forderungen der NASA ein, auch weil von Braun beabsichtigte, die ganze Abteilung der NASA einzugliedern. Schlussendlich hatte vor einigen Jahren Präsident Eisenhower verfügt, dass die Air Force alle Raketen mit großer Reichweite entwickeln sollte, um der Rivalität der Streitkräfte zu begegnen. Damit hatte die Entwicklung von Raketen in der Army keine Zukunft mehr. Er schaffte es: Am 21.10.1959 wurden alle Weltraumaktivitäten der Army zur NASA transferiert und das Marshall Space Flight Center gegründet.

Immerhin ist der Flug MR-1 eine Besonderheit – zwanzig Jahre vor dem Space Shuttle wurde ein Raumschiff zum ersten Mal erneut verwendet.

99. *Abbildung: Auslösung des Fluchtturms von Mercury Redstone 1*

Mercury Redstone 1A (MR-1A, 19.12.1960)

Einen Monat nach dem „4-Inch-Flight" wurde ein erneuter Startversuch unternommen. Nutzlast war erneut die Mercurykapsel #2 mit voller Instrumentierung, Retroraketen, Trennraketen und Bergungssystem. Die Hardware, die ein Astronaut benötigte, wie das Lebenserhaltungssystem, war noch nicht an Bord. Wie bei allen suborbitalen Kapseln wurde ein Hitzeschutzschild aus Beryllium eingesetzt, der für die niedrigere Endgeschwindigkeit ausreichte.

Die Mission spielte zum ersten Mal das komplette Reentryprogramm der Kapsel durch, auch wenn sie von alleine wieder zur Erde zurückgefallen wäre. Dazu gehörten folgende Schritte:

Nach Brennschluss der Redstone wurden Trennraketen gezündet, die die Kapsel sanft von der Redstone entfernten und leicht beschleunigen. Danach wurde die Verbindung des Fluchtturms zur Kapsel durchtrennt und der Fluchtturm gezündet, der nun wegfliegt. Auf einer Atlas wären die Schritte vertauscht gewesen, da der Fluchtturm vor Erreichen des Orbits abgetrennt wird.

Die Kapsel dreht sich dann mit ihren Lageregelungstriebwerken um 180 Grad, sodass sie mit dem Hitzeschutzschild in die Flugrichtung schaut. Um den Gipfelpunkt herum zündet die Kapsel die Retroraketen, die sie abbremsen. Diese Schritte wären die Letzten bei einer Orbitmission vor der Landung. Es kommt erneut eine kurze Phase der Schwerelosigkeit, bis die Kapsel durch die dichtere Atmosphäre wieder abgebremst wird. Sie entfaltet in der Troposphäre den Fallschirm, fährt in rund 1.000 m Höhe den Lande-Airbag aus, wassert und setzt im Wasser Leuchtstoff frei. In niedriger Höhe wird auch Aluminiumfolie freigegeben, um die Radarsignatur zu verbessern.

Im Wasser wird eine während des Sinkens abgeworfene SOFAR-Bombe gezündet, ein Explosivsatz, der in 330 m Tiefe sinkt, dann detoniert und eine Schallwelle produziert, die in Hunderten Kilometer Entfernung ortbar ist. Diese Sequenz wurde reibungslos durchlaufen.

Für den Start wurde die Kapsel #2 mit dem Fluchtturm von Kapsel #8 und dem Antennenkopf von Kapsel #10 versehen. Beide Teile gingen beim ersten Startversuch am 21.11.1960 verloren. Um Zeit zu sparen, wurde auch die Rakete ersetzt und die für MR-3 vorgesehene Redstone verwendet.

Neben dem verlängerten Kabel baute man eine Sperre im Flight-Programmer ein, die eine Auslösung des Fluchtturms bis 130 s vor dem Start verhinderte. Die nominale Brenndauer der Redstone war 140 s.

Der Countdown wurde erst 45 Minuten angehalten, weil der Wind in der Stratosphäre mit über 270 km/h zu stark war. Dann nochmals um eine Stunde, weil ein Ventil, das den Wasserstoffperoxidfluss regulierte, nicht ansprach und ersetzt wurde. Schließlich hob die Redstone problemlos ab. Einziges Vorkommnis war, dass Brenndauer länger und Geschwindigkeit höher waren als geplant. Die Redstones im Mercuryprojekt hatten verlängerte Tanks. Da sie erst in großer Höhe Brennschluss hatten, gab es noch keine Erfahrungen mit Brenndauer und Schub bei niedrigerem Außendruck. So flog das Raumschiff etwas höher und landete 18 Meilen vom Zielpunkt entfernt.

Ein Helikopter sichtete sie noch beim Abstieg in 1.300 m Höhe am Fallschirm hängend. Sie wurde 35 Minuten nach dem Start geborgen und befand sich nach 48 Minuten auf dem Deck des Flugzeugträgers Valley Forge.

Erstmals nutzte man bei Mission Control Computer, um den Impaktpunkt in Realzeit zu berechnen und an die Bergungsflotte durchzugeben. Das klappte befriedigend. Ein Hauptproblem, das noch öfters vorkam, war Rauschen auf den Leitungen, sodass die Computer nur Bruchstücke der Radardaten bekamen.

Während die für die Kapsel Verantwortlichen mit dem Flug vollauf zufrieden waren und ihn als „the launching was an unqualified success" bezeichneten, waren die Ärzte weniger zufrieden. Durch die stärkere Beschleunigung der Redstone hätte ein Astronaut 1 g mehr aushalten müssen als vorgesehen. Sie schlugen, falls dies nochmals vorkommen sollte, eine flachere Flugbahn für MR-3 vor.

Die Videoaufnahmen während der Schwerelosigkeit zeigten zudem zahllose in der Kapsel herumfliegende Gegenstände, wie Reinigungstücher und Kugelschreiber, die man bei der Integration der Kapsel vergessen hatte. McDonnell verschärfte daraufhin seine Arbeitsvorschriften.

Die Fehler von MR-1 (S. 267) und LJ-5 (S. 265) führten zu einer Kehrtwende in der Rolle des Piloten. Die Astronauten hatten schon auf eine aktivere Rolle bestanden. Nun war auch die Führung damit einverstanden. Der Fluchtturm sollte bei den bemannten Mercury-Redstone Missionen nur manuell ausgelöst werden und bei den Little Joe Flügen wurde ein offenes System installiert, das die Auslösung von ASIS durch ein Funkkommando erlaubt.

Man entdeckte einen Fehler im Flugprogrammer, weshalb dieser das Triebwerk nicht bei Erreichen der Zielgeschwindigkeit abschaltete. Durch starke Vibrationen in den ersten 30 s nach dem Abheben hatten sich Drähte gelöst. Die Drähte wurden anders befestigt, das Material gewechselt und ein Backupgerät bei den folgenden Flügen der Redstone installiert.

Insgesamt war eine Abweichung von der Zielbahn zwar vorhanden, aber nicht besonders hoch. Sodass man den Flug als vollen Erfolg ansah.

Parameter	Vorgabe	Real
Brenndauer:	140 s	143 s
Gipfelhöhe:	205 km	214 km
Weite:	464 km	493 km
Geschwindigkeit:	2105 m/s	2184 m/s
Spitzenbeschleunigung:	11,0 g	12,4 g

100. Abbildung: Mercury Redstone 1A hebt ab

Mercury Redstone 2 (MR-2, 31.1.1961)

Der zweite und letzte geplante Qualifikationsflug der Redstone wurde genutzt, um einen Passagier mitzuführen: der Schimpanse Ham. Wie die Rhesusaffen bei Little Joe 2 und Little Joe 1B wurde er in einem Container fixiert, der wiederum dort angebracht wurde, wo der Pilot sitzen würde. Schimpansen können anders als die Hunde, die Russland zum Testen der „Manntauglichkeit" nutzte, trainiert werden.

So wurde Ham darauf geschult, innerhalb kurzer Zeit, wenn bestimmte Lichter auf dem Instrumentenbrett leuchteten, auf einen Knopf links oder rechts neben sich zu drücken. Als Belohnung gab es eine Pille mit Bananengeschmack. Wenn er das nicht tat, oder den falschen Schalter drückte, bekam er einen Elektroschock – Tierschutzgesetze gab es noch nicht. Mit dem Experiment wollte man feststellen, ob der Passagier den Trip nicht nur überlebt, sondern auch noch zu Tätigkeiten fähig ist und wie hoch seine Reaktionszeit ist.

Ham, so benannt nach dem **H**olloman **A**erospace **M**edical Center, war einer von sechs trainierten Affen und stammte aus dem Kongo. Die Air Force hatte ihn am 9.7.1959 dort gekauft. Er war beim Startzeitpunkt drei Jahre acht Monate alt, nach menschlichen Maßstäben also noch ein Kind.

Die Mercurykapsel #5 hatte erstmals ein Umweltkontrollsystem an Bord, ein Kontrollsystem zur Stabilisierung der Lage, die Sender für die Sprachkommunikation, den ausfahrbaren Landesack und verbesserte Retroraketen. Erstmals arbeitete das ASIS im geschlossenen Kreislauf, konnte also nicht mehr durch ein Funkkommando überstimmt werden.

Die Vorbereitung zum Start dauerten lange. Die Kapsel wurde zuerst von McDonnell am 3.9.1960 nach Huntsville transportiert, dort von dem Team um von Braun auf Kompatibilität mit der Redstone geprüft, einem Schritt, auf dem er bestand. Diese Vorgehensweise war vor Mercury Redstone 1 als überflüssig angesehen worden. Das falsch abgelaufene ASIS-Programm bei MR-1 zeigte aber, dass dies notwendig und sinnvoll war.

Am 16.10.1960 kam die Kapsel am Cape an, wo man 150 Abweichungen feststellte. So brauchte die Kapsel weitere 50 Tage für Systemprüfungen und 60 Tage für Korrekturen. Währenddessen war am 20.12.1960, einen Tag nach dem Flug von MR-1A, die Trägerrakete am Startplatz eingetroffen.

Die Bahn von MR-2 war flacher als die von MR-1A. MR-1A wurde von Höhenwinden nahe an die Sicherheitszone getrieben, bei der sie hätte gesprengt werden müssen. Daher veränderte man die Bahn, die weiter aufs Meer herausführte, dafür eine niedrigere Gipfelhöhe hatte. Damit man trotzdem 5 Minuten Schwerelosigkeit und die von der STG geforderte mittlere Maximalverzögerung von 12 g hatte, musste man den Brennschluss der Redstone verschieben.

Schon Mercury Redstone 1A hatte nach dem kurzen Flug von MR 1 eine Sicherheitsschwelle erhalten, die verhinderte, dass der Fluchtturm vor 130 s ausgelöst werden sollte. Basierend auf den Daten über Treibstoffverbrauch bei den vorhergehenden 68 Test- und Einsatzstarts der Redstone, prognostizierte man eine minimale Brenndauer von 141,2 s. So wurde der späteste Zeitpunkt, bei der der Fluchtturm auslösen konnte, mit einer 2 s Toleranzschwelle auf 139,2 s gesetzt.

Während des Countdowns machte ein Konverter von Gleich- in Wechselstrom (Inverter) in der Kapsel Probleme, der zu hohe Temperaturen aufwies. Trotzdem wurde Ham in die Kapsel gebracht. Als der Countdown die 20 Minutenmarke erreicht hatte, musste er wegen der drohenden Überhitzung des Inverters angehalten werden. Er kühlte dann ab. Sobald der Countdown wieder aufgenommen wurde, stieg die Temperatur des Konverters wieder an. Das Spiel wiederholte sich, bis man beschloss, den Countdown so lange anzuhalten, bis die Temperatur des Elektronikteils 65 Grad unterschritt und ihn dann bis zum Ende durchlaufen zu lassen. So musste Ham fast vier Stunden warten, bis die Kapsel abhob.

Doch die Redstone hatte einen höheren Schub als Normal. Nach 137,5 s (nominelle Brenndauer 140 bis 143 s) war dadurch der Sauerstoff verbraucht und der Brennkammerdruck fiel und das Triebwerk schaltete automatisch ab. ASIS registrierte den Verbrauch des Sauerstoffs vor dem Sinken des Brennkammerdrucks und löste 0,5 s nach Abschalten des Triebwerks den Fluchtturm aus. Er beschleunigte die Kapsel weiter. Die Kapsel #5 war nun erheblich schneller als vorgesehen, erreichte eine größere Weite und Gipfelhöhe. Meldungen gingen zur Bergungsflotte, um sie an den neuen Landeort zu dirigieren.

Ham wurde durch den Fluchtturm einer sehr viel höherer Beschleunigung ausgesetzt als geplant: 17 g waren es. Bei der Landung aufgrund der steileren Bahn ebenfalls 14,9 anstatt 12 g. Direkt nach Abtrennung fiel der Druck in der Kapsel von 380 auf 70 mbar ab. Ein Ventil sollte nach der Landung Luft einlassen, eine Feder, die es bis dahin geschlossen halten sollte, war durch die Vibrationen zerbrochen. Im hermetisch abgeschlossenen Behälter waren die Temperaturen und die Sauerstoffversorgung normal.

Ham erfüllte seien Aufgaben und betätigte auf Signal 50-mal den Knopf. Er tat das, obwohl er durch eine Fehlschaltung er zweimal, obwohl er den richtigen Knopf drückte, jeweils 15 Sekunden lang Elektroschocks bekam. Die spätere Auswertung zeigte, dass die durchschnittliche Reaktionszeit mit 0,82 s nur minimal von der bei den Übungen von 0,8 s abwich.

Bei der Landung gab es Schäden bei der Kapsel. Hitzeschutzkacheln aus Beryllium lösten sich und punktierten die Druckhülle. Dadurch trat Wasser ein. Das Raumschiff wurde nach 27 Minuten von einem Flugzeug gesichtet, war aber 97 km vom nächsten Schiff, dem Zerstörer Ellison, entfernt, der so über zwei Stunden brauchte, bis er sie erreichte. Die STG orderte Hubschrauber vom nächstgelegenen Schiff, dem Bergungsschiff Donner, um sie zu bergen. Als die Hubschrauber die Kapsel 40 Minuten nach der Landung erreichten, hatte die Kapsel schon Schlagseite und begann zu sinken. Der Landeairbag war abgetragen und der Hitzeschutzschild zerrissen. Die Kapsel wurde an Bord des Landungsschiffs Donner gebracht und Ham nach weiteren neun Minuten befreit. Ham freute sich über einen Apfel und eine Orange nach der Landung, war aber nicht mehr dazu zu bringen, erneut für Fotos die Kapsel zu besteigen.

Die Auswertung der Telemetrie zeigte drei Probleme beim Flug der Redstone:

- Ein strukturelles Feedback der Steuerung erzeugte eine oszillierende Bewegung der Finnen am Heck. Das führte zu Vibrationen der Rakete.

- Es wurden in der Instrumentensektion als Folge starke Vibrationen beobachtet. Dies konnte die Steuerung und Instrumente beeinträchtigen, die damals als Inertialsystem noch mechanische Kreisel verwandten.

- Eventuell sind die Vibrationen auch am Ausfall der Schubregulierung schuld.

Primäre Ursache für den zu hohen Schub und damit die zu steile Bahn und den vorzeitigen Verbrauch des Sauerstoffs, war ein sich zu stark öffnendes Ventil, dass Wasserstoffperoxid in den Gasgenerator ließ. Der Gasgenerator wiederum betrieb die Sauerstoffpumpe, was zu einem erhöhten Treibstoffverbrauch führte. Hätte man den Zeitgeber für die Scharfschaltung des Fluchtturms nicht verändert, die Folgen für die Mission wären erheblich kleiner gewesen.

Auf der anderen Seite war die Kapsel auch in schlechtem Zustand. Es gab Ausfälle und sie wäre fast gesunken, aber Ham hatte in seinem Weltraumanzug den Ritt überlebt und auch sein Arbeitspensum durchgeführt (trotz Elektroschocks). Bei einem Menschen würde man das Gleiche erwarten. Auf der anderen Seite waren Start- und Wiedereintrittsbeschleunigung extrem hoch, selbst für die damals hohen Werte (heute werden selbst bei Sojus Starts maximal 5 g erreicht). So begann die Diskussion, ob es einen weiteren Testflug der Redstone geben sollte.

Ham kam nach dem Flug in den Nationalzoo in Washington, 1981 in eine Schimpansenkolonie in North Carolina. Er starb am 19.1.1983 mit 26 Jahren.

Parameter	Vorgabe	Real
Spitzengeschwindigkeit:	1.970 m/s	2.298 m/s
Gipfelhöhe:	183 km	253 km
Distanz:	470 km	679 km
Maximale Beschleunigung beim Start:	12 g	17 g
Maximale Verzögerung bei der Landung:	11 g	14,7 g
Brenndauer Redstone:	140 – 143 s	137,5 s
Schwerelosigkeit:	5 Minuten	7 Minuten

101. Abbildung: Ham bekommt nach der Landung einen Apfel

Mercury Atlas 2 (MA-2, 21.2.1961)

Ziel des zweiten Atlas Flugs war es, die Kapsel suborbital zu testen. Es war der zweite und letzte Einsatz der ICBM-Atlas mit dünnen Tanks. Nach den Erfahrungen mit Mercury Atlas 1 wurde der obere LOX-Tank durch eine Metallhülle verstärkt, das „Belly Band". Es war eine Notlösung, denn die Atlas mit doppelt so starken Tankwänden – trotzdem nur 0,51 mm stark – wäre nicht vor Ende März einsatzfähig. Dazu kamen dann noch die Startvorbereitungen, die sich über Wochen hinzogen. Das Belly Band war nur rund 20 cm breit, es verschob aber die Zone mit dem maximalen Stress nach unten, wo dieser besser aufgenommen wurde. Zusätzlich wurde ein LOX-Ventil verlegt und der Adapter des Raumschiffs zur Atlas versteift.

Die Mission war eine Wiederholung von MA-1, also der suborbitale Test einer Mercurykapsel. Das System sollte auf seine Belastbarkeit geprüft werden, indem die Kapsel unter einem steilen Winkel eintrat. Damit wurde der Hitzeschutzschild der doppelten Energie einer Orbitmission ausgesetzt und die Abbremsung um 25 Prozent erhöht. Anders als MA-1 war die Kapsel ein normales Raumschiff aus der Produktion, die Kapsel #6 mit echtem Rettungsturm. Ebenso war es der erste Einsatz einer Atlas mit einem ASIS, das die Kapsel abtrennen konnte. Die Atlas sollte vorzeitig Brennschluss haben.

Diesmal klappte alles. Der Himmel war wolkenlos, der Flug konnte gut verfolgt werden. Die kritischen Punkte der beiden letzten Flüge – das Durchfliegen von Max-Q nach einer Minute und das Abwerfen der Boostertriebwerke nach etwas über zwei Minuten verliefen problemlos. Schließlich hatte die Atlas Brennschluss bei einer Geschwindigkeit von 5.886 m/s.

Knapp 18 Minuten nach dem Start ging die Kapsel in 2.305 km Entfernung im 43 × 64 km großen Landegebiet nieder. Anhand ihres Peilsignals wurde sie zehn Minuten nach der Landung gesichtet und befand sich bereits 24 Minuten nach der Landung auf dem Bergungsschiff.

Man fand sogar noch die Verkleidung der Antennenbox. Zur großen Überraschung war diese weitestgehend unbeschädigt. Aufgrund ihrer exponierten Position rechnete man bei ihr mit Temperatureffekten.

Auch die Kapsel war in gutem Zustand. Anders als bei Big Joe, wo die Kapsel beim Wiedereintritt fehlorientiert war, hatten sich keine Kacheln von der Oberfläche abgelöst oder waren versengt. Der Hitzeschutzschild war nur leicht abgetragen, weitaus weniger als vorhergesagt.

Genauso bedeutend war, dass erstmals das TAGIU-Netzwerk funktioniert hatte. Bei Big Joe existierte es noch nicht und die Redstoneflüge waren so küstennah, dass man es nicht benötigte. Man erhielt Daten während des Fluges von der Bermudastation und den kanarischen Inseln. Die Computer im Goddard-Zentrum konnten erfolgreich nach dem Brennschluss der Atlas den Aufschlagsort ermitteln und zum Bergungsschiff durchgeben.

Nachdem Mercury Atlas 2 ein voller Erfolg war, gab Robert Gilruth bekannt, dass der erste US-Bürger im All aus dem Trio John Glenn, Gus Grissom und Alan Shepard gewählt wird.

Abbildung 102: Installation der Kapsel

103. Abbildung: Erster Start einer Mercury-Serienkapsel auf einer Atlas bei MA-2

Little Joe 5A (18.3.1961)

Das Scheitern des Little Joe 5 Flugs führte zur erneuten Wiederholung des Fluges. Dies geschah erst nach der zweiten Redstone-Mission, weniger als zwei Monate vor dem ersten bemannten Flug.

Man hatte die Mercurykapsel noch besser instrumentiert, um dem Versagen des Fluchtturms auf die Spur zu kommen. Erneut sollte ein Abbruch eines Atlas Starts bei Max-Q simuliert werden:

Parameter	Little Joe 5A	Mercury Atlas
Max-Q erreicht nach Abheben:	34,4 s	58,6 s
Höhe:	9.437 m	10.455 m
Maximaler Druck:	67,0 bar	67,1 bar
Geschwindigkeit:	Mach 1,52	Mach 1,58
Winkel zur Erdoberfläche:	48,6°	54,6°

Doch erneut zündete der Fluchtturm nach 19 s vorzeitig. Die Bodenkontrolle sandte nach 35 s das Signal zum Abbrechen des Aborts, worauf die Verbindung zwischen Kapsel und Fluchtturm durchtrennt wurde. Da die Rettungsrakete aber nach 1,42 s ausgebrannt war, konnte der ausgebrannte Fluchtturm die Kapsel nicht mehr wegziehen. Sie blieb mit der Litte Joe verbunden, nur der Fluchtturm wurde abgetrennt. Das Raumschiff sollte nun nach Brennschluss der Little Joe durch die Trennraketen abgetrennt werden. Doch ihr Schub ist klein. Damit die Abtrennung sauber gelingt, musste sie im Gipfelpunkt erfolgen, wenn die Atmosphäre am dünnsten ist. Dort herrscht der geringste Luftwiderstand und die Geschwindigkeit der Kombination ist am kleinsten.

Das Kommando, die Trennraketen zu feuern, kam jedoch nach 43 s, noch vor dem Gipfelpunkt, sodass die Trennung nicht sauber gelang. Die Kapsel taumelte und wäre fast mit der Little Joe kollidiert. Die Retroraketen und Trennraketen wurden durch die zentrifugalen Kräfte abgerissen, ebenso der Zylinder mit den Antennen, worauf sich die darunter liegenden Fallschirme öffneten. Die Kapsel sank nun an ihren Fallschirmen herab. Die Fallschirme waren durch das Vorkommnis kaum beschädigt, wie eine Inspektion nach der Landung ergab. Sie hatten die sechsfache Nominalbelastung überstanden.

In 3.000 m Höhe wurde durch die Drucksensoren der Landesack zur Reduktion des Aufpralls ausgefahren. Bei der Landung gab es das nächste Vorkommnis: Die Fallschirme lösten sich nicht von der Kapsel. Damit konnte die Kapsel #14 nicht durch einen Hubschrauber geborgen werden. Ein Schiff erreichte sie nach einer Stunde, da sie auch 15 km von der geplanten Position entfernt niederging.

Eine Inspektion ergab, dass die Kapsel den Flug erstaunlich gut überstanden hatte. Nur eine Kachel war abgelöst worden. Der Hitzeschutzschild war ebenfalls beschädigt, vor allem durch die um 60 Prozent höhere Aufprallgeschwindigkeit auf dem Wasser. Die Kapsel wurde repariert, mit neuen Sensoren versehen und für den Test bei LJ-5B erneut eingesetzt.

Immerhin hatte sich die bessere Instrumentierung gelohnt. Aufgrund der Daten konnte man die gemeinsame Ursache des vorzeitigen Abbruchs bei beiden Flügen feststellen. Die aerodynamischen Kräfte waren am Adapter zur Little Joe so groß, dass sie zur Deformation des Adapters führten. Das täuschte die Sensoren, welche den Fluchtturm auslösten. Eine Verstärkung des Adapters sollte das Problem lösen. So kam es wie bei Little Joe 1 zu einer dritten Auflage des Tests. Der Flug wurde als teilweise erfolgreich eingestuft.

Parameter	Wert	Vorgabe
Gipfelhöhe:	12,3 km	14 km
Weite:	28,8 km	15 km
Maximaler Druck:	109 bar	67,0 bar
Fallschirmöffnung:	12,2 km	6,1 km
Maximale Beschleunigung:	8 g	6 g
Dauer:	22 Min 2 s	~ 9 Min.

104. Abbildung: Die Kapsel nach der Landung

Mercury Redstone BD (24.3.1961)

Schon die Bezeichnung zeigt, dass dieser Start von den anderen abweicht. Nach Mercury Redstone 2 sollte eigentlich Mercury Redstone 3 folgen, der erste bemannte Einsatz der Redstone mit Astronaut Alan Shepard.

Doch wegen des zu hohen Treibstoffverbrauchs bei Mercury Redstone 2 forderte von Braun einen weiteren Start, um sicherzugehen, dass der nächste Flug reibungslos verlief. Das MSFC hatte Korrekturen bei den drei Problemen, die man beim letzten Flug feststellte, vorgenommen und wollte diese bei einem weiteren Einsatz überprüfen. Am 13.2.1961 übermittelte Joachim Küttner, Verbindungsmann und Beauftragter der MSFC für das Mercuryprogramm, eine Liste von zehn Punkten an die STG, die man an der Redstone überprüfen sollte. Nach der Einschätzung des MSFC hatte die Redstone eine Zuverlässigkeit von 88 Prozent für eine erfolgreiche Mission und 98 Prozent für die Rettung des Astronauten. Werte, die für sie inakzeptabel niedrig waren.

Die Space Task Group hatte eine andere Meinung. Für sie zählte das Raumschiff. Das hatte bei Mercury Redstone 2 tadellos funktioniert. Dass die Kapsel 200 km vom Kurs entfernt wasserte und erst nach Stunden geborgen werden konnte, war zwar ärgerlich, aber wenn es ein bemannter Flug gewesen wäre, so wäre der Astronaut so lange in der Kapsel in Sicherheit gewesen. Das Hauptproblem, das die STG hatte, war die Zeit: Das Projekt war nach zweieinhalb Jahren schon ein Jahr hinter dem Zeitplan und wer weiß, wie weit die Sowjets waren? Würden sie zuerst einen Menschen ins All schießen?

Alan Shepard, meinte, man habe die Probleme identifiziert und Lösungen erarbeitet, man bräuchte also keinen weiteren Test. Ebenso dachten die anderen Astronauten. Bei der STG rechnete man offen damit, dass einer oder zwei Astronauten bei dem Programm sterben würden. 98 Prozent Zuverlässigkeit seien zu wenig? Auf diesen Wert würde die Atlas nie kommen, wurde gemunkelt.

Von Braun brachte das Gegenargument, das zum einen man nicht mit einer Rakete starten sollte, bei der es Schwachstellen gab. Zum anderen bedeutete der höhere Schub eine höhere Belastung des Passagiers. Noch unangenehmer waren die induzierten Vibrationen. Von Braun hielt die Redstone ohne einen weiteren Test nicht für qualifiziert, einen Menschen ins All zu bringen. Joachim Küttner erinnerte die STG an die Basisregel, dass man einem Start nicht durchführt, wenn nicht alle Beteiligten für ihn sind. Zudem war die Kapsel von MR-2 fast gesunken, Landesack und Hitzeschutzschild zerrissen und sie verlor die Atmosphäre.

Die Argumente waren nicht von der Hand zu weisen. So genehmigte die STG einen weiteren Start der Redstone, bestand aber auf dem Kürzel „BD", was für Booster Development", also Trägerentwicklung stand. Das MSFC wollte ihn „Mercury Redstone 2A" taufen. Durch die STG wurde daher trotz der Mängel der Kapsel bei MR-2 auch kein Flugexemplar einer Mercurykapsel gestellt, sondern das Boilerplate von Little Joe 1B (S. 255). Es wurde fest mit der Redstone verbunden, hatte keine Trennraketen und der Fluchtturm war nur ein Modell. Damit das Modell die Masse und den Schwerpunkt der Kapsel #7 (für den ersten bemannten Einsatz) aufwies, wurde Ballast zugeladen. Auf Wunsch der Navy wurde eine SOFAR-Bombe mit einer Detonationstiefe von 900 m (3000 Fuß) hinzugenommen. Die STG stellte klar, das dies ein reiner Qualifikationsflug der Redstone vom MSFC war, und es keinerlei Unterstützung seitens der STG gab.

System	Gewicht
Kapsel:	1.287 kg
Fluchtturm:	488 kg
Adapter zur Redstone:	57 kg
Gesamtmasse:	1.832 kg

Mercury Redstone 2 verbrauchte zu viel Treibstoff, weil durch die Vibrationen ein Ventil zu viel Wasserstoffperoxid in den Gasgenerator ließ. Die Steuerung für den Treibstoffzufluss und Schubregulation wurde modifiziert, damit dies nicht erneut vorkommen konnte.

Die Vibrationen bekämpfte man durch vier Versteifungen an den Finnen und dem Zuladen von 95 kg Ballast in der Instrumentensektion. Ein komplettes Verbrauchen des Treibstoffs war durch eine verbesserte Steuerung nun ausgeschlossen. Sie erzeugte zu einer vorgegebenen Zeit oder bei Erreichen der Zielgeschwindigkeit das Abschaltsignal.

Der bisherige Geschwindigkeitsintegrator, der das Triebwerk bei Erreichen der Zielgeschwindigkeit abschaltete, hatte bisher einen Fehler von 3 Prozent. Aufgrund der bisherigen Flüge, die beide weiter führten als geplant, hatte man ihn verbessert. Auch diesmal erreichte die Redstone eine höhere Geschwindigkeit als geplant, der Fehler war mit 1 Prozent aber in einem Bereich, der die Missionskontrolle zufriedenstellte. 65 zusätzliche Telemetriekanäle lieferten weitere Daten von der Rakete, anhand derer man die erste bemannte Mission besser planen konnte.

Parameter	Vorgabe	Wert
Zielgeschwindigkeit:	1.972,5 m/s	2000,8 m/s
Gipfelhöhe:	183,7 km	187 km
Weite:	500,8 km	494,7 km

Um zu testen, in wieweit die Redstone beim Start einem Cherry-Picker für die Rettung des Astronauten gefährlich werden konnte, der nach Besteigen der Kapsel herangefahren wird, platzierte man bewusst einen Lastwagen 20 m neben der Rakete. Es zeigte sich das die Schäden durch den Start minimal waren. Etwas weiter entfernt befanden sich Feuerwehrleute in 300 m Entfernung in einem gepanzerten M113 Schützenpanzer, ebenfalls als Übung für den Ernstfall.

Das Team um von Braun beeilte sich und zog den Start vor, der ursprünglich für den 28.3.1961 geplant war.

Der Flug Redstone BD verlief ohne Probleme. Redstone und Kapsel landeten 494 km vom Startort entfernt (8 km weniger als geplant). Der Flug dauerte 8:23 Minuten. Da die Kapsel von der Redstone nicht getrennt wurde, versanken beide im Ozean. Vorher löste die Kapsel noch die SOFAR-Bombe aus.

Der Flug war ein voller Erfolg. Es wurde nur noch eine Spitzenbeschleunigung von 11 g registriert (weniger als die 12 g als Vorgabe) und die Vibrationen waren viel geringer als bei Mercury-Redstone 2. Damit war der Weg frei für den ersten bemannten Einsatz mit Alan Shepard.

Russland hat den Test beobachtet und stufte ihn, da die Kapsel nicht geborgen wurde, als Fehlschlag ein. Russland führte einen Tag später den letzten unbemannten Test ihres Wostokraumschiffs mit einem Hund und einer Puppe durch. Amerika war noch nicht so weit, ein Lebewesen in einen Orbit zu schicken.

Wäre dieser Test nicht nötig gewesen, so hätte Alan Shepard einige Tage vor Gagarin als erster Mensch den Weltraum erreicht. Der Flug von MR-BD verzögerte MR-3 um etwa zwei Monate.

Doch spätestens mit Gagarins Flug am 12.4.1961, wäre der suborbitale Hüpfer deklassiert worden. Trotzdem versprachen sich die politisch Verantwortlichen im Mercuryprojekt durch die dadurch möglichen positiven Schlagzeilen einen Schub für das Programm, der durch diesen zusätzlichen Qualifikationsflug ihrer Ansicht nach leichtfertig aufgegeben wurde. Allerdings ist dies eine typische Nachbetrachtung: Wann die UdSSR Gagarin starten würde, wusste nicht einmal die CIA. Besonders Chris Kraft lässt in seinen Memoiren seine Wut auf die „Deutschen“ freien Lauf, die so „verhinderten“, das Shepard vor Gagarin startet. Auf der anderen Seite verteidigte Abe Silverstein in einer Kongressanhörung das Vorgehen.

Der Erfolg inspirierte Joachim Küttner zu dem Vorschlag, eine Mercurykapsel (oder eine Gemini, von der Existenz dieses Programms wusste er bisher nichts) mit einer Saturn I um den Mond herum zu entsenden. Auf einer freien Rückkehrbahn wäre sie wieder zur Erde zurückgelenkt worden. Der Plan verschwand schnell wieder in der Schublade, als Kennedy das Apolloprogramm ankündigte. Es war, angesichts der beschränkten Ressourcen von Mercury, die nur für wenige Umläufe reichten und der Belastung bei der höheren Eintrittsgeschwindigkeit auch eine Schnapsidee.

105. Abbildung: Start von Mercury Redstone BD

Mercury Atlas 3 (MA-3, 25.4.1961)

Nur einen Monat nach dem letzten unbemannten Einsatz der Redstone und zwei Wochen vor dem ersten bemannten Flug der Redstone, würde MA-3 der erste Orbitaleinsatz der Atlas sein, noch ohne Passagier. Dafür war aber ein System installiert, das die Wasserabgabe und Kohlendioxidfreisetzung eines Astronauten simulierte (Creman-Simulator). Es wurde die achte Mercurykapsel eingesetzt. Die erste von Convair gelieferte Atlas, 77D, fiel bei den Abnahmetests durch und wurde durch die Atlas 100D ersetzt. Sie taucht in keiner Startliste auf und wurde wahrscheinlich verschrottet, was für schwerwiegende Probleme spricht. MA-3 war der erste Einsatz einer Atlas mit einer dicken Hülle.

Es begannen zwei arbeitsreiche Wochen mit nicht weniger als drei geplanten Starts in einer Woche, auch wenn es durch Startverschiebungen dann fast zwei Wochen wurden. Ursprünglich sollte MA-3 eine Suborbitalmission wie die beiden vorherigen sein. Der erfolgreiche Flug von Gagarin führte dazu, dass die STG gleich eine Orbitmission ansetzte.

Die Atlas hob normal ab. 20 Sekunden nach dem Abheben wurde das Rollprogramm durchgeführt. Dabei dreht sich die Atlas so, dass die Antennen so ausgerichtet sind, dass man einen optimalen Empfang der Daten bei den Bahnverfolgungsstationen am Cape hat. Dies erfolgte noch problemlos. Nach 30 Sekunden sollte das Neigeprogramm beginnen. Die Atlas neigt sich dabei mit konstanter Rate, bis sie kurz vor Brennschluss die horizontale Position erreicht.

Doch dieses Manöver blieb aus. Die Atlas flog weiter senkrecht nach oben. Der FIDO (Flugdynamikoffizier, der die Flugbahn überwacht) meldete „Negative Pitch Program". Als die Atlas nach einigen Sekunden immer noch nicht ihr Programm startete, klappte der Range Safety Offizier die Abdeckung für die Selbstzerstörung auf. Er beobachtete weiter die Bahn auf dem Schreiber und wie sie sich immer weiter der Grenzlinie näherte, ab der die Rakete gesprengt werden musste, um zu verhindern, dass sie (oder ihre Trümmer) über bewohntem Gebiet niedergehen.

Nach 40 s war die Grenze überschritten und die Selbstzerstörung wurde initiiert. Drei Sekunden später explodierte die Rakete. ASIS löste sofort aus, die Kapsel erreichte eine Scheitelhöhe von 7,2 km und landete 1,8 km vom Startpunkt entfernt im Atlantischen Ozean. Sie wurde nach 20 Minuten geborgen und bei der folgenden Mission erneut verwendet.

Die genaue Ursache des ausbleibenden Neigeprogramms konnte nicht festgestellt wurde. Anhand der Telemetrie konnte man die Steuerung als Auslöser ausmachen. Die Triebwerke hatten normal funktioniert. Eine genauere Untersuchung konnte die Schaltung, den Flight-Programmer, der die Vorgabe für die einzelnen Schritte enthielt, verantwortlich machen. Was den Flight-Programmer aber zum Versagen brachte, wurde nicht festgestellt.

Der Flight-Programmer wurde erst zwei Monate nach dem Vorkommnis im Schlamm gefunden, sein Zustand ließ dann keine Schlüsse mehr auf den Defekt zu. Der Flight-Programmer fiel kurz nach dem Start aus, weil seine Stromversorgung kurzzeitig abriss. Dann startete er neu, führte aber das Neigeprogramm nicht mehr durch. Als man das Design der Schaltung untersuchte, stellte man zahlreiche versteckte Mängel im Flight-Programmer fest, die man bei den folgenden Exemplaren behob. Zudem wurde ab jetzt, wo es ging, die Elektronik redundant installiert, was den nächsten Flug rettete, als nach 52 s ein Gleichstromkonverter ausfiel.

MA-3 und MR-BD, die beide nur einen Monat auseinanderliegen, zeigen die beiden entgegensetzen Pole bei der Raketenentwicklung. Auf der einen Seite die „Deutschen", die keinen Start freigeben, von dem sie nicht 100% überzeugt sind, das die Trägerrakete sicher genug ist und dafür lieber einen weiteren Testflug in Kauf nehmen, auch wenn er das Programm verzögert. Auf der anderen Seite Convair und die STG, die möglichst schnell starten wollen, auch wenn die Rakete unsicher ist. Sie bessern erst nach einem Fehlstart punktuell nach.

MA-3 fand schon nach dem erfolgreichen Flug von Gagarin am 12.4.1961 statt. Nachdem man nun nicht nur beim Wettrennen „Erster Mensch im Weltall" geschlagen war, sondern die Atlas zum wiederholten Male nicht funktionierte, war die Stimmung in der STG auf dem Tiefpunkt.

106. Abbildung: Start von Mercury Atlas 3 (MA-3)

Little Joe 5B (28.4.1961)

Beim dritten Anlauf klappte endlich auch die Qualifizierung des Fluchtturms auf einer Mercurykapsel, die aus der laufenden Produktion stammte. Es war die Kapsel #14, die schon bei Little Joe 5A zum Einsatz kam.

Der Flug war der letzte Start im Little Joe Programm. Diesmal konnte ihn die NASA nicht wiederholen. Sie hatte alle sieben Little Joe Gehäuse verbraucht. Die Mission war im wesentlichen die gleiche, wie bei den beiden vorherigen Flügen: ein steiler Aufstieg mit einer Gipfelhöhe von etwa 13,6 km. Auslösung des Fluchtturms bei Max-Q, etwa 10 s nach Überschreiten der Web-Burntime und 5 s nach Verlöschen des Castors.

Schon nach dem Abheben war klar, dass einer der beiden Castor nicht gezündet hatte. Auf dem Bild ist dies deutlich an der nur diffusen Flamme des Castors zu sehen. Mit halbiertem Schub und erheblich höherer Brennschlussmasse betrug die Maximalhöhe nur 4,45 km anstatt 13,7 km. Die folgende Sequenz verlief wie erwartet. 33 s nach dem Abheben löste der Fluchtturm aus und trennte die Kapsel sauber ab. Bei der Kapsel lief das weitere Programm wie vorgegeben ab, nur eben schneller, da schon bei der Abtrennung die Auslösehöhe für den Pilotfallschirm unterschritten war. Durch die niedrige Geschwindigkeit trug der Wind die Kapsel zu einem 3 km weiter entfernten Landepunkt. Sie wurde durch einen Helikopter geborgen.

Eine Inspektion der Telemetrie und der Kapsel ergab, dass sie zwar nicht die vorgegebene Höhe erreichte, aber dadurch sogar noch größeren Kräften ausgesetzt war, als vorgesehen: 1.920 anstatt 990 Pfund/Inch². Da das Trennprogramm reibungslos ablief und auch die Änderungen im ASIS und der Befestigung der Kapsel sich bewährt hatten, erklärte die STG den Flug für teilweise erfolgreich und die Mercury Kapsel als qualifiziert für bemannte Einsätze. Nun musste nur noch die Atlas qualifiziert werden. Zufrieden konnte man mit dem „Little Joe"-Programm allerdings nicht sein. Von acht Starts waren nur vier voll erfolgreich.

107. Abbildung: Die letzte Little Joe hebt ab

Mercury Redstone 3 (MR-3, Freedom 7, 5.5.1961)

Als der erste bemannte Flug stattfand, hatte Russland die USA schon geschlagen: Am 12.4.1961 umkreiste Gagarin einmal die Erde. Selbst wenn die USA ohne den „Booster Development" Test schon am 24.3. Shepard gestartet hätten, hätte ihnen Gagarin die Schau gestohlen. Die Atlas war nach dem zweiten Verlust, wenige Tage vorher, noch lange nicht so weit, einen Astronauten zu transportieren.

Am 2.5.1962, dem vorgesehenen Starttag, erfuhr die Öffentlichkeit, das Alan Shepard der erste Mercury-Astronaut sein würde. Sein Ersatzmann war John Glenn. Der Start verzögerte sich lange. Die für den Start vorgesehene Trägerrakete wurde für MR-BD genutzt und ein Ersatz kam erst Ende März in Florida an. Auch die Kapsel #7, die im Dezember 1960 ans Cape verschifft wurde, erforderte zahlreiche Nacharbeiten. So wurde der Start zuerst auf 25.4.1961 festgesetzt. Er rutschte aufgrund von Verzögerungen dann auf den 2.5.1961

Alan Shepard hatte vorgeschlagen, dass die Raumschiffe wie Flugzeuge ein Rufzeichen bekamen. Die Astronauten mussten mit den Capcoms kommunizieren, wie mit Fluglotsen auf einem Flugplatz. Er schlug „Freedom 7" vor, weil es die siebte Kapsel war und er einen Kontrapunkt zu Russland setzen wollte. „Freiheit" gab es nach dem damaligen Verständnis der USA in Russland nicht. Die Presse interpretierte die „7" als Reminiszenz an die 7 Astronauten. In der Folge behielt man die Ziffer bei.

Die Kapsel Nummer 7 war eine der ersten Charge. Man hatte das Design fertiggestellt, bevor es Astronauten gab. Damit Shepard die Kapsel bei einer Havarie verlassen konnte, erhielt sie einen zusätzlichen Hebel auf der Innenseite der Luke, mit der man die Einstiegsluke von innen öffnen konnte.

Am 2.5. war Shepard schon im Hangar und sein Name veröffentlicht, als der Start 140 Minuten vor dem Abheben wegen des Wetters abgesagt wurde. Der Start wurde auf den 4.5. verschoben, doch als das Wetter nicht besser wurde, auf den 5.5.

Shepard bestieg am 5.5.1961 die Kapsel um 5:15 morgens. Vorher hatte John Glenn als sein Ersatzmann die gesamten Einstellungen überprüft. Da Shepard zusätzlich zum Raumanzug noch einen Fallschirm trug, dauerte es bis 5:30, bis er in Position war. Um 6:00 wurde die Luke verschlossen. Abheben sollte die Rakete um 7:20. Doch dann häuften sich die Probleme. Einer der Computer im Goddard Raumzentrum fiel aus, die Stromversorgung machte ebenfalls Probleme. Zuletzt musste man eine Stunde warten, bis eine Wolkenschicht abgezogen war.

Nach drei Stunden, während des Wartens auf die wegziehenden Wolken, bat Shepard darum, austreten zu dürfen, da ihn die Blase drückte – der Flug dauerte nur 20 Minuten, deswegen gab es keine Vorrichtung, um den Urin zu sammeln. Selbst bei einem reibungslosen Start kamen zu den 20 Minuten Flugzeit noch über zwei Stunden Wartezeit hinzu. Diese Zeit und die bei bisherigen Starts fast unvermeidlichen Verzögerungen hatte keiner berücksichtigt. Die Überwachung des Countdowns im Blockhaus verneinte den Wunsch, da man dazu den White Room wieder an die Redstone heranführen und die 70 Bolzen der Tür einzeln lösen musste, was weitere Zeit benötigt hätte.

Daraufhin bat Shepard, in den Anzug urinieren zu dürfen, was erneut abgelehnt wurde. Es könnte einen Kurzschluss bei den Elektroden verursachen, mit denen zahlreiche Körperfunktionen überwacht wurden. Der Anzug war zudem mit reinem Sauerstoff geflutet. Wie da Urin reagieren würde, wusste keiner. Shepard sagte nur, man solle die Elektroden dann abschalten und urinierte in den Anzug, was in der liegenden Position dazu führte, dass sich die Flüssigkeit auf dem Rücken und Gesäß sammelte. Bedingt durch die Unterwäsche mit Kühlkanälen und dem laufenden Sauerstofffluss durch den Anzug vom Umweltkontrollsystem, trocknete der Urin bald.

Gordon Cooper und Gus Grissom waren Capcoms im Blockhaus und Cooper hielt Shepard bei Laune. Er spielte eine Episode des fiktiven weinerlichen Astronauten José Jiménez ein. Shepard war Fan der Figur von Bill Dana und hatte zuvor seinen Kollegen öfters mit Szenen von José Jiménez unterhalten.

Fünfzehn Sekunden vor dem Abheben ging die Kontrolle vom Blockhaus an das MCC über, wo Deke Slayton Capcom war. Die anderen Bodenstationen wurden bei dem kurzen Flug nicht benötigt.

Um 9:34 hob die Redstone ab. 45 Millionen Amerikaner verfolgten das Ereignis live im Fernsehen. Um die Spitzenbelastung zu begrenzen, hatte die Redstone nach 141,3 s Brennschluss. Weiterhin verringerten 150 kg Ballast in der Instrumentensektion nicht nur die Vibrationen, sondern auch die Beschleunigung. Die Spitzenbeschleunigung beim Aufstieg lag bei 6,3 g. Geschwindigkeit und Kurs waren nahe an der Vorgabe. Die Rakete sandte die Kapsel auf eine Bahn mit einer Gipfelhöhe von 186 km und eine Weite von 484 km, weniger als 5 km vom Zielpunkt entfernt.

Direkt nach Brennschluss wurde der Fluchtturm abgetrennt, danach fand die Trennung von der Redstone statt. Weitere 11 Sekunden später trat das automatische Lageregelungssystem in Aktion. Es drehte die Kapsel so, dass der Hitzeschutzschild in Flugrichtung zeigte.

Nun hatte Shepard etwas Zeit, seine Aufgaben durchzuführen. Er sollte zuerst die manuelle Steuerung der Kapsel erproben. Dazu senkte er die Nase 34 Grad nach unten. Das war die Ausrichtung für die Zündung der Bremsraketen. Danach probierte er die Steuerung in allen drei Achsen nacheinander aus und brachte jeweils die Kapsel wieder zurück in die Sollposition.

Danach schaute er durch das Periskop (das Fenster kam erst bei der nächsten Generation hinzu) und überprüfte, ob er charakteristische Landschaftsformen erkennen und zuordnen konnte. Das gelang problemlos. Allerdings gelang es nicht, Farbfilter in das Periskop einzufügen, da er bemerkte, dass ein Druckmesser am Anzug beim Schauen durch das Periskop auf den Knopf drückte, mit dem der Fluchtturm ausgelöst wurde. Daraufhin stellte er das Einschieben von Filtern ein. Das lag jedoch an dem Fallschirm, den er zusätzlich anhatte. Der Fallschirm wurde bei den folgenden Missionen weggelassen.

Das automatische Kontrollsystem, das während dieser Zeit wieder aktiv war, bewegte die Kapsel, obwohl das Raumschiff die Ausrichtung nicht ändern sollte. So schaltete Shepard wieder auf das manuelle System um und stellte fest, dass die Nase nun 25 Grad nach unten schaute anstatt 34 Grad. Er korrigierte nach.

Kurz darauf startete die automatische Sequenz der Retroraketen. Sie wurden kurz nacheinander gefeuert und dann abgeworfen. Danach machte Shepard weitere

Tests und konnte die Kapsel im manuellen Modus in jede gewünschte Richtung drehen. Shepard aktivierte erneut das automatische System, das die Kapsel wieder in die Wiedereintrittsposition brachte. Nun schaltete Shepard wieder auf manuell um, um diese Position zu halten, bis die Kräfte so groß waren, dass er Mühe hatte, mit dem Knüppel zu steuern. Dann übergab er wieder an das automatische System. Das alles machte Shepard in weniger als 5 Minuten. Sie brauchen mehr Zeit, um diese Missionsbeschreibung zu lesen.

Der Wiedereintritt hatte eine Spitzenverzögerung von 11,6 g, da die Kapsel als ballistisch geformter Körper keinen Auftrieb hatte und so schnell die Atmosphäre durchquerte. Das war die höchste Belastung eines Menschen im Programm. Bei den orbitalen Flügen war die maximale Abbremsung aufgrund des flacheren Winkels unter 9 g, dafür gab es beim Start eine Spitze mit über 8 g Beschleunigung,

In 6,5 km Höhe wurde der Pilotfallschirm entfaltet, der die Kapsel von Überschallgeschwindigkeit abbremste, in 3 km Höhe dann der Hauptfallschirm. Danach wurde der verbliebene Lageregelungstreibstoff abgelassen und der Landing-Bag entfaltet, der die Aufprallgeschwindigkeit reduzierte.

15 Min 22 s nach dem Start ging Freedom 7 im Wasser nieder. Wenige Sekunden später wurden die Peilhilfsmittel wie Leuchtfarbe, Peilsender und Sofar-Bombe freigesetzt. Die Kapsel neigte sich zuerst um 60 Grad, doch der als Kiel wirkende Landesack drehte sie in eine aufrechte Position.

Nach wenigen Minuten war ein Hubschrauber vor Ort. Die Kapsel wurde leicht angehoben, so das Shepard die Seitenluke öffnen konnte, herausklettern und sich in einer Schlinge an einer Winde fixieren konnte. Mit der Winde wurde er an Bord des Helikopters gezogen. 11 Minuten nach der Wasserung war er an Bord des Flugzeugträgers Lake Chamberlain. Die Kapsel war in so gutem Zustand, dass man sie erneut hätte einsetzen können.

Neben dem Passagier Shepard waren wieder etliche Filmkameras an Bord, die sowohl ihn filmten, wie auch die Erde. Der Erfolg von Alan Shepard wurde von Kennedy genutzt, als er am 25.5.1961 seine berühmte Mondrede hielt und dabei die Begeisterung über den erfolgreichen Flug von Shepard nutzte.

Zeitpunkt	Ereignis
0:00	Abheben
1:24	Max-Q
2:21,3	Brennschluss Redstone, maximal 6,3 g
2:22	Abtrennung Fluchtturm
2:24	Abtrennung von der Redstone
2:32 – 2:37	Drehen der Kapsel in Retrofeuerposition
3:10	Manuelle Kontrolle durch Shepard
3:50	Ausfahren des Periskops
4:44	Starten der Retrofire-Sequenz
5:00	Gipfelpunkt der Bahn erreicht, Höhe 186 km
5:14	Zünden der Retroraketen
6:14	Abwurf der Retroraketen
6:15	Check der Funkverbindung
6:20	Wiedereintrittslage eingenommen
6:44	Periskop eingezogen
7:48	0,05 g Leuchte geht an
8:20	Maximale Verzögerung mit 11,2 g
9:38	Entfalten des Pilotfallschirms in 6,5 km Höhe
10:15	Entfalten des Hauptfallschirms in 3 km Höhe
10:20	Abpumpen des verbliebenen H_2O_2 und Entfalten des Landesacks
15:22	Wasserung
26:00	Auf dem Deck der Lake Chamberlain

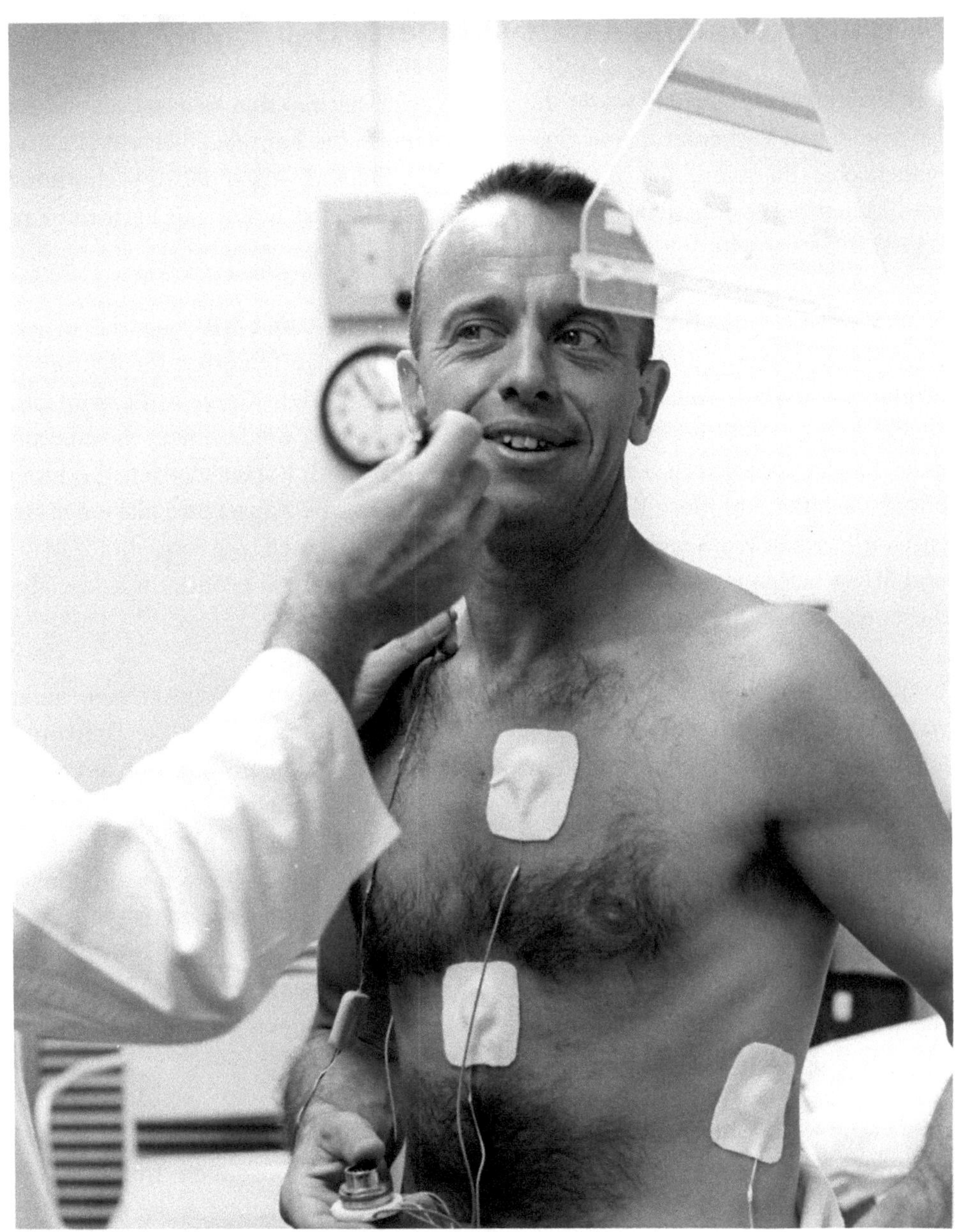

108. Abbildung: Alan Shepard bei den letzten Checks vor dem Start

Mercury Redstone 4 (MR-4, Liberty Bell 7, 21.7.1961)

Der zweite bemannte Flug setzte die erste Kapsel der zweiten Generation ein, mit verschiedenen Verbesserungen. Gus Grissom taufte die Kapsel „Liberty Bell", Freiheitsglocke, übernahm aber die Nummer 7, die Shepard wegen der Kapselnummer gewählt hatte. Diesmal in der Bedeutung für die „Mercury Seven". Er hatte die Kapsel #11.

Schon vor Grissoms Flug wurden die beiden Flüge MR-6 und MR-7 gestrichen. Alle sechs Astronauten zuerst suborbital zu „testen", um den fähigsten für den ersten orbitalen Einsatz herauszusuchen, war unsinnig, nachdem Gagarin die Welt umrundet hatte. Gus Grissom sollte den Flug von Shepard wiederholen, diesmal mit einer Kapsel der zweiten Serie. Sie hatte nun eine durch Explosivbolzen von innen öffenbare Luke. Auf diese Weise sollte der Astronaut die Kapsel im Falle einer Havarie, z. B. wenn Wasser eindringt, schnell verlassen können. Die Kapseln für MR-2 und MR-3 hatten einen Riegel und konnten auch von innen geöffnet werden, aber dieser Riegel erhöhte das Gewicht um 31 kg.

Ursprünglich sollte der Astronaut nicht durch die Seitenluke aussteigen, außer wenn die Kapsel durch einen Helikopter gesichert ist. Dann hebt sie der Helikopter leicht an, sodass bei Wellengang kein Wasser in sie eindringen kann. Der Astronaut sollte ohne Sicherung durch die obere Öffnung, an der eine Luke angebracht ist, klettern. Zum Zeitpunkt der Wasserung ist der obere Zylinder mit den Antennen schon abgeworfen und die Fallschirme im darunter liegenden Bereich werden nach der Landung abgetrennt. Das war jedoch schwer und für einen verletzten Astronauten wegen der Enge unmöglich, weshalb man die Öffnung der Seitenluke von Innen als zusätzliche Ausstiegsmöglichkeit schuf. Von den sechs bemannten Einsätzen verließ nur Scott Carpenter die Kapsel auf dem vorgesehenen Weg über die Spitze, da bei ihm die Bergung erst nach Stunden möglich war.

Eine zweite Neuerung der zweiten Serie war ein trapezförmiges Fenster. Die erste Generation der Kapseln hatte nur zwei kleine Bullaugen von 25,4 cm Durchmesser. Für Beobachtungen sollten die Astronauten durch ein Periskop schauen. Die Astronauten setzten ein Fenster mit einem Innendurchmesser von 32,7 × 18,5 × 24,2 cm durch, das einen Blickwinkel von 30 × 33 Grad hatte. Es bestand aus zwei Lagen aus je 4,3 mm dickem Glas. Das Fenster war wesentlich schwerer als die Bullaugen, jedoch durch Nutzlaststeigerung der Atlas umsetzbar.

Verbessert wurde die manuelle Steuerung. Vorher musste man den Knüppel stark bewegen, um das Raumschiff zu drehen. Nun genügte eine kleine Bewegung. Zusätzlich wurden die Regler im Kontrollpaneel neu angeordnet und ein Indikator hinzugenommen, der die Position der Kapsel über einem Miniglobus zeigte (EPI: Earth Position Indicator). Er war für die Orbitmissionen vorgesehen und bei dieser Mission noch ohne Funktion.

Um die Belastung des Piloten zu verringern, wurde mehr Schaumstoff unter dem Sitz eingezogen. Zudem wurden die Trennraketen zu den Retroraketen verlegt. Dort traf das Gas direkt auf die Rakete, und da es so nicht sofort in den freien Weltraum abströmen konnte, drückte das entstehende Gaspolster die Kapsel zusätzlich von der Rakete weg. Als Folge beschleunigten die Trennraketen die Kapsel nun um 8,6 anstatt 4,6 m/s. Der Adapter zur Redstone wurde ebenfalls überarbeitet.

Für seine kurze Mission hatte Grissom viele Tests durchlaufen. 17-mal wurde in einer Zentrifuge das Belastungsprofil durchflogen, 100-mal übte er in einem „Procedure Trainer" alle Abläufe während der Mission und 36-mal wurde im frei drehbaren, durch Luftkissen weitestgehend reibungslos beweglichen, ALFA-Trainer die Steuerung der Kapsel trainiert.

Am 15.7.1961 benannte Grissom sein Raumschiff „Liberty Bell 7" in Anlehnung an die Freiheitsglocke und malte auch einen Riss (den die Freiheitsglocke hatte) an die Seite der Kapsel. Der Countdown wurde zweimal wegen schlechten Wetters vom 16.7. und 18.7. auf den 19.7. verschoben. Das geschah in beiden Fällen, bevor Grissom die Kapsel betrat. Am 19. Juli wurde der Countdown erneut verschoben, diesmal nur 10:30 Minuten vor dem Start, erneut wegen zu vieler Wolken über dem Cape. Ein Start war nur bei visueller Verfolgung durch die Kameras möglich.

Am 21.7.1961 bestieg Grissom um 8:58 die Liberty Bell 7. Um 9:45 stellte man vor der Schließung der Luke fest, das ein Bolzen nicht korrekt ausgerichtet war. Man befand, dass die anderen 69 ausreichen würden, die Luke zu fixieren und ersetzte ihn nicht. Schließlich hob MR-5 um 12:20 ab.

Die kurze ballistische Phase verlief unspektakulär. Grissom war durch das unter ihm liegende Panorama abgelenkt. Am Gipfelpunkt konnte er durch das neue Fenster einen 1.300 km breiten Bogen der Erdoberfläche sehen. So lag er hinter dem Zeitplan zurück. Er probierte die Veränderung der Lage mit dem alten Kontrollsystem, fand die Regulierung aber schwierig und kompensierte zu viel, sodass er den „Rückwärtsgang" einlegen musste. Er schaltete dann auf das neue Kontrollsystem um und fand es viel feinfühliger und direkter auf die Aktion reagierend, auch wenn es viel mehr Treibstoff verbrauchte. Nachdem Shepard die Steuerung in den drei Achsen getrennt überprüft hatte, erforschte Grissom, wie die Steuerung beim Verändern von mehreren Achsen gleichzeitig reagiert. Es gab keine Probleme mit dem manuellen System.

Beim Wiedereintritt konnte Grissom Reste der Retroraketen am Fenster vorbeifliegen sehen. Die einfallende Sonne macht es zeitweise schwer, die Statusanzeigen zu erkennen. Einziges Vorkommnis vor der Landung waren zwei Löcher im Fallschirm, die aber nicht größer wurden.

Nach der Landung schwankte die Kapsel stark durch die Wellenbewegung. Grissom öffnete das Helmvisier. Nach den „Procedures" musste er nun mit einem Fettstift die Einstellungen protokollieren und das ging mit den Handschuhen schwer. Er hatte bei seinem Anzug die Sauerstoffversorgung abgeklemmt, ließ das Ventil für die Durchlüftung aber offen.

Dann wurde plötzlich die Luke weggesprengt. Wasser drang durch das Rollen der Kapsel ein. Grissom kletterte, so schnell er konnte, aus der Kapsel. Der Bergungshelikopter kam gerade an und beobachtete dies. Zuerst sah es so aus, als würde Grissom problemlos schwimmen. Die Besatzung der beiden Helikopter versuchte daher zuerst, die Kapsel zu bergen, die mit Wasser volllief. Dazu schnitt eine Besatzung zuerst mit einer Schere an einer Verlängerung die Antennen durch, während der zweite Helikopter versuchte, die Kapsel mit einer Schlinge an einer Seilwinde zu fassen. Grissom sah, dass die Kabel der Antennen nicht sauber durchtrennt waren, und schwamm sogar noch auf die Kapsel zu, um zu assistieren.

Dann bemerkt er, das Wasser in den Anzug eindrang. Die Mercuryanzüge waren als modifizierte Navyanzüge schwimmfähig, sie enthielten genug Luft und waren auch ohne Handschuhe und Helm luftdicht. Aber nur, wenn die Ventile zum Lebenserhaltungssystem geschlossen waren und eines war noch offen. Nun sank Grissom und die von den Helikoptern verursachten Wellen machten es ihm noch schwerer, sich über Wasser zu halten. Der Bergungshelikopter wiederum hatte mit der Überhitzung des Öls der Winde zu kämpfen. Schließlich hob er die Kapsel aus dem Wasser, als eine weitere Warnleuchte die Überlastung der Winde signalisierte. Die mit Wasser vollgelaufene Kapsel wog 2,3 t, 450 kg mehr, als der Helikopter anheben konnte.

Der Helikopter musste die Verbindung durchtrennen und die Kapsel versank in 5,1 km Tiefe. Erst 1999 wurde sie geborgen. Der Helikopter drehte ab.

109. Abbildung: Die vollgelaufene Kapsel bei der Bergung

Erst jetzt wandte sich der zweite Helikopter Grissom zu und erkannte seine Notlage. Er konnte gerade noch rechtzeitig mit einer zweiten Schlinge an einer Seilwinde geborgen werden. Im Hubschrauber angekommen, zog er sich sofort eine Schwimmweste an.

Der Vorfall wurde natürlich untersucht. Grissom beteuerte mehrfach, dass er die Lukensprengung nicht ausgelöst hatte. Er beteiligte sich an Versuchen, den Vorfall zu rekonstruieren. Die Ursache konnte aber nicht dingfest gemacht werden. Es gelang bei Versuchen nicht, die Luke „versehentlich" auszulösen, selbst wenn man sie malträtierte. Grissom meinte, in seiner liegenden Position wäre er nicht mit dem Arm an den Auslösungshebel gekommen. Er machte jedoch eine unglückliche Figur, zumal er auch zwei Rollen von 50 ct Stücken, Kapselmodelle und andere Dinge auf den Flug mitgenommen hatte, die das Schwimmen erschwerten.

Die Einschätzungen über die Ursache differierten von technischem Defekt (der aber nicht benannt oder gefunden werden konnte) bis zu einer Panikreaktion von Grissom. Der Großteil der Beteiligten vertrat die Meinung, das Grissom wohl unabsichtlich durch die Enge irgendwie an den Auslösemechanismus gekommen war. Dafür sprach, dass Glenn, als er die Luke aufsprengte, sich einen blutenden Zeigefinger holte und Schirra sogar eine Prellung, während Grissom unverletzt war.

Walt Williams, Mercury Missionsmanager, glaubt das auch und macht für das Vorkommnis das Training mitverantwortlich. Die Astronauten wurden auf „Procedures" geschult. Procedures, das macht die Autobiografie von Chris Kraft und Gene Kranz deutlich, waren die Art, wie die Missionskontrolle versuchte, den Risiken zu begegnen. Man überlegte sich, was passieren könnte und entwarf Schritte, um das Problem zu lösen. Diese wurden mit den Astronauten, aber auch allen anderen eingeübt. 100-mal – dreimal mehr als in allen anderen Trainern – war Grissom im „Procedure-Trainer". Walt Williams sagte, das Grissom sich genau an die Procedures hielt. Dazu gehörte auch, nach der Wasserung den Sicherheitsstift für die Luke herauszuziehen. Wäre er nicht sklavisch der Vorgabe gefolgt und hätte systemisch gedacht, dann hätte er sicherlich mit dem Herausziehen des Sicherungsstifts bei rauem Wellengang bis zum Schluss gewartet. So reichte eine kleine, unabsichtliche Bewegung, z. B. mit dem klobigen Helm, um nach Entfernung der Sicherung die Luke aufzusprengen.

Die NASA machte Grissom nicht verantwortlich für die verlorene Kapsel. Im Gegenteil: Man übertrug ihm die erste Geminimission, Gemini 3 und die erste Apollomission. Bei Gemini gab es keine Rufzeichen, trotzdem benannte Grissom die Kapsel als „Molly Brown", in Anlehnung an das Musical „the unsinkable Molly Brown", worüber man in den höheren Etagen des NASA-Managements nicht erfreut war. Als die „Molly Brown" wasserte, weigerten sich Grissom und John Young als Copilot, die Kapsel zu verlassen, bis sie von dem Helikopter gesichert war.

Nach dem insgesamt doch erfolgreichen Flug, auch wenn die Kapsel verloren ging – sie sollte ja nicht erneut verwendet werden – wurde der letzte verbliebene Redstone Start MR-5 gestrichen und das Mercury-Redstone-Programm beendet.

110. Abbildung: Die gebogene Liberty Bell in einem Museum

Mercury Atlas 4 (MA-4, 13.9.1961)

Trotz zweier bemannter Flüge mit der Redstone, war die Atlas noch nicht für bemannte Starts qualifiziert. Zwei der bisherigen Flüge (MA-1 und MA-3) waren komplette Fehlschläge, Big Joe ein partieller Erfolg, nur MA-2 ein richtiger Erfolg.

MA-4 sollte einen Orbit erreichen. Der Astronaut wurde durch einen „Crew Simulator" ersetzt. Ursprünglich sollte dieselbe suborbitale Bahn wie bei MA-2, doch diesmal mit einem Schimpansen als Passagier, geflogen werden. Doch nach dem fehlgeschlagenen Flug von MA-3, und weil sich die NASA nach German Titows 24-Stunden-Flug am 6/7. August noch weiter im Rückstand sah, ging man gleich zu einer Orbitmission über, die jedoch mit nur einem Orbit kürzer als die erste bemannte Mission sein würde.

Die Kapsel war die von MA-3, die zu McDonnell gebracht wurde. Dort wurde sie gereinigt und generalüberholt, z. B. der Hitzeschutzschild ersetzt. Sie erhielt die Nummer 8A, geplant war ein Start mit der Kapsel #9. Diese wurde nun bei der nächsten Mission eingesetzt. Es war der letzte Start einer Kapsel der ersten Generation. Der Adapter wurde nach den Erfahrungen von MR-4 und LJ-5A mit einer Verkleidung bedeckt, um die Kräfte, die auf ihn wirken, zu reduzieren. Bei der Atlas gab es Änderungen im Flightprogrammer. Er war nun redundant vorhanden. Dazu kamen Maßnahmen, um das Treibstoffschwappen, das man bei Big Joe und MA-2 beobachtete, zu reduzieren. Convair hatte alle Änderungen umgesetzt, die eine externe Gruppe unter der Leitung des ehemaligen Me-163 Testpiloten Bernhard Hohmann vorschlug, um die Rakete sicherer zu machen. Das externe Paneel um Hohmann erklärte die Atlas nun für „man rated" und in der Tat waren von nun an alle weiteren Starts im Mercuryprogramm erfolgreich.

Zwei Herausforderungen gab es bei der Mission an die Kapsel und Mission Control. Die Kapsel musste viel mehr Energie abbauen als bei jeder bisherigen Mission und war sechs bis sieben Minuten lang von Plasma umgeben – bisher war dies maximal eine Minute lang der Fall.

Zum ersten Mal war auch das komplette TAGIU-Netzwerk gefordert, da der Orbit einmal um die ganze Erde herumführen würde.

Erstmals würde auch der Fluchtturm im Flug gezündet werden. Um Gewicht einzusparen, wurde er 20 Sekunden nach Abwurf der Boostertriebwerke abgetrennt. Zu diesem Zeitpunkt waren die Tanks der Atlas zu 80 Prozent leer und man meinte, wenn es nun ein Problem gäbe, würde es ausreichen, das Zentraltriebwerk abzuschalten. Dann wartet man, bis sich der Schub abbaut, um die Mercurykapsel mit ihren Trennraketen von der Rakete zu entfernen.

Um die Gefahren für den Astronauten einzuschätzen, war das Raumschiff vollgepackt mit Instrumenten. Mikrofone nahmen die Geräuschkulisse auf und zeichneten sie auf Tonband auf. Vier Filmkassetten – links und rechts, oben und unten an der Couch sollten die Strahlendosis bestimmen, indem der Film durch kosmische Strahlen geschwärzt wird. Zwei weitere Pakete mit dickerer Emulsion sollte über die Eindringtiefe das Energiespektrum messen. Es wurden zahlreiche Messfühler für Geschwindigkeiten in Adapter und Kapsel platziert. Zwei Telemetriekanäle übertrugen wichtige Daten sofort. Sie waren redundant vorhanden, sodass einer ausfallen konnte. Mehrere Kameras hielten die Mission fest. Eine Filmkamera, auf die Couch gerichtet, wurde mit dem Abheben gestartet, ihre 20.000 Bilder reichten bis zur Landung. Eine zweite Kamera war an dem Fenster befestigt und nahm die Erde in festen Intervallen auf. Ihr Filmvorrat von 600 Aufnahmen reichte, bis der Indische Ozean nach einer Drittel Erdumkreisung erreicht war. Eine dritte Kamera schaute durch das Periskop. Ihre 10.000 Aufnahmen waren wichtig, um die Ausrichtung der Kapsel festzustellen.

Drei Rekorder mit je sieben Spuren zeichneten die ganze Telemetrie auf. Zwei weitere Aufzeichnungsgeräte mit einer Spur, gekoppelt an die Sender, dienten dazu, das TAGIU-Netzwerk zu überprüfen. Antennenkanister und Fallschirmbefestigung wurden mit Polystyrolschaum und Balsaholz versehen, damit sie nicht untergingen. Die Navy sollte diese Teile bergen. Neben dem primären Landeplatz vor der Küste der Bermuda Inseln nach einem Erdumlauf, gab es fünf weitere Zonen entlang der Aufstiegskurve. Sie deckten einen Abbruch zwischen 72 und 304 Sekunden nach dem Start ab.

Zur Bergung gab es eine SOFAR-Bombe, ein Blinklicht mit einer Lebensdauer von 24 Stunden und gelbe Leuchtfarbe, die man im Wasser sechs Stunden lang ausmachen konnte.

Der Start verlief weitestgehend ohne Probleme. Es gab einen 30 Minuten langen Halt, weil eine Schraube, die eine Kachel an der Oberfläche hielt, gebrochen war. Zuletzt gab es eine Verzögerung, weil der Kontakt zur Bermudastation kurzzeitig verloren ging.

52 s nach dem Abheben fiel der primäre Konverter von Gleich- zu Wechselstrom aus, doch die Automatik schaltete auf den Backupkonverter um. Die Bahn der Atlas war zuerst zu hoch, dann zu niedrig. Bei Boosterbrennschluss war die Atlas 30 m/s zu schnell, obwohl die Triebwerke 2,5 s zu früh abgeschaltet hatten. Bis zum Abschalten des Zentraltriebwerks – erneut 10 s zu früh – war aber die Zielgeschwindigkeit erreicht und die Bahn mit einer Abweichung von 2 km im Perigäum und 20 km im Apogäum erreicht.

5 s nach der Trennung von der Atlas hatte das Lageregelungssystem automatisch das Taumeln um die Achse korrigiert. Nun drehte sich die Kapsel um 180 Grad in die Position, in der die Retroraketen feuern sollten. Hier gab es die erste (negative) Überraschung. Das dauerte 50 anstatt 20 Sekunden und verbrauchte 9,5 anstatt 2,2 Pfund Treibstoff. Bei nur 32 Pfund im automatischen Steuersystem war dies ein großer Treibstoffverbrauch. Die Ursache war, wie sich später zeigte, ein gebrochener Draht, der zu einer Düse führte.

Wie bei Gus Grissoms Flug gab es einen zu hohen Sauerstoffverbrauch. Zuerst verlor die Kapsel Atmosphäre, bis bei 8,3 km Höhe das Ventil verspätet aktiv wurde und die Sauerstoffversorgung die Kapsel mit reinem Sauerstoff flutete. Der Sauerstoffverlust blieb weiterhin hoch. Über Sansibar war der primäre Sauerstoffvorrat schon auf 30 Prozent gesunken. Bei der Landung war der primäre Sauerstoffvorrat erschöpft, der sekundäre aber noch fast voll.

In der Couch befand sich ein „Crewmann-Simulator“. Er verbrauchte Sauerstoff aus dem Umweltkontrollsystem und emittierte Kohlendioxid und Wasser. Damit wurde das Umweltkontrollsystem überprüft. Die Telemetrie von und zu den Stationen wurde übertragen. Das ging besonders gut auf den hohen Frequenzen, die bei den suborbitalen Missionen meist gestört waren. 137-mal wurde die Bahn während des Umlaufs von den Bodenstationen vermessen.

Nur dreimal verlor das Raumschiff die Orientierung relativ zur Erde und das automatische Steuersystem musste eingreifen.

Nach der Passage von Hawaii startete der Zeitgeber nach 1 Stunde, 28 Minuten und 59 s die drei Retroraketen. Als die Kapsel Guaymas in Mexiko überflog, wurde die Telemetrie von der Zündung übertragen und die Abstiegsbahn bestimmt. Der Rest verlief nach den Vorgaben. In 12.725 m Höhe wurde der Pilotfallschirm entfaltet, in 3.050 m Höhe der Hauptfallschirm. Nach 1 Stunde 51 Minuten landete die Kapsel 282 km vor den Bermudas. Nach weiteren 82 Minuten hatte sie der Zerstörer Decatur, der 54 km entfernt war, erreicht und geborgen.

Es schloss sich die Auswertung der Daten an. Zuerst wurde der hohe Sauerstoffverbrauch untersucht. Es zeigte sich, dass Vibrationen eine Sperre gelöst hatten. Die Filmaufnahmen der Konsole zeigten, dass eine Warnleuchte anging, der Astronaut also informiert worden wäre, aber es reichte nicht aus, einen Mikroschalter zum Umschalten zu bringen, damit das Signal auch in der Telemetrie vorhanden war. Die Kapsel selbst war in gutem Zustand. Es gab keine verbogenen Kacheln auf der Außenseite und nur geringe Farbveränderungen durch Oxidationen. Lediglich der Horizontscanner war mit dunklem, oxidiertem, Material überzogen, doch er wurde nur im Orbit benötigt. Der Hitzeschutzschild hatte zwei Risse, da die Kapsel mit einer Kante auf dem Wasser aufkam. Doch er hielt und der Astronaut war auch nicht durch den harten Aufprall gefährdet.

Die Mission war als Erfolg anzusehen. So kam bei der Presse-

Abbildung 111: Start von MA-4

konferenz die Frage auf, ob man dann nicht schon bei der nächsten Mission einen Astronauten, anstatt einen Schimpansen, ins All schicken sollte. Walt Williams antwortete, dass trotz des Erfolgs das Raumschiff zuerst für drei Orbits qualifiziert sein musste, also der nächste Flug noch ohne Astronaut sein würde.

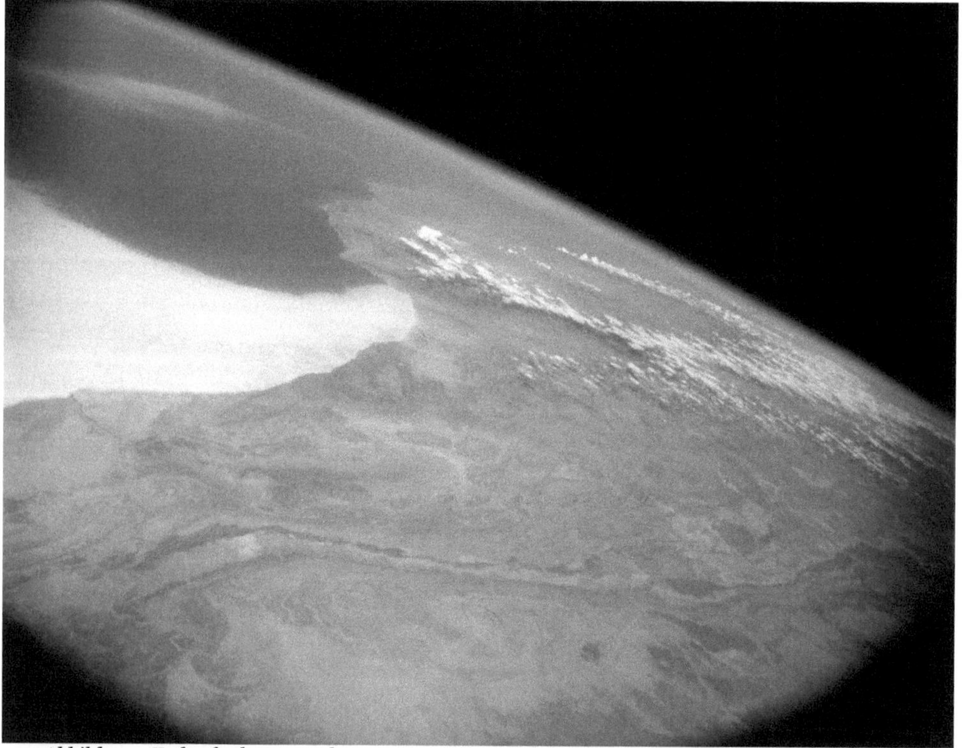

112. Abbildung: Erdaufnahme von der automatischen Kamera

Mercury Scout 1 (MS-1, 1.11.1961)

Von den beiden geplanten Starts der Scout zur Test des Bahnverfolgungs- und Kommunikationsnetzwerkes TAGIU fand nur der Erste statt. Die Nutzlast der Scout waren die Sender einer Mercurykapsel mit einer Batterie. Mit ihnen wollte man das Netzwerk testen und Probleme herausfinden.

Am 1.11.1961 kam es zum Test. Am 31.10.1961 hatte man schon einen Startversuch unternommen, doch nach Ablauf des Countdowns zündete die erste Stufe der Blue Scout nicht. Man reparierte die Schaltung für die Zündung und wiederholte am nächsten Tag den Start. Er scheiterte schon nach 28 s, als die Rakete kurz nach dem Abheben vom Kurs abkam und durch die aerodynamischen Kräfte anfing, zu zerbrechen. Nach 43 s wurden sie durch den Range Safety Officier gesprengt.

Eine Untersuchung der geborgenen Trümmer ergab, dass ein Techniker die Leitungen vom Autopiloten mit dem Inertialsystem zu den Triebwerken falsch verkabelt hatte. So wurden Signale für Nickachse zur Rollachsensteuerung übertragen und umgekehrt, was zur Kursabweichung führte.

Als Mercury Scout 1 startete, hatte schon die erste unbemannte orbitale Mercurymission MA-4 stattgefunden. 28 Tage später folgte MA-5. Mit diesen beiden Missionen, die Sender an Bord hatten, qualifizierte man das Bodennetzwerk, ein zweiter Start einer Mercury-Scout wurde daher gestrichen.

113. Abbildung: Mercury Scout 1 vor dem Start

Mercury Atlas 5 (MA-5, 29.11.1961)

Der letzte unbemannte Test sollte endlich den Weg freimachen für den ersten bemannten Orbitalflug. Diesmal war ein Schimpanse der Passagier und der Flug würde über drei Orbits anstatt einen Umlauf gehen. Die Kapsel #9 war von allen Raumschiffen am längsten in den Startvorbereitungen: 40 Wochen vergingen von der Ankunft am Cape bis zum Start. Zuerst sollte sie suborbital mit einem Crewmannsimulator starten, dann suborbital mit einem Schimpansen und schließlich orbital mit einem Schimpansen. Die Kapsel #9 war das zweite Raumschiff des zweiten Produktionsloses.

Der erfolgreiche Flug von Gagarin beschleunigte das Vorgehen. Die Atlas 93D hatte zwei Verbesserungen. Das eine war, das das Marschtriebwerk manuell durch Funkkommando abgeschaltet werden konnte – man befürchtete, dass sonst eine Überperformance der Atlas die Kapsel in einen zu hohen Orbit bringt, den sie mit den Rettungsraketen nicht mehr verlassen kann. Das Zweite war, das man eine transistorisierte Version der Telemetrieeinheit einsetzte, die bisher eingesetzte arbeitete noch mit Vakuumröhren.

Enos (hebräisch für „Man") war ein 5-jähriger Schimpanse, den die USAF am 3.4.1960 in Kamerun gekauft hatte. Die MA-5 Mission war die Generalprobe für die geplante MA-6 Mission, die bemannt sein sollte. Sie würde daher wie diese über drei Umläufe gehen. Enos wurde fünf Stunden vor dem Start in seinem Container auf der Couch festgeschnallt. Durch verschiedene Holds verzögerte sich das Abheben um weitere zwei Stunden. Der Start verlief ohne Probleme.

Nachdem sich die Kapsel von der Atlas gelöst hatte, führte sie das Drehmanöver durch. Das verbrauchte diesmal nur 2,7 kg Treibstoff. Bei MA-4 waren es noch 4,3 kg Treibstoff. Auch der Treibstoffverbrauch während des ersten Umlaufs, um die Ausrichtung zu halten, war mit 0,68 kg sehr niedrig. Beim ersten Überflug des MCC wurde die Retrofeuer-Uhr im Raumfahrzeug neu justiert, die 18 s vorging.

Als die Kapsel zu Beginn des zweiten Umlaufs im Empfangsbereich der Kanarischen Inseln war, stellte man fest, dass sich ein Inverter überhitzte. Diese Geräte hatten schon bei früheren Missionen (MR-2, S. 277) Probleme gemacht und die

Temperaturen in der Kapsel stiegen an. Auch das war schon vorgekommen. Enos hatte seinen eigenen klimatisierten Behälter.

Als die Kapsel Muchea überflog, die westliche Empfangsstation in Australien, war der Treibstoffverbrauch stark angestiegen, die Ausrichtung der Kapsel war aber korrekt. Wenige Minuten später war der Treibstoffverbrauch beim Überfliegen von Woomera in Ostaustralien wieder normal. Bei der Passage von Canton Island aber verbrauchte die Kapsel wieder Treibstoff. Wie sich nach der Landung herausstellte, feuerte eines der Rolltriebwerke dauernd. Sobald eine bestimmte Abweichung überschritten war, kam das automatische System zur Aufrechterhaltung der Lage zum Einsatz. Das passierte neun Mal während des zweiten Orbits und noch einmal, nachdem schon der Wiedereintritt begonnen hatte. So stieg der Treibstoffverbrauch während des zweiten Orbits auf 4,3 kg an. Bei nur 14,5 kg Treibstoff war klar, dass so der Treibstoff während des dritten Orbits ausgehen würde.

Inzwischen war die Kabinentemperatur auf 38,1 Grad angestiegen und die Temperatur in Enos Weltraumanzug von 18 auf 27 Grad. Er konnte, anders als die Astronauten, keinen Regler bedienen, um die Anzugtemperatur zu verstellen. Auch seine Körpertemperatur war leicht angestiegen, aber er hatte noch kein Fieber.

Doch der Treibstoffverbrauch war beängstigend angestiegen. Flugdirektor Christopher Kraft erlaubte den Kontrolleuren auf Hawaii, nach eigenem Ermessen das Kommando für das Retromanöver zu senden, wenn ihrer Ansicht nach zu wenig Treibstoff vorhanden ist. Gleichzeitig bereitete man die nächste Station in Point Arguello für das gleiche Manöver vor, das normalerweise dort stattfinden würde, nur eben einen Umlauf früher. Die Limitation des Mercurynetzwerks, mit der Übertragung von Messdaten über Fernschreiber, war nun offensichtlich. Die Missionskontrolle musste die Aufgabe delegieren, weil es zu lange gedauert hätte, Messwerte per Fernschreiber zu übertragen, im MCC zu entscheiden und die Kommandos per Fernschreiber an die Station zu übertragen.

Über Hawaii hatte MA-5 noch genügend Treibstoff. Somit fiel die Entscheidung über Point Arguello. Dort hatte man immerhin eine inneramerikanische Telefonverbindung. Man beobachtete im MCC den Treibstoffverbrauch und 12 s vor dem

Abreißen der Funkverbindung gab Chris Kraft das Kommando für die Zündung der Retroraketen.

MA-5 ging daher nicht im Pazifik, sondern wie geplant im Atlantik nahe des Zielgebiets nieder, allerdings nach zwei anstatt drei Umläufen. Die voraussichtliche Position wurde an die Bergungsflotte durchgegeben. Die Kapsel ging 48 km vom nächsten Zerstörer, der „Stormes", entfernt nieder. Ein Flugzeug sichtete die Kapsel in 1.500 m Höhe. Es blieb in der Nähe der Kapsel, bis sie nach 75 Minuten gebogen wurde. Bei der Wasserung versagte die SOFAR-Bombe.

Als die Luke explosiv geöffnet wurde, brach das Fenster. Enos hatte den Flug gut überstanden, inzwischen aber alle Elektroden aus seinem Körper entfernt. Er starb ein Jahr später an Bakterienruhr, der Stamm der ihn befallen hatte, war resistent gegen Antibiotika.

Trotz des zu hohen Treibstoffverbrauchs galt das Raumschiff als qualifiziert. Ein Astronaut hätte das automatische Korrektursystem abschalten und selbst steuern können. Die anderen Probleme, wie zu hohe Kabinentemperatur und überhitzte Elektronik, wurden zur Kenntnis genommen. Inzwischen hatte sich die STG von der Vorstellung verabschiedet, dass es einen problemlosen Flug geben würde.

Die NASA änderte auch nicht ihre Meinung, als am 20.12.1961 im Rahmen der Scat-Back Mission ein Rhesusaffe als Sekundärnutzlast mit einem Atlas-F Entwicklungsflug gestartet wurde. Bei diesen Flügen wurden Behälter unten an der Atlas angebracht und später abgesprengt. Der Behälter ging 8.000 km vom Startpunkt entfernt nieder, nachdem er eine Gipfelhöhe von 1.000 km erreicht hatte. Der Peilsender arbeitete aber nicht und die See war rau. So konnte der Behälter nicht geborgen werden. Die NASA verwies darauf, dass es sich um ein anderes Modell der Atlas handelte. Das war allerdings nur die halbe Wahrheit, denn Atlas D und F unterschieden sich nur in der elektronischen Ausrüstung.

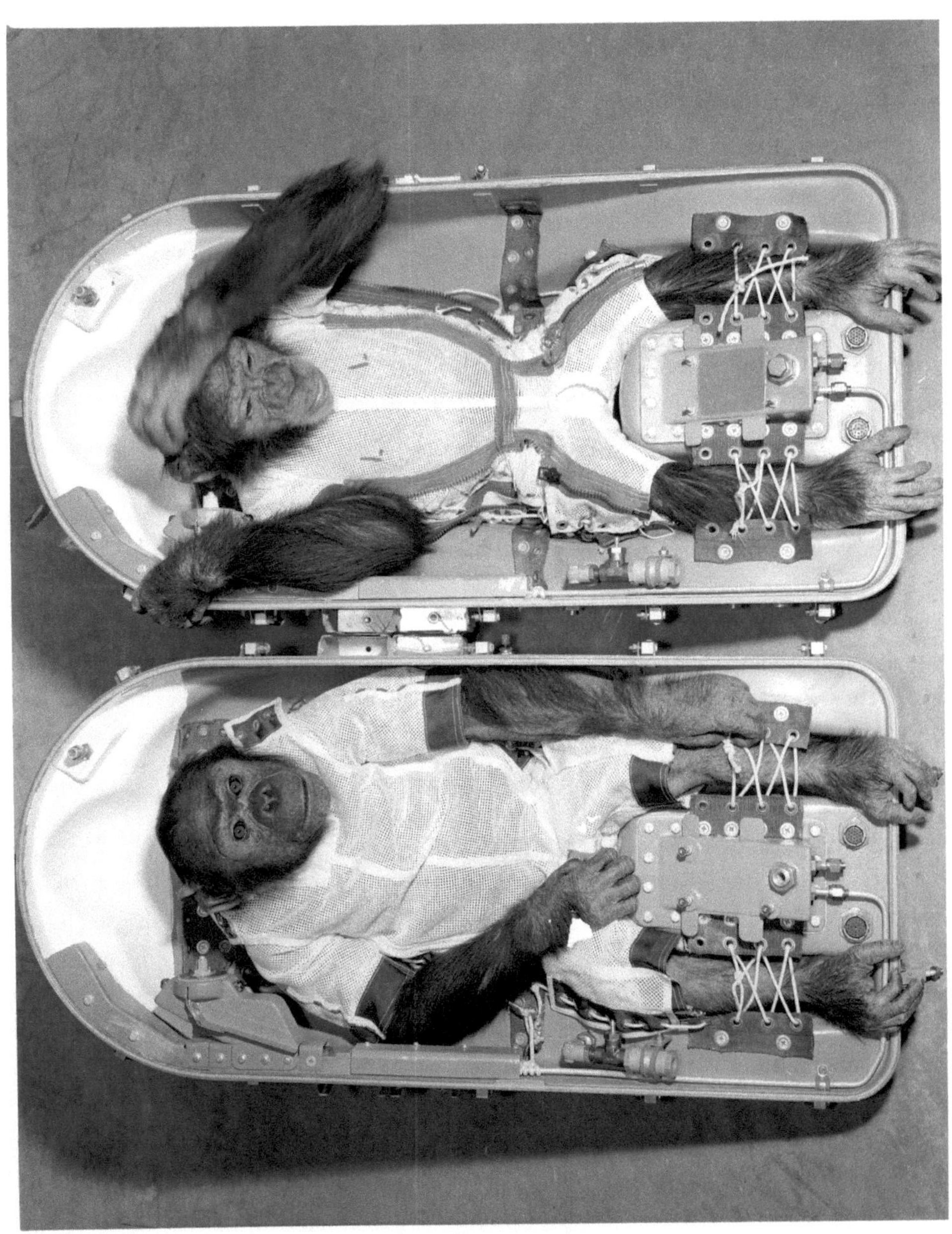

114. Abbildung: Enos (oben) und Ham (links) in ihren Containern

Mercury Atlas 6 (MA-6, Friendship 7, 20.2.1962)

Nach dem erfolgreichen Flug von MA-5 setzte die STG den ersten bemannten Flug auf den 19.12.1961 fest, verschob ihn dann aber um fünf Wochen auf Ende Januar. Anfang Dezember gab es Verzögerungen bei der Hardware, vor allem bei der Atlas. Man befürchtete, dass der Flug auf die Zeit um und nach Weihnachten fallen könnte. So konnte man die Mitarbeiter in die Ferien schicken und im neuen Jahr den Start in aller Ruhe vorbereiten. Es war allen im Programm Beteiligten klar, das John Glenn der Pilot sein würde. Er war der letzte des Trios, das Gilruth im Januar 1961 als die ersten drei Astronauten ankündigte und Ersatzmann bei den beiden vorherigen Flügen. Zudem warb Glenn eifrig im oberen NASA-Management, dass er diesen Flug bekam, wie Chris Kraft und Deke Slayton in ihren Memoiren vermerken. John Glenn knüpfte als Patriot an die bisherige Namensgebung an und nannte die Kapsel nach der „Freiheit" und „Freiheitsglocke" nun „Friendship 7", was implizierte, dass die andere Seite keine „Freundschaftsschiffe" baute.

Die Vorbereitungen dauerten lange. 166 Arbeitstage wurde die Kapsel, die Ende August 1961 am CCAF eintraf, geprüft. 225 Änderungen wurden nach dem Flug MA-5 umgesetzt, so eine bessere Kühlung der Inverter, die leicht überhitzen. Glenn und Carpenter als Ersatzmann hatten so viel mehr Zeit als jede andere Besatzung, die Mission einzuüben.

In der Folge verzögerte sich der Starttermin weiter. Geplant war ein Start am 20.1.1962. Doch der Zwischentank der Atlas 109D leckte und so verschob die NASA den Start auf den 27.1.1962. An dem Tag stieg John Glenn erstmals in die Kapsel. Doch 29 Minuten vor der Zündung wurde der Flug gestrichen, weil das Wetter nicht mitspielte: Es zog eine Wolkenschicht heran und nach dem Fehlschlag von MA-1 bestand Walter C. Williams darauf, dass der Flug mit Filmkameras bis zur Boosterabtrennung verfolgt werden konnte.

Der Flug von MA-6 wurde auf den 1.2.1962 verschoben, doch beim Befüllen der Tanks wurde ein weiteres Leck im Zwischenboden entdeckt, der Start wurde auf nun auf den 14.2. datiert, doch da waren erneut Wolken über dem Cape. Erst am 18.2.1962 begann der Himmel aufzuklaren. Am Starttag gab es weitere Probleme. Es wiesen die anlogen Leitungen zu den Computern ein hohes Rauschen auf.

Dann gab es drei weitere Verzögerungen. Zuerst durch das Steuerungssystem der Atlas, bei dem eine Komponente ausgetauscht werden musste. Das verzögerte den Countdown um 90 Minuten. Als die Luke verschlossen werden sollte, war einer der 70 Bolzen gebrochen. Alle 70 Bolzen mussten ersetzt werden, was weitere 42 Minuten dauerte. Danach schloss sich ein Sauerstoffventil nicht richtig und verursachte eine weitere Verzögerung um 25 Minuten. Erst um 14:47, nach 137 Minuten Verzögerungen, und 222 Minuten, nachdem Glenn die Kapsel bestiegen hatte, drückte T.O. Malley den Startknopf – einen computergesteuerten automatischen Start gab es noch nicht. Die Worte seines Ersatzmanns, Scott Carpenter: „God speed John Glenn", 10 Sekunden vor dem Abheben, hörte Glenn nicht, da sein In-Ohr-Lautsprecher eine Fehlfunktion hatte. 100 Millionen US-Amerikaner sahen den Start live im Fernsehen.

John Glenn gab während des Aufstiegs die Statusmeldungen über Messwerte durch, mit Ausnahme bei den hohen G-Belastungen am Ende der Booster- und Sustainerbrennzeit. Die Atlas beförderte Friendship 7 in eine Umlaufbahn mit den Vorgabeparametern, die Geschwindigkeit war nur 2 m/s kleiner als geplant.

Die elliptische Umlaufbahn war über mindestens sieben Umläufe stabil. So gab Chris Kraft das Okay für sieben Orbits, obwohl die Mission nur drei Erdumkreisungen dauern sollte. Die weiteren Umläufe galten als Sicherheitsreserve für den Fall von Problemen. Auf der anderen Seite durfte die Bahn nicht zu hoch sein. Falls die Retroraketen versagten, würde Friendship 7 nach wenigen Umläufen automatisch wieder in die Atmosphäre eintreten.

Der Flug verlief anfangs normal. Die Kabinentemperatur war wie bei den vorherigen Flügen mit 40,2 Grad zu hoch. Die Anzugtemperatur aber im Toleranzbereich. John Glenn verbrauchte relativ wenig Treibstoff, um die Lage der Kapsel zu korrigieren. Dann jedoch fing das Raumschiff an, sich zu neigen. Glenn korrigierte nach, doch das Phänomen blieb. Das MCC vermutete, dass eine Düse defekt sei und wie bei der letzten Mission dauernd feuerte. Man übermittelte Glenn den Ratschlag, das automatische System abzuschalten. Danach hörte das Neigen auf. Dann entdeckte Glenn auf der Nachtseite, dass sein Raumschiff von Tausenden von leuchtenden Partikeln, wie „Leuchtkäfern", umgeben war.

Als Glenn nach einem Orbit Cape Canaveral erneut passierte, bemerkte der Ingenieur Don Arabian in der Telemetrie, dass ein Sensor mit der Bezeichnung „Segment 51" einen abweichenden Messwert übermittelte. Der Sensor maß, ob der Hitzeschutzschild und der darunter liegende Gummisack, der die Wucht beim Aufprall auf das Wasser abfedern sollte, sich von der Befestigung gelöst hatten. Vor der Landung wird die Befestigung beider Teile gelöst, der Gummisack fällt mit dem Hitzeschutzschild nach unten und der Sack mindert den Aufprall ein wenig. Später dient er als Kiel und stabilisiert die Kapsel im Wasser.

Nach dem Signal hatte sich der Hitzeschutzschild gelöst. Ohne ihn würde Friendship 7 beim Wiedereintritt verglühen. Nun brach Hektik in der Missionskontrolle aus, sogar ein Telefongespräch von Präsident Kennedy mit John Glenn, das am Abend vorher angekündigt war, wurde abgesagt.

Gene Kranz forderte über Fernschreiber von allen Stationen Statusmeldungen über die Messwerte von „Segment 51" an. Bedingt durch das langsame Medium nahmen die Anfragen einige Zeit in Anspruch, es dauerte 10 bis 15 Minuten, bis die Antworten eintrafen. Die Rückmeldungen waren wenig hilfreich. Einige Stationen sahen das Signal, andere nicht.

Danach konsultierte Kranz zwei Ingenieure von McDonnell im MCC, mit denen er ein Systemhandbuch der Kapsel erstellt hatte. Sie konnten aber auch nicht weiterhelfen und riefen ihre Kollegen bei McDonnell an. Eine Standleitung zum Hersteller gab es damals noch nicht.

Kraft bat Gordon Cooper, Capcom in Australien, John Glenn zu fragen ob Glenn etwas gehört hatte. Das Ablösen des Hitzeschutzschilds war nicht geräuschlos, wie auch Alan Shepard als Capcom im MCC bestätigte. Als Glenn das verneinte, sollte er die Schalter für die Auslösung des Landebags kurz kippen und wieder in die Ursprungsposition bringen. Das war ungefährlich, solange die Kapsel nicht äußeren Kräften ausgesetzt war. Auch dies setzte das Signal des Sensors nicht zurück.

Inzwischen waren Maxime (Max) Faget und John Yardley, Chefingenieur von McDonnell, die mit der Kapsel vertraut waren, hinzugekommen und diskutierten mit Kraft das Problem. Es gab unterschiedliche Ansichten, doch die Mehrheit war sich sicher, dass es ein Instrumentenfehler war. Das System zur Ablösung des Hitze-schildes war redundant abgesichert. Trotzdem plädierte Max Faget dafür, die Retroraketen nach dem Ausbrennen an der Kapsel zu lassen. Seine Argumentation war: Wenn der Hitzeschutzschild sich gelöst hat, so halten ihn die drei Klammern, mit denen die Retroraketen an ihm befestigt sind, in Position, bis sie durch die Reibung schmelzen. Dann sind die aerodynamischen Kräfte aber so stark, dass sie den Hitzeschutzschild in die richtige Position drücken.

Dem widersprach Chris Kraft, der Flugleiter. Er betrachtete es als einen Instrumentierungsfehler, verwies auf die Absicherung des Systems und meinte, das die Retroraketen das Risiko erhöhen würden: Wie beeinflussen sie die Aerodynamik? Können die schmelzenden Reste den Hitzeschutzschild beschädigen etc. Max Faget hatte keine Antworten auf die Fragen, meinte aber, dass der Hitzeschutzschild, den er designt hatte, eine große Reserve hatte, also erheblich dicker war als benötigt. Er sollte auch halten, wenn flüssiges Metall einen Teil zerstört.

Während man in der Missionskontrolle diskutierte, verständigte der Capcom auf Canton Island aus Versehen John Glenn über die Besorgnis. Er bat ihn, den Status der Leuchte, die signalisiert, ob der Schild arretiert ist oder nicht, durchzugeben. John Glenn gab den Status durch und ließ sich nichts anmerken.

Während des ganzen dritten Orbits gingen die Diskussionen weiter, in die sich nun Missionsleiter Walt Williams einschaltete. Man beschloss zuerst abzuwarten, ob alle drei Retroraketen zünden. Hätte eine nicht gezündet, so hätte man das Paket abwerfen müssen, da die nicht gezündete Rakete sonst beim Wiedereintritt explodiert wäre. Als alle drei zündeten, zur Mitte des dritten Orbits, wollte Chris Kraft schon das Okay für den normalen Wiedereintritt geben. Doch er wurde von Walt Williams überstimmt. Er war die höhere Instanz. Die Retroraketen blieben an der Kapsel. Das bedeutete, dass John Glenn das Periskop manuell einfahren und den Landeairbag manuell ausfahren musste. Erst jetzt wurde Glenn informiert. Er hatte sich vorher mehr Sorgen über den hohen Treibstoffverbrauch gemacht.

Der Wiedereintritt verlief normal. John Glenn konnte an seinem Fenster glühende Teile der wegschmelzenden Retroraketen wegfliegen sehen. Bedingt durch die veränderte Aerodynamik, war der Flugpfad kürzer und Glenn landete 64 km vor dem

Zielpunkt. Der Zerstörer Noa war 9,7 km vom Landepunkt entfernt und erreichte die Kapsel nach 17 Minuten. Neu war, dass Taucher nun die Kapsel zuerst mit einem aufblasbaren Ring sicherten, sodass sie nicht mehr untergehen konnte. Glenn verließ nach dem Verlust von Grissoms Kapsel Friendship 7 erst, als es schon an Bord der Noa war. Der Wiedereintritt war sanfter als bisher. Es gab nur eine Spitzenverzögerung von 8 g. Man hatte die Astronauten auf 12 bis 14 g trainiert.

Eine spätere Inspektion zeigte, dass es wirklich nur ein Instrumentierungsfehler war. Nach den Worten von Gene Kranz begann mit der Beharrlichkeit, mit der Kraft auf seiner Vorstellung von Sicherheit pochte – kein Risiko einzugehen, wenn man sich weitestgehend sicher ist, dass das System funktioniert – sein Aufstieg in der NASA-Hierarchie.

Man schrieb neue Prozeduren, wie man in solchen Fällen vorgehen sollte und die nächste Generation von Raumschiffen würde mehr Telemetrie übermitteln: Das Signal für die Ablösung des Schilds ist ein Summensignal aus drei Sensoren. Zwei davon waren in Ordnung, einer nicht. Durch die Verschaltung reicht ein fehlerhafter Sensor aber aus, dass man das Signal für die Ablösung erhielt. Hätte die Missionskontrolle alle drei Signale gehabt, so wäre klar gewesen, dass nur ein Sensor ausgefallen war.

John Glenn hatte mit dem Flug den Ruf eines amerikanischen Helden. Er bekam die bis dahin größte Konfettiparade für eine Einzelperson. Er erhielt etwa eine halbe Million Briefe und Telegramme und zahlreiche Geschenke. Alleine die Tour durch die Medien, US-Bundesstaaten und mit Politikern dauerte Monate. Er wurde mit Orden bedacht, die auch das Flugkontrollteam für die „Rettung" der Mission erhielt. Präsident Kennedy, der neun Monate zuvor nach dem suborbitalen Flug von Alan Shepard auf Mercury-Redstone 3 das Apolloprogramm ins Leben gerufen hatte, kam dieser Erfolg zur rechten Zeit. Denn damit hatten die USA mit Russland gleichgezogen, auch wenn schon im August 1961 German Titow länger im All war.

Nach Aussage des ehemaligen Astronauten und späteren NASA-Administrator Charles Bolden war Glenn als nationaler Held so wertvoll, dass Kennedy anordnete, er dürfte nicht erneut ins All fliegen, da sein Tod eine mediale Katastrophe gewesen wäre. So lag es nahe, dass Glenn eine zweite Karriere anstrebte.

Im Dezember 1962 schlug Robert Kennedy vor, dass Glenn 1964 für die Demokraten in Ohio für die Senatswahlen antrat. John Glenn, der schon während seiner Astronautenzeit gute Kontakte zum oberen Management pflegte, wo es mehr politische Entscheidungen gab, nahm an und quittierte am 16.1.1964 seinen Dienst bei der NASA. Zu dem Zeitpunkt war das Mercuryprogramm schon beendet.

Am 29.10.1998 flog John Glenn mit STS-95 erneut ins All. Er ist bis heute der älteste Astronaut, er war 77, als er noch einmal ins All flog. Er hatte zwei Jahre lang die NASA bedrängt, ihn nochmals fliegen zu lassen. Offizieller Zweck waren geriatrische Studien, bei denen seine Messwerte mit denen von MA-6 verglichen wurden. Wenige Wochen vor dem Start entdeckte man aber, dass Glenn nicht für eines der beiden Hauptexperimente geeignet war. So wurden nur Schlaf- und Proteinstoffwechsel überwacht. Glenn starb als Letzter der Mercury-Astronauten am 8.12.2016 im Alter von 95.

115. Abbildung: Glenn während des Flugs aufgenommen von der 16 mm Kamera im Raumschiff

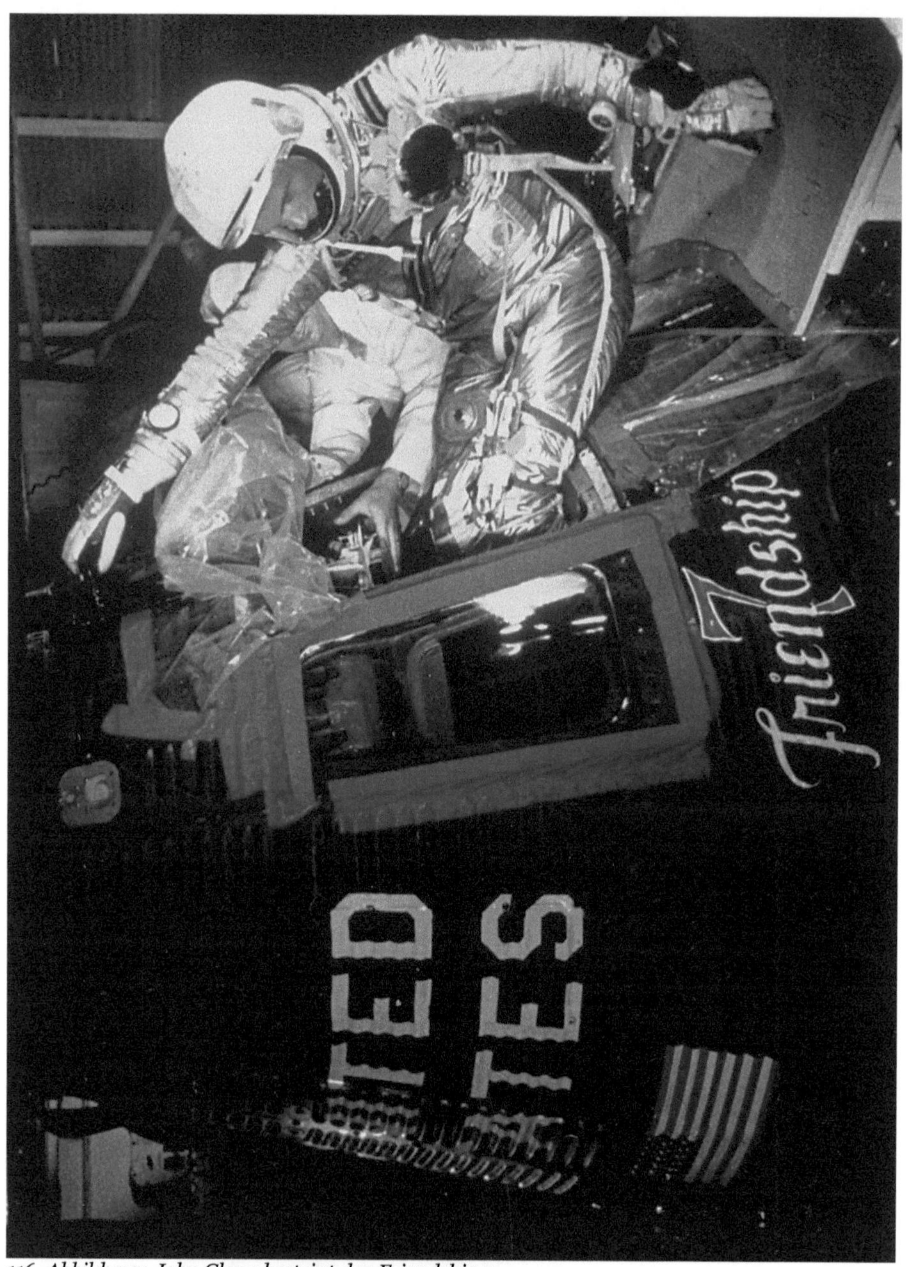

116. Abbildung: John Glenn besteigt das Friendship 7

Mercury Atlas 7 (MA-7, Aurora-7, 24.5.1962)

Als Astronaut für den zweiten Orbitalflug war Donald Slayton vorgesehen. Nachdem ihm die Ärzte im September 1961 den Flugstatus entzogen, musste ein Ersatzmann gefunden werden Flugdirektor Chris Kraft plädierte für Walter Schirra, den Ersatzmann für Slayton. Missionsdirektor Walt Williams vergab den Platz aber an Scott Carpenter, den Ersatzmann von John Glenn. Die Argumentation von Williams war, dass der Flug nur drei Orbits umfasste, und so mehr dem Flug von Glenn ähnelt als der längeren Mission, die als Nächstes geplant war. Carpenters Ersatzmann war Walter Schirra.

Chris Kraft war gegen Carpenter. Er bezeichnete seine Trainingsleistungen als „Substandard" und hielt ihn für ungeeignet. Gene Kranz, der einen weniger polarisierenden Charakter hat (liest man Krafts Autobiografie, so ist offensichtlich, dass er bestimmte Personen mag oder nicht und dies sein Urteil prägt), schreibt über Carpenter, dass die meisten Astronauten sich nach dem Training hinsetzten und die Prozeduren durchgingen, auswendig lernten, während Carpenter zum Strand ging und Gitarre spielte. Bei einem Programm, das dem Plan schon eineinhalb Jahre hinterherhinkte, erwartete die STG sicher mehr als Dienst nach Vorschrift von den Piloten.

Letztendlich war Walt Williams der Verantwortliche für die Mission und so bekam Scott Carpenter den Flug. Der Flug war mit drei Erdumkreisungen nicht länger als der vorherige. Dafür wurden nun erstmals Experimente durchgeführt. Das Hauptexperiment war ein Ballon mit verschieden eingefärbten Teiloberflächen der im ersten Erdumlauf ausgesetzt werden sollte. Er hing mit einer 30 m langen Leine an dem Raumschiff. Carpenter sollte ihn mit Kameras aufnehmen. Es sollte festgestellt werden, wie sich die Oberflächen im Weltraum verfärben.

Fotografie war ein weiteres Thema. Es sollten Erdaufnahmen angefertigt werden. Flüssigkeiten sollten in der Schwerelosigkeit fotografiert werden. Daneben sollte Carpenter neues Essen erproben: die „Verpflegung" im Mercuryprogramm bestand aus Konzentraten in Tuben und Pillen. Er sollte erproben, ob man feste Nahrung einsetzen konnte. Dazu war diese gefriergetrocknet und mit einem Überzug versehen worden, der das Krümeln verhindern sollte. Weiterhin sollte er normale Nahrungsmittel erproben, die nicht krümeln können, wie ein Karamellriegel. Beide erwiesen sich als ungeeignet. Die gefriergetrockneten Lebensmittel waren, als er den Plastiksack öffnete, schon zerbrochen, krümelten und damit schwebten Partikel durch die Kapsel. Carpenter befürchtete sie könnten in die Ventilation gelangen und einen Defekt verursachen. Der Karamellriegel schmolz, weil die Kabinentemperatur erneut auf 38 Grad anstieg. Dafür wurde die SOFAR-Bombe weggelassen, sie erwies sich als unnötig.

Im Kontrast zu den patriotisch gefärbten bisherigen Namen nannte er das Raumschiff „Aurora 7", also Polarlicht 7, wobei die Bezeichnung „Aurora" auf die wissenschaftliche Ausrichtung des Fluges hinwies.

Anders als bei den ersten drei bemannten Mercuryflügen gab es keine Verzögerungen beim Start. Carpenter bestieg die Kapsel um 4:43. Aurora 7 hob um 7:45 ab. Es gab zwei kleine Änderungen bei der Atlas. Eine zusätzliche Isolation des gemeinsamen Zwischentankbodens wurde entfernt. Sie erwies sich als überflüssig. Die Außentriebwerke wurden eine Sekunde früher, nach 130,1 anstatt 131,3 s, abgetrennt. Das reduzierte etwas die maximale Beschleunigung zum Zeitpunkt der Boosterabtrennung und verlängerte die Brenndauer des Marschtriebwerks. 265 s nach dem Abheben ging ein Schalter in der Hydraulik in die Abbruchstellung. Ein zweiter Schalter – das System war redundant vorhanden – tat dies nicht und die Hydraulik funktionierte weiter. Da ASIS nur bei zwei ausgelösten Schaltern aktiviert wurde, war dies ohne Belang. Der Fluchtturm war schon vorher, nach 152,2 s, abgetrennt worden. Nach 309 s gelangte Aurora 7 in eine Erdumlaufbahn, die nahezu den Vorgabeparametern entsprach. 3 Sekunden später wurde die Kapsel von der Atlas getrennt.

Das Ballonexperiment scheiterte, er entfaltete sich nicht. Die anderen wissenschaftlichen Experimente klappten. Allerdings musste sich Carpenter Kritik gefallen lassen, er habe zu viel Zeit für diese aufgewandt. Gene Kranz dagegen meinte, man habe zu früh zu viele Experimente in den nur 4,5 Stunden dauernden Flug aufgenommen. Sehr bald gab es eine Abweichung der Ausrichtung der Kapsel von der Sollposition, die aber nicht in den Telemetriewerten sichtbar war. Nur Carpenter konnte diese erkennen, indem er mit dem Periskop den Erdhorizont anpeilte und die Lage zum Horizont mit der Vorgabe verglich.

Das Problem wurde überlagert durch eine reale Abweichung der Gyroskope, die als Inertialsysteme die Position fest im Raum anzeigen sollten. Sie mussten regelmäßig neu justiert werden, wenn das automatische Kontrollsystem die Lage korrigieren sollte. Beim Überfliegen der Kanarischen Inseln, zu Beginn des zweiten Orbits, berichtet Carpenter erstmals von einer Abweichung der Kreiselausrichtung von der Sollposition. Er wird aufgefordert, die Gyroskope neu auszurichten, denn der Horizontsensor zeigte Fehler von +50 bis -20 Grad von der wahren Ausrichtung an.

Während des zweiten Orbits gab es bei jedem Überflug einer Bodenstation einen Fehler in der Ausrichtung. Die Treibstoffreserven nahmen durch Carpenters Versuche, die Fehlausrichtung zu korrigieren, rapide ab. Zu Beginn des dritten Orbits waren es noch 45 Prozent Treibstoff im automatischen und manuellen System. Kraft beunruhigte vor allem, dass Carpenter bei jedem Manöver sehr viel Treibstoff verbrauchte, seiner Meinung nach, weil er keine Ahnung von dem System hatte. Das der Astronaut nicht sehr vertraut mit den Kontrollen war, findet sich auch im offiziellen Missionsreport, wie dort vermerkt wird:

„It should be noted that Astronaut Carpenter, had an opportunity to become familiar with the spacecraft and launch-vehicle operations during his period as backup pilot for the MA-6 flight.", was man als ein Indiz verstehen kann, das die Leistung nicht den Erwartungen genügt. Offene Kritik wird man in einem offiziellen Dokument nicht finden. Selbst im wohlwollend geschriebenen Astronautenbuch schreibt Carpenter selbst, dass er, weil er zu ungeduldig war, stark korrigierte, was mehr Treibstoff verbrauchte.

Christopher Kraft berichtet auch von einer Episode, als Carpenter in einer Simulation offensichtlich keine Ahnung von dem hatte, was er tat und Schalter „randomly" umlegte, sogar noch, nachdem es in der Simulation einen Abort gab und die Rakete, die er steuern sollte, explodiert war.

Carpenter wurde zu Beginn des dritten Orbits von der Missionskontrolle ermahnt, Treibstoff zu sparen. Das tat er: über Afrika und Australien verbrauchte er kaum Treibstoff. Die Station in Hawaii sollte ihn in die Ausrichtung für das Retromanöver bringen und nun stellte sich heraus, dass das automatische System (wegen den fehlausgerichteten Gyros) nicht richtig funktionierte und Carpenter manuell gegen-

steuern musste, was den Treibstoffverbrauch erneut hochtrieb. So wurde die Zeit
für das Manöver knapp, und als der Funkkontakt mit Hawaii abbrach, waren noch
Punkte der Reenty-Checkliste offen. Die Missionskontrolle hoffte, dass Carpenter
sie trotzdem abarbeitete.

Wenig später kam er in den Empfangsbereich von Kalifornien mit Al Shepard als
Capcom. Er berichtet zuerst von einer immer noch vorhandenen Fehlausrichtung
der Kapsel zum Horizont. Carpenter hatte noch 35 Prozent Treibstoff im automatischen System, keinen mehr im manuellen. Der Gier-Gyro war um 25 Prozent fehlorientiert. Er versuchte die Fehlausrichtung zu korrigieren und Al Shepard initiierte
einen 30 Sekunden Countdown für die Zündung der Retroraketen. Als er heruntergezählt hatte, bewegte sich die Kapsel immer noch, die automatische Retrosequenz
wurde dadurch abgebrochen. Carpenter bemerkte es. Al Shepard teilte ihm mit,
dass er die Gyros abschalten musste, damit die Sequenz läuft. Das tat Carpenter
und zündete die Retroraketen manuell. Dadurch entstand eine 3 Sekunden Verzögerung, die ihn schon 22 km vom Landepunkt entfernt niedergehen lies.

Gravierender war, dass die Ausrichtung der Kapsel immer noch nicht den Sollvor-
gaben entsprach, sie war um 9 Grad fehlorientiert. Die Retroraketen, die eine feste
Ausrichtung hatten, gaben in dieser Lage einen Impuls ab, der nicht nur gegen die
Bahnrichtung wirkte. Das addierte weitere 270 km Abweichung. Da nur ein Teil des
Schubs bremsend wirkte, addierte der Schubvektor weitere 100 km, sodass Au-
rora 7 etwa 400 km vom geplanten Landepunkt entfernt niedergehen würde.

Doch noch war nicht alles überstanden. Nach wie vor taumelte Aurora 7 um die
eigene Achse und Carpenter hatte nur noch 20 Prozent Treibstoff im automatischen System. Als er den Kommunikationsbereich von Kalifornien verließ, hatte er
das Taumeln um die Nickachse gestoppt, drehte sich aber noch um die Gierachse.

Gus Grissom, Capcom am Cape, hatte nun die Aufgabe, Carpenter in die korrekte
Wiedereintrittsposition zu bringen, damit der Hitzeschutzschild in Flugrichtung
zeigt und die Kapsel nicht verbrennt. Drei Minuten später kam er in den Funkbereich des Cape und hatte die Ausrichtung stabilisiert. Sie blieb auch stabilisiert –
bei 15 Prozent verbliebenen Reserven im automatischen System und leeren manuellen Tank. Als die Funkverbindung abriss, wusste die Missionskontrolle, wie weit

er vom Kurs abgewichen war. Der „Blackout" kam 30 Sekunden zu spät, was 320 km in der Strecke entsprach. Die Bergungsflotte wurde informiert, sich zum neuen Zielgebiet aufzumachen.

Der nächste Funkspruch von Carpenter kam 10 Minuten später, als er in 1.600 m Höhe schon am Fallschirm hing. Grissom informierte ihn, dass er mindestens 320 km zu weit geflogen war und Rettungskräfte in etwa zwei Stunden vor Ort sein würden. Carpenter wurde nach drei Stunden von einem Helikopter geborgen, die Kapsel nach sechs Stunden.

Als die Helikopter ankamen, hatte Carpenter die Kapsel bereits verlassen – als einziger Mercuryastronaut durch die dafür vorgesehene Luke am Kopf. Er befand sich im Schlauchboot neben der Kapsel, aß einen Karamellriegel, der in der Kapsel bei zu hohen Temperaturen nicht genießbar war, und bot den Rettungstauchern von der Notverpflegung an. Sie lehnten dankend ab, nahmen aber gerne etwas vom Trinkwasser.

Christopher Kraft war außer sich. Seiner Ansicht nach hatte Carpenter leichtsinnig sein Leben und die Mission aufs Spiel gesetzt. Er hätte zu wenig Kenntnisse vom System, was sich in dem hohen Treibstoffverbrauch äußerte. Zudem ging er seiner Ansicht nach zu sehr den Experimentvorgaben nach, machte z. B. noch Erdaufnahmen, als der Treibstoffverbrauch schon kritisch war. Nebenbei entdeckte er die Quelle der „Leuchtkäfer" als er mit dem Arm gegen die Wand stieß und sie auftauchten – es war Eis, dass sich während der Startvorbereitungen auf der Außenhaut angesammelt hatte und bei Bewegungen abgegeben wurde. Rund um Sonnenauf- und untergang leuchteten die Eiskristalle auf. Kraft setzte durch, dass Carpenter nie wieder einen Flug absolvieren würde. Der offizielle Abschlussbericht ist etwas anderer Meinung als Kraft:

„The single mission-critical malfunction which occurred involved a failure in the spacecraft pitch horizon scanner, a component of the automatic control system. This anomaly was adequately compensated for by the pilot, in subsequent inflight operations so that the success of the mission was not compromised."

Alle primären Missionsziele wurden erreicht und Carpenters Leistung war „adäquat" was man wohl mit befriedigend / ausreichend übersetzen könnte. Das grundsätzliche Problem der Mission war nicht der hohe Treibstoffverbrauch, weil Carpenter die Kapsel zu schnell drehte. Auch Glenn kam praktisch ohne Reserven zurück zur Erde. Das Problem war, das Carpenter die Fehlausrichtung der Kapsel zu lange ignoriert hatte und das Raumschiff in den entscheidenden Momenten so nicht korrekt ausgerichtet war.

Es gab allerdings noch weitere Probleme, die mit Carpenter nichts zu tun hatten. Erneut versagte die Temperaturregelung in der Kabine, 38 bis 40 °C wurden erreicht. Carpenter hatte es im Anzug kühler, hier schwankte die Temperatur zwischen 18 und 30 Grad, doch dafür kam das Umweltkontrollsystem nicht mit dem Abscheiden des Schweißes hinterher. So öffnete Carpenter zyklisch das Visier, um den Dampf in die Kabine zu entlassen. Er nahm während des Fluges 2,7 kg ab. Auch John Glenn nahm während seines Fluges um 2,4 kg ab.

Abbildung 117: Scott Carpenter beim EGRESS-Training

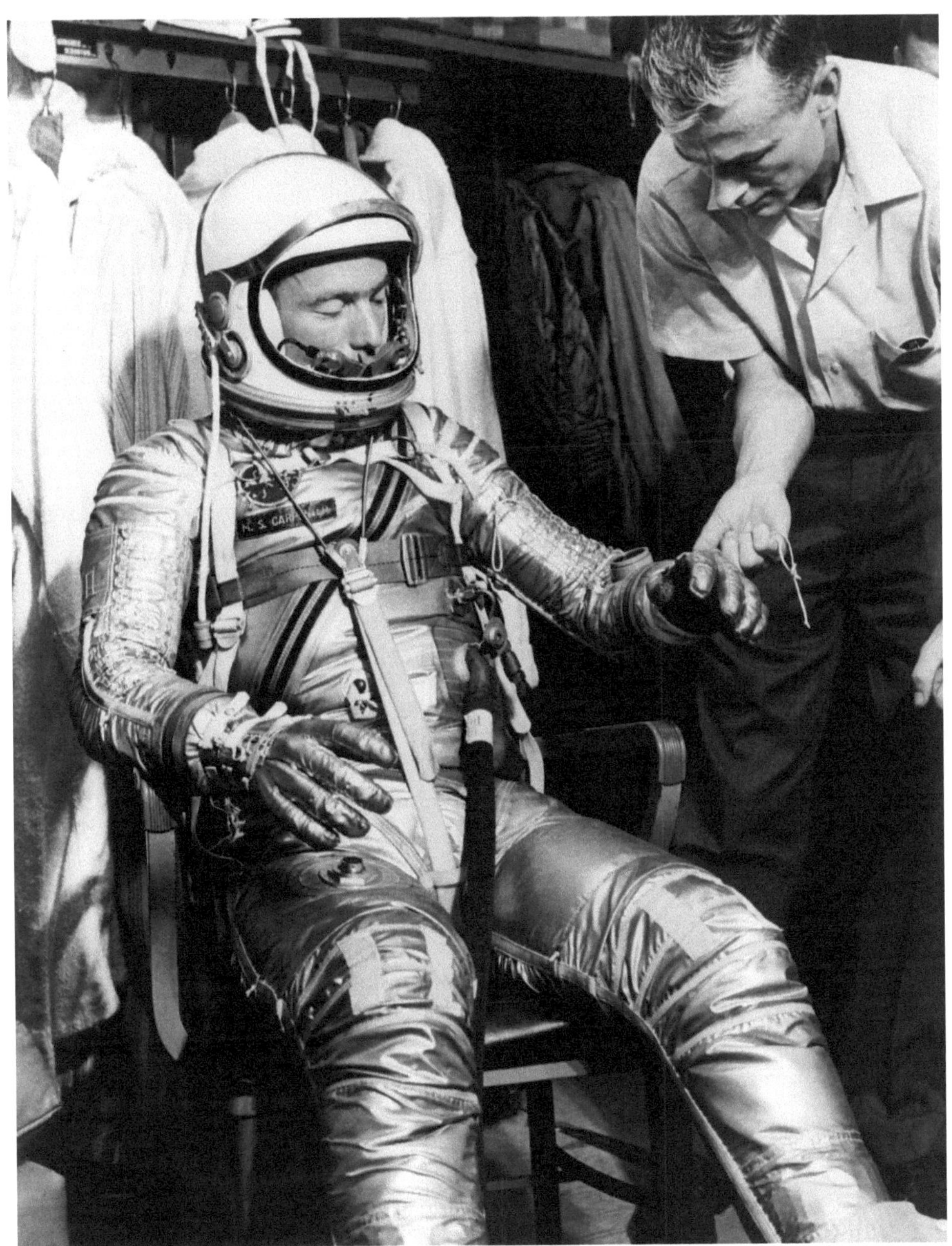
118. Abbildung: Scott Carpenter zieht den Raumanzug an.

Mercury Atlas 8 (MA-8, Sigma 7, 3.10.1962)

Die nächste Mission von Walter „Wally" Schirra sollte über die doppelte Dauer der ersten beiden Missionen gehen, also sechs Erdumkreisungen. Schirra kam damit nicht mal in die Nähe der Flugdauer von German Titow am 16.8.1961. Als die Mission geplant wurde, war sie gedacht, den Abstand zu verkleinern und als Brücke zur nächsten Mission mit 18 Orbits zu dienen. Doch einen Monat vor dem Start hatte Russland die Latte noch höher gehängt: Nach einem Jahr Pause starteten sie am 11/12. August 1962 in eintägigem Abstand Wostok 3 und 4, den ersten Gruppenflug. Wostok 3 und 4 landeten nahezu zeitgleich und setzten mit 48 und 64 Umläufen eine Rekordmarke, die Mercury aufgrund der limitierten Ressourcen nicht überbieten konnte.

Schon die Dauer von sechs Orbits überstieg die „Designauslegung" der Mercurykapsel. Die Änderungen waren jedoch klein. Die Batterie hatte eine Gesamtleistung von 13.5 kAh, verbraucht wurden bei einer 3-Orbitmission 7,08 kAh. Bei sechs Umläufen wären es 11,19 kAh, zu wenig, da die Missionsregeln eine 10 Prozent Reserve vorsahen. Die einfachste Lösung war es, Verbraucher während des Flugs abzuschalten. Man entschied sich für die Sender der Kapsel. Sie waren bisher dauernd aktiv, obwohl nur während eines Teils der Zeit das Bodennetzwerk Daten empfangen konnte, beziehungsweise die Bahn mithilfe des Radartransponders verfolgen konnte. Die Sender wurden auf Kommando einer Bodenstation aktiviert. Das hob die Stromreserven auf ein 15 Prozent Niveau.

Beim Sauerstoff war die Differenz kleiner. Bisher wurden 4,4 Pfund verbraucht, bei sechs Orbits wären es 8,6 Pfund gewesen. Die Kapsel hatte aber nur zwei Flaschen mit je 4 Pfund – zu wenig. Es wurde diskutiert, ob man eine weitere Flasche installieren sollte oder den Verbrauch senken. Man entschied sich für das Letztere und senkte die Leckverluste von 1.000 cm³/Minute durch bessere Abdichtung des Raumschiffs auf 600 cm³/min ab. Für die Absorption des Kohlendioxids reichte es, den vorhandenen Kanister voller zu füllen. Das waren 5,4 Pfund Lithiumhydroxid anstatt den bisherigen 4,6. Insgesamt 20 Änderungen waren nötig.

Das Hauptproblem war der Treibstoffvorrat. Bei allen vier orbitalen Flügen gab es Probleme mit der Lageregelung. Meist fiel eine Düse aus und das automatische

System verbrauchte zu viel Treibstoff. Schon ohne Ausfall würde eine Mission 28 Pfund Treibstoff verbrauchen, bei nur 32 Pfund Gesamtvorrat. Da Glenn eine Fehlfunktion manuell ausgleichen konnte, entschied man sich dazu, den Vorrat nicht zu vergrößern. Stattdessen sollte das automatische System bewusst abgeschaltet werden und der Schirra sollte die Kapsel driften lassen, um Treibstoff zu sparen. Zudem wurden die Grenzen, d. h. die maximale Winkelabweichung von der Vorgabe, bei der das automatische System aktiv wird, gelockert. Es galt nach den bisherigen Erfahrungen als „Spritsäufer". Wally Schirra hatte sich vorgenommen, bei seinem Flug weniger Treibstoff zu verbrauchen als Carpenter bei der halben Dauer. Nach dem erfolgreichen Flug von Wostok 3/4 gab es sogar den Vorschlag, die Mercury-kapsel mit Manövrierfähigkeiten auszustatten, doch das hätte 180 kg Gewicht addiert und die STG befürchtete, dass die Kapsel dann zu schwer für die Atlas wäre, von den Folgen für den Zeitplan ganz zu schweigen.

Um Gewicht einzusparen, wurden Heizelemente von den Retroraketen entfernt. Eine SOFAR-Bombe, die man bei den bemannten Flügen bisher nicht mitgeführt hatte, wurde wieder hinzugenommen. Die Hauptbedenken, die es gab, betrafen nicht das Raumschiff, sondern die Bergung. Die Missionsregeln von Mercury sahen vor, dass man die Mission „jederzeit" abbrechen konnte. „Jederzeit" weil das natürlich in der Praxis nicht möglich ist. Der Astronaut konnte in Abstimmung mit einer Bodenstation das Retromanöver einleiten, dadurch ergaben sich Landezonen in 4.800 km Abstand von den Bodenstationen.

Einige Landeplätze schieden aus, weil die Landung dann an Land erfolgen würde. In den restlichen platzierte man jeweils eine Bergungsflotte, sodass es 19 Schiffe im Atlantik (wegen der fünf Notlandeplätze entlang der Aufstiegsbahn) und neun im Pazifik gab. Erstmals würde Sigma 7 im Pazifik landen. Das ergab sich aus der Drehung der Erde während der sechs Umläufe – in neun Stunden rotiert sie um 135 Längengrade. Wie bisher über Hawaii die Zündung der Retroraketen einzuleiten und über Kalifornien die Ausrichtung in Wiedereintrittslage durchführen, das ging nicht mehr. Die Landung musste nun im Pazifik erfolgen.

Auch bei der Missionsdurchführung hatte man hinzugelernt. Carpenter hatte nach seiner Mission beklagt, dass bis zuletzt am Missionsplan gefeilt wurde. Diesmal wurde er mit der Ankündigung der Mission am 27.7.1962 fixiert. Schirra hatte so zwei Monate Zeit, sich vorzubereiten und verbrachte mehr Zeit in den Simulatoren als seine Vorgänger. Wally Schirra war primärer Pilot mit Cooper als Backup. Schirra taufte die Kapsel „Sigma 7", auf das mathematische Symbol für die Summe. Das diente als Symbol für die Summation der technischen Leistung hinter dem Programm.

Auch bei der Atlas gab es Änderungen. Sie betrafen den Antrieb. Der Injektor hatte Schutzblenden erhalten und wurde durch die Einspritzung selbstentzündlicher Flüssigkeiten gezündet anstatt pyrotechnisch. Beide Maßnahmen verringerten die bisher sporadisch auftretende Verbrennungsinstabilität. Das hatte einen positiven Effekt. Bisher wurde die Atlas nach der Zündung eine kurze Zeit festgehalten, bis die Steuerung gecheckt hatte, dass der Druck in der Brennkammer konstant war und nicht schwankte. Erst danach wurde sie freigegeben. Mit einem nun stark reduzierten Restrisiko, das Verbrennungsinstabilität auftritt, konnte sie bei Erreichen des Nennschubs sofort abheben. Das sparte rund 2 Sekunden ein in der die Rakete Treibstoff verbrauchte, aber nicht beschleunigte.

Es gab erneut Experimente, doch weniger als bei Carpenters Flug. Schirra sollte mit einer 70-mm-Hasselbladkamera Erdaufnahmen machen und dabei Filter einsetzen, um herauszufinden, mit welchem Filter man die kontrastreichsten Aufnahmen erhielt. Die Erkenntnisse würden das Design von Bildsystemen von Wettersatelliten beeinflussen. Es war der erste Einsatz der Kameras des schwedischen Herstellers Hasselblad, der mit seinen Kameras im Gemini und Apollo-Programm bekannt wurde. Daneben sollte Schirra beim Überfliegen der Bodenstationen Woomera und Durban Ausschau nach künstlichen hellen Blitzen halten, die unterschiedliche Stärke hatten.

Ohne Beteiligung des Astronauten waren zwei passive Experimente. Film wurde mitgeführt, um seine Empfindlichkeit gegenüber Strahlung zu testen und an der Außenseite waren ablative Materialien angebracht, deren Potenzial evaluiert werden sollte.

Der Start verzögerte sich. Zuerst gab es zwei statische Zündungen der Atlas 113D, nachdem die Atlas 11F im April durch einen Fehler der Turbopumpe verloren ging und es bei Bodentests Probleme mit den neuen Triebwerken des Blocks MA-3 der

Atlas gab. Die Air Force empfahl eine Testzündung und die NASA führte zur Sicherheit zwei durch. Dann zog ein tropischer Sturm am 1.10.1962 nahe des Capes vorbei, weshalb der Start erneut verschoben wurde.

Die Atlas beschleunigte Sigma 7 stärker als erwartet, sodass sie ein Apogäum in 283 km Höhe erreichte – rund 50 km höher als bei allen anderen Mercurymissionen. Das beruhte auf einer fehlerhaften Ausrichtung des Zentraltriebwerks, das dadurch auch zu spät Brennschluss hatte – 10 s nach dem Plan.

Schon kurz nach dem Start meldete Schirra, dass es sehr heiß wäre. Man entschloss sich bei der Bodenkontrolle zu warten, ob sich das Problem von selbst löst, da die medizinischen Werte Schirras in Ordnung waren. Schirra stellte dann die Anzugkühlung hoch und die Temperatur im Anzug sank wieder. Dagegen war die Kabinentemperatur in einem akzeptablen Bereich, wenngleich über der Vorgabe.

Den ersten vom Boden abgegebenen künstlichen Blitz einer Xenongaslampe über Woomera konnte er wegen einer Wolkendecke nicht ausmachen, dafür aber natürliche Blitze über Brisbane. Schirra versuchte nach dem Periskop zu navigieren, fand dies jedoch schwierig. Während des zweiten Orbits war dann das automatische Kontrollsystem wieder aktiv. Schirra versuchte, die Kapsel durch die kleinen Bullaugen nach dem Mond oder den Sternen auszurichten.

Während des dritten Orbits schaltete Schirra die Gyroskope und andere Ausrüstungsgegenstände ab, nahm eine Mahlzeit zu sich (er hatte ein Steak-Sandwich als Pilotenscherz von Cooper im Handschuhcontainer in der Kapsel vorgefunden) und machte Erdaufnahmen. Am Ende des dritten Orbits bekam er, basierend auf den bisher aufgelaufenen Daten des Ressourcenverbrauchs, das Okay für drei weitere Erdumkreisungen. Während des dritten und vierten Orbits machte er weitere Erdaufnahmen. Als er Kalifornien überflog, wurde die Kommunikation mit Capcom Glenn erstmals zwei Minuten lang live über den Satelliten Telstar übertragen. Im Helm schlug sich Kondenswasser nieder. Schirra öffnete das Visier, damit es verdampfen konnte, hatte nun aber wieder das Problem mit zu hohen Temperaturen im Anzug. Im fünften Orbit hatte Schirra wenig zu tun und bemerkte, das wäre die erste richtige Pause seit September 1961. Er erprobte ein Dehnband als Gymnastikgerät. Es gab kurzzeitig einen hohen Treibstoffverbrauch, als er auf manuell umschaltete, und das System die Bewegung überkompensierte. Doch das war eine Ausnahme – nach 4¹/₂ Umläufen hatte Schirra noch 80 Prozent des Manövriertreibstoffs. Carpenter war nach zwei Umläufen schon bei 45 Prozent angekommen.

Der sechste Umlauf war wieder arbeitsreich, nun stand die Rückkehr an. Daneben machte Schirra wieder Erdaufnahmen. Schirra landete nur 7,2 km vom Zielpunkt und 0,8 km vom Flugzeugträger Keasarge entfernt. Das war die präziseste Landung bisher. Rettungskräfte waren daher gleich nach der Landung bei der Kapsel. Drei Rettungsschwimmer wollten Schirra helfen, aus der Kapsel auszusteigen, doch Schirra bevorzugte es, dass die ganze Kapsel geborgen wurde.

Ein Beiboot der Keysarge nahm die Kapsel in Schlepptau und sie wurde auf das Deck des Flugzeugträgers gehievt. Erst jetzt löste Schirra die Luke aus. Er zog sich dabei eine Prellung des Ellbogens zu. Als man dies untersuchte, stellte sich heraus, dass man die Luke nicht aufsprengen konnte, ohne leicht verletzt zu werden. Das sprach gegen die absichtliche Auslösung der Luke durch Grissom bei der Landung von MR-4. Schirra hatte trotz der längeren Flugdauer nur 2,0 kg Gewicht verloren.

Die Mission war ingenieurstechnisch ein voller Erfolg. Es gab keine größeren Ausfälle, es wurden weitaus weniger Ressourcen verbraucht als geplant, vor allem an Lageregelungstreibstoff, dessen Verbrauch immer kritisch war. Das war Schirras sparsamer Korrektur der Lage zu verdanken, er ließ die Kapsel über längere Zeit einfach driften. Dafür wurde er im Bericht explizit gelobt. Die medizinische Untersuchung Schirras ergab keinerlei Veränderungen und die Strahlungsmessung nur eine geringe Strahlungsbelastung im Raumschiff. Insgesamt war seine Mission von den vier Missionen in den Orbit die mit den wenigsten Problemen.

Die Experimente verliefen nicht ganz so erfolgreich. Die künstlichen Blitze konnte Schirra wegen Wolken nicht ausmachen. Ein Teil der Erdaufnahmen waren unbrauchbar, da überbelichtet oder weil es zu viele Wolken gab. Schlussendlich wurden sie nicht wissenschaftlich ausgewertet. Schirra konnte wie Carpenter Weiteres zum Phänomen der Leuchtkäfer beitragen, deren Ursprung als Teilchen des Raumschiffs nun als gesichert galt.

119. Abbildung: Walter Schirra im Raumanzug

Mercury Atlas 9 (MA-9, Faith 7, 15/16.5.1963)

Der deutlich längere Flug von Cooper erforderte mehr Vorbereitungszeit. Mit dem problemlosen Flug von MA-8 waren alle Vorgaben des Programms erfüllt. Wie bei den bemannten suborbitalen Flügen wollte die STG das Programm nun einstellen und zu Gemini wechseln. Genauso wie beim Mercuryprogramm, war man beim Geminiprogramm sehr optimistisch, was den Zeitplan betraf: die erste unbemannte Mission sollte im März 1964 erfolgen, die Letzte von 15 Missionen im Mai 1965. So schien es logisch, keine weiteren Mercuryflüge mehr durchzuführen.

Doch schon im September 1962, noch vor dem Flug von Schirra, hatte die NASA den Hersteller McDonnell beauftragt, vier der Mercurykapseln so zu modifizieren, dass sie einen ganzen Tag im All bleiben konnten. Zumindest eine dieser Kapseln sollte auf einer Langzeitmission getestet werden. Damit erhielt Gordon Cooper seine Chance auf einen Flug im Mercuryprogramm. Die Mercury Atlas 10 Mission mit Alan Shepard als Pilot wurde allerdings gestrichen.

Geplant war zuerst eine Mission mit 18 Orbits und 27 Stunden Dauer, genannt MODM (**M**anned **O**ne **D**ay **O**rbit **M**ission). Die Kapsel bekam 0,9 kg mehr Sauerstoff, 4 kg mehr wog das verbesserte Kühlungssystem. Außerdem wurden 4,5 kg mehr Trinkwasser und 7 kg Wasserstoffperoxid hinzugeladen. Zur Gewichtseinsparung wurde das 34 Pfund schwere Periskop entfernt. Sein Handling beschrieben alle Astronauten als umständlich. Man entfernte außerdem zwei redundante Sender für Sprechfunk und Telemetrie, die zusammen 2,2 kg wogen. 5,4 kg wogen die entfernten Triebwerke für das automatische Kontrollsystem. Diese Systeme waren nun nicht mehr redundant, doch die Erfahrungen zeigten, dass dies nicht notwendig war. Schließlich wog die Kapsel 1.372 kg beim Start. Zeitweise wurde erwogen, die Couch durch eine leichtere zu ersetzen, was man wegen des befürchteten Widerstands durch die Piloten dann doch nicht umsetzte.

Die 183 Änderungen wurden in 31 Wochen durchgeführt. Schlussendlich war Coopers Raumschiff nur 1 kg schwerer als Schirras. Im November 1962 wurde die Mission von 18 auf 22 Umläufe verlängert. Sie endete daher im gleichen Gebiet wie Schirras Mission. Erstmals arbeitete die Missionsüberwachung mit zwei Teams in zwei Schichten.

Zu dem Zeitpunkt war das Programm schon am Auslaufen. Nur noch 500 der auf 2.500 Personen angestiegenen Beschäftigtenzahl des Manned Spacecraft Center arbeiteten für Mercury, die meisten waren im Gemini- und Apolloprogramm beschäftigt. Auch die Astronauten waren bis auf Cooper und Shepard voll in das Geminiprogramm eingebunden. Die Mission sollte 17,9 Millionen Dollar kosten.

Bedingt durch den langen Flug, der nun eine viel größere Fläche abdeckte, hatte MA-9 die größte Bergungsflotte im Mercuryprogramm: 18.000 Personen, 28 Schiffe, 171 Flugzeuge und 84 Ärzte, zur Überwachung der Vitalfunktionen von Cooper, standen bereit. Wenige Tage vor dem Start hätte sich Cooper fast selbst um die Mission gebracht. Er jagte mit einer F-102 mit gezündetem Nachbrenner im Tiefflug über das Cape und ignorierte die Flugverbotszone. Scheiben schepperten und jeder bekam es mit. Das die Piloten kurz vor dem Start nochmals mit einer Düsenmaschine flogen, war schon Tradition und sollte wohl die Anspannung abbauen. Doch Cooper hatte gerade erfahren, dass man in seinen Anzug eine weitere Messeinrichtung eingebaut hatte, was gegen die Missionsregeln war und entsprechend geladen war er.

Walt Williams, für die Mission zuständig war, ging direkt zu Deke Slayton und bestand darauf, dass Cooper durch Shepard, seinen Ersatzpiloten, ersetzt wird. Cooper hatte schon schlechte Karten, den Shepard galt als der fähigste der Sieben und hatte offen gesagt, dass er noch einen Mercuryflug haben wollte, oder, wenn dies nicht ging, die erste Geminimission. Slayton konnte Williams soweit beruhigen, dass Cooper die Mission fliegen durfte. Eine saftige Gardinenpredigt bekam er trotzdem.

Der Start verzögerte sich mehrfach. Zum einen brauchte die Umrüstung der Kapsel ihre Zeit. Zum anderen wurde die Atlas 130D, als sie am 30.1.1963 von der Fabrik ausgeliefert wurde, prompt von der NASA zurückgeschickt, als sie eine beschädigte Verkabelung entdeckte. Dazu kam, dass in den vergangenen Monaten fünf Atlas D versagt hatten, vier ICBM und eine Atlas Agena Trägerrakete. Das rief erneut Zweifel an der Rakete hervor. Beim zweiten Mal bestand die Atlas 130D die Abnahmetests der NASA. Cooper hatte die Kapsel (die nun offiziell „Spacecraft" hieß) Faith 7 getauft. Faith = Glauben, Vertrauen bezog sich auf die Arbeit der vielen am Programm beteiligten Personen. Er kam aber beim oberen Management nicht an, das sich schon die Schlagzeilen ausmalte, wenn dieser Flug scheitern würde.

Die wichtigste Zielsetzung des Flugs war die Frage, wie sich die längere Zeit in der Schwerelosigkeit bei höherer Strahlungsbelastung auf den Körper auswirkt. Cooper musste daher Urinproben nehmen, regelmäßig Temperatur und Blutdruck messen und die Werte durchgeben. Das tat er 20-mal. Dazu kam die Wiederholung des Ballonexperiments vom MA-7 und die erneute Beobachtung künstlicher Blitze wie bei MA-8. Erneut wurde konventionelle Nahrung, wie in kleine Stücke zerschnittene Brownies und erstmals gefriergetrockneter Nahrung, der man Wasser zusetzen musste, erprobt.

Dazu kam ein Experiment, bei dem Cooper versuchen sollte, Flüssigkeiten von einem Behälter in einen anderen umzupumpen. Das war interessant, wenn man einmal Raumfahrzeuge im Orbit auftanken wollte. Vor allem aber hatte er jede Menge Kameras an Bord: eine 70-mm-Hasselblad mit wechselbaren Magazinen, eine 35-mm-Normalformatkamera, eine 16-mm-Filmkamera und den Prototyp einer Videokamera mit niedriger Bildfrequenz. Cooper scherzte: „Das Raumschiff ist eine fliegende Kamera". Ein zweiter Tochtersatellit war ein batteriebetriebener Körper, der mit Xenongasentladungslampen ausgestattet war. Die 4,5 kg schwere Kugel von 14,6 cm Umlauf sollte Erkenntnisse liefern, wie weit man Blinklichter als Navigationshilfe im Geminiprogramm nutzen konnte.

Am 14.5.1963 bestieg Cooper zum ersten Mal das Raumschiff. Doch bald gab es Probleme mit dem Radar in Bermuda. Da diese länger dauerten, konnte er die Kapsel verlassen und im Weißen Raum warten. Als sie behoben schienen, streikte der Dieselantrieb, der den Weißen Room wieder wegfuhr und als das Aggregat endlich lief, hatte Bermudas Radar erneut Probleme. Der Start wurde abgesagt und am nächsten Tag ein neuer Anlauf unternommen.

Am nächsten Tag hob Faith 7 ohne Verzögerungen ab. Als das Raumschiff Sansibar überflog, bekam Cooper die Ergebnisse der Bahnvermessung – sein Orbit war über mindestens 20 Erdumkreisungen stabil. Die ersten zwei Umläufe verliefen weitestgehend ereignislos. Cooper bemerkte einen öligen Film auf der Außenseite des

Fensters und sah wie seine Vorgänger die „Leuchtkäfer" bei Sonnenauf- und -untergang. Daneben konnte er die künstlichen Blitze von Woomera ausmachen.

Während des dritten Umlaufs ging er die Experimentcheckliste durch. 15 Minuten nach Beginn des dritten Umlaufs setzte er den Tochtersatelliten aus. Er konnte ihn aber zuerst nicht ausmachen. Danach standen Aufnahmen mit den Kameras während des fünften und sechsten Umlaufs an. Er probierte die neue Weltraumnahrung, die sich bewährte. Während des fünften Umlaufs fand er dann plötzlich den Tochtersatelliten wieder – in geschätzt 16 km Distanz konnte er sogar auf der Tagseite das Blinken im Intervall von einer Sekunde erkennen. Die Distanz wuchs, bis nach 10 Stunden die Batterien erschöpft waren, auf 27 bis 29 km an. Die Lichter sollten in einer Distanz von 11 bis 15 km so hell wie der Polarstern sein.

Während des sechsten Orbits setzte er den Ballon aus, der sich im Antennenkanister befand. Er hörte zwar das Klick einer sich öffnenden Abdeckung, aber der Ballon war nicht zu sehen. Da der Kanister bei der Landung verloren ging, wurde nie geklärt, was passierte. Während des siebten Umlaufs versuchte Cooper, Flüssigkeit von einem Behälter in einen anderen umzupumpen. Doch er konnte kaum Flüssigkeit bewegen, sie widersetzte sich und er notierte, dass er dafür viel Kraft benötigte. Daneben leckte das Experiment. Es gab Wasser in der Kapsel, das ihm zeitweise die Sicht auf die Instrumente nahm. Er schwieg jedoch darüber in den Unterhaltungen mit den Capcoms. Schließlich konnte er das Wasser mit Papiertüchern binden und regte in der Nachbesprechung an, feuchte Papiertücher auf zukünftigen Missionen mitzuführen.

Nach zehn Stunden informierte die Missionskontrolle Cooper, dass er mindestens 17 Umläufe absolvieren dürfte. Zwischen Orbit 9 und 13 war seine Ruheperiode. Cooper schlief nach eigenen Angaben etwa sechs bis sechseinhalb Stunden, erwachte jedoch einmal, als es ihm zu heiß war und er die Anzugkühlung anpassen musste. Sein Puls stieg während der Phase auf 100, während er sonst bei 75 bis 92 lag. Während dieser Zeit gelangen auch die besten Aufnahmen der Mission von der Himalajaregion. Cooper konnte sehr viele Details ausmachen wie Züge, die Spuren von Schiffen im Wasser, was die Missionskontrolle in Staunen versetzte. „So gut sieht keiner", meinte der Mediziner. Als das bei Gemini 4 und 5 auch berichtet wurde, legte man spezielle Muster aus, welche die Astronauten identifizieren mussten. Sie konnten Details von bis zu 0,5 Bogenminuten Größe erkennen. 100 Prozent Sehschärfe hat man mit 1 Bogenminute Auflösung, der Durchschnitt bei Testpiloten betrug 1,1 Bogenminuten. Schon Glenn hatte berichtet Dinge zu sehen, die deutlich kleiner als die Auflösung war, die Normalsichtige auf der Erde haben.

Erneut scheiterte das Sichten von Lichtkegeln, die von Südafrika aus gesandt wurden, weil Wolken das Gebiet bedeckten. Sie waren ein Test, ob man diese Signale als Navigationshilfe nutzen konnte.

Beim 14-ten Orbit hatte Faith 7 noch 69 % Treibstoff im Automatischen und 95 % im manuellen System. Die Treibstoffprobleme, die früher so häufig auftraten, waren nun gelöst. Erneut war die Temperatur in der Kapsel mit 33,5 Grad zu hoch, doch im Anzug lag sie zwischen 18 und 24 Grad. So schaltete Cooper im 4. Umlauf die Kabinenkühlung ganz ab.

Während des 15-ten Orbits überprüfte Cooper nochmals alle Systeme und stellte die Borduhr neu, die 16 s falsch ging. Auf der Nachtseite beim 16-ten Orbit justierte Cooper die Gyros neu, sodass das automatische System die Kapsel entlang der Ekliptik rollte, wo er das Zodiakallicht beobachtete. Es entsteht durch Streuung von Licht durch feinen Staub entlang der Ekliptik. Er nahm Spektren des Zodiakallichts auf und machte Fotos, die sich jedoch als unterbelichtet entpuppten. Dazu kamen Aufnahmen jedes Quadranten um ihn, anhand derer man ermitteln wollte, ob eine Apollomission alleine nach den Sternen navigieren konnte. Weitere Aufnahmen des Erdhorizonts mit verschiedenen Filtern sollten klären, ob man auch diesen zur Navigation nutzen konnte und in welchem Spektralband das am sinnvollsten ist.

Während des 17. und 18. Orbits standen weitere Fotos von Wetterphänomenen an, sodass Cooper sagte „Man, alles, was ich tue, ist Bilder machen".

Doch nun häuften sich die Probleme. Während des 19-ten Umlaufs leuchtete die 0,05 g Lampe auf, die signalisierte, dass der Wiedereintritt begonnen hatte. Die Missionskontrolle konnte Cooper beruhigen, die Telemetrie zeige keine Verminderung der Geschwindigkeit. Mit dem aktiven Warnlicht musste Cooper einen Teil des Wiedereintrittsprogramms manuell durchführen, weil sonst die Aktion schon direkt nach dem Start des Wiedereintrittsprogramms durchgeführt würde.

Während des 19.ten Umlaufs verlor Faith 7 alle Lageangaben. Damit musste Cooper die ganze Wiedereintrittssequenz manuell durchführen. Während des 21-sten Umlaufs fiel der primäre Gleichstromkonverter aus, damit auch das gesamte Lageregelungssystem. Der sekundäre Konverter, der in die Bresche springen sollte, war auch defekt. Während des 21-sten Umlaufs schaltete Cooper die Kabinenkühlung wieder an, die während des Wiedereintritts aktiv sein musste.

John Glenn, an Bord des Schiffs Costal Sentry im Indischen Ozean, leitete Cooper durch die Checkliste für den beim nächsten Umlauf anstehenden Wiedereintritt, der nun vollkommen manuell erfolgen musste. Er musste dazu nach Sternen und dem Erdhorizont navigieren, das eigentlich dafür vorgesehene Periskop hatte man ja demontiert. Einen halben Umlauf später stieg der Kohlendioxidgehalt an. Im MCC konnte man das zunehmende Versagen von Bordsystemen nicht fassen und überlegte, ob man die Dauer der Mission nicht zu hoch angesetzt hatte oder die Gerätschaften schon vor dem Start defekt waren. Cooper blieb cool: „Die Dinge beginnen sich ein wenig zu häufen".

21 Minuten später war Faith 7 erneut im Funkbereich der Costal Sentry und Cooper meldete Glenn, er wäre schon in der richtigen Lage für den Wiedereintritt. Glenn zählte den Countdown herunter und Cooper löste die Retroraketen manuell aus.

Die letzten 15 Minuten der Mission verliefen dann völlig nach Plan und Cooper ging nur 7 km neben dem Flugzeugträger Keysarge nieder. Er hatte Schirras Rekord an Treffgenauigkeit um 1 km unterboten. Es wollten ihn drei Froschmänner aus dem Raumschiff befreien, doch wie Schirra bevorzugte Cooper den Ausstieg an Bord des Flugzeugträgers. Nach 38 Minuten konnte er die Kapsel verlassen. Sein Flug dauerte 34 Stunden 20 Minuten. Cooper war zuerst 15 s lang schwindelig, was aber nach Ansicht der Ärzte angesichts dessen, dass er sich eineinhalb Tage kaum bewegt hatte, normal war. Cooper war völlig verschwitzt und hatte Durst: zuerst vier Gläser Ananassaft, dann drei Stunden später zur ersten Mahlzeit sechs Gläser Milch. Von der Nahrung hatte er nur wenig gegessen und in der Zeit nur 2.376 kcal (9.948 kJ) zu sich genommen. Sein Gewichtsverlust betrug 3,17 kg.

Die Nachuntersuchung der Kapsel zeigte, dass das Urinsammelsystem leckte. Der Urin trat aus, floss durch die Elektrik und legte ein Gerät nach dem anderen durch

Kurzschluss lahm. Für Gemini würde es daher eine bessere Abschirmung aller Flüssigkeiten geben und soweit möglich, würde die Elektronik hermetisch wasserdicht versiegelt werden.

Cooper hatte wie Glenn eine Mission gerettet. In den Nachuntersuchungen waren allerdings die Mediziner mit der Hämodynamik nicht zufrieden. Das beschreibt den Blutfluss in den Gefäßen. Sie waren immer noch skeptisch, ob es nicht Gesundheitsgefahren auf längeren Missionen geben würde. Diese Frage sollte das Geminiprogramm, mit bis zu 14 Tagen dauernden Flügen, klären.

120. Abbildung: Aufnahme von Tibet durch Cooper

Abbildung 121: Cooper bei der Landung an Bord des Flugzeugträgers

Zusammenfassung

Neben den durchgeführten Missionen waren weitere geplant. Da das Programm jedoch anders verlief als geplant und Flüge, vor allem Tests der Little Joe und Atlas scheiterten, war der ursprüngliche Zeitplan Makulatur. Dazu kam, dass Russland immer einen Schritt weiter war. Inwieweit der Wettstreit mit der UdSSR das Programm beeinflusste, sehen die Beteiligten unterschiedlich. Deke Slayton sah sich niemals im Wettstreit. Er nahm aber auch an, dass das Wostokprogramm vor Mercury begonnen hatte, was nicht der Fall war. Für Chris Kraft war der Wettkampf die Hauptantriebskraft. Er lässt in seiner Autobiografie viel Dampf ab, wenn ein Ereignis das Programm verzögerte, vor allem beim Flug Mercury Redstone BD, der Krafts Ansicht nach verhinderte, das Shepard der Erste im All war.

Bestellt wurden 20 Kapseln. Nachdem vier suborbitale bemannte Flüge wegfielen, weil sie nur eine Wiederholung von MR-4 waren, gab es die Hardware für vier weitere Missionen. Ebenso hatte die NASA noch vier Atlas mit den Nummern 103D, 144D, 152D und 167D bestellt. Die bestellte und gelieferte Atlas 77D wurde wahrscheinlich verschrottet.

Relativ konkret war die Planung für Mercury Atlas 10 mit Alan Shepard als Pilot. Die Mission wurde seit Mitte 1962 geplant. MA-10 hätte die für Langzeitmissionen umgebaute Kapsel 15 und die Atlas 144D eingesetzt. Nach dem Flug von Schirra wurde aus der Eintagesmission eine Dreitagesmission. Zeitweise erwog man, nach dem Doppelflug von Wostok 3 und 4 auch MA-10 und 11 parallel durchzuführen. Vor dem Flug von Cooper legte sich die STG allerdings fest, dass MA-9 die letzte Mercurymission sein würde, wenn sie erfolgreich verläuft. Am 19.5.1963 wurde bei der Pressekonferenz verkündet, dass eine weitere Mission „unwahrscheinlich" wäre. Am 12.6.1963 gab Webb bekannt, dass MA-9 die letzte Mercurymission war.

Eine längere Mission war problematisch. Für eine Dreitagesmission als nächsten Schritt wäre die Kapsel um 136 kg schwerer gewesen. Zudem hatten die Vorkommnisse zum Ende von MA-9 gezeigt, das die Kapsel nicht robust genug für längere Missionen war. Die Flüge MA-11 (Grissom) und 12 (Schirra) wurden schon im Oktober 1962 gestrichen.

Zu Programmende gab es noch zwei flugfähige Raumschiffe, drei Raumschiffe waren noch nicht fertiggestellt oder wurden für Tests / Ersatzteillager genutzt. Was aus den Atlas Trägerraketen wurde, ist nicht bekannt. Ihre Seriennummern tauchen in keiner Startliste auf.

Mission	Datum	Träger/Kapsel	Bahn (Höhe / Weite)	Dauer	Gewicht
Little Joe 1	21.8.1959	1 / Boilerplate	0,61 × 0,8 km	00:00:20	1.159 kg
Big Joe 1	9.9.1959	10D / Prototyp	153 × 2.292 km	00:13:00	1.159 kg
Little Joe 6	4.10.1959	1 / Boilerplate	60 × 127 km	00:05:10	1.134 kg
Little Joe 1A	4.11.1959	2 / Boilerplate	14,5 × 18,5 km	00:08:11	1.194 kg
Little Joe 2	4.12.1959	3 / Boilerplate	85 × 312 km	00:11:06	1.197 kg
Little Joe 1B	21.1.1960	4 / Boilerplate	15 × 18,9 km	00:08:35	1.304 kg
Beach Abort	9.5.1960	#1	0,8 × 1,6 km	00:01:16	1.002 kg
Mercury Atlas 1	29.7.1960	50D / #4	9,7 × 13 km	00:03:18	1.154 kg
Little Joe 5	8.11.1960	5 / #3	16,2 × 22,4 km	00:02:22	1.141 kg
Mercury Redstone 1	21.11.1960	MRLV-1 / #2	0,0001 km / 0 km	00:00:02	1.230 kg
Mercury Redstone 1A	19.12.1960	MRLV-3 / #2	210,3 × 378,2 km	00:15:45	1.230 kg
Mercury Redstone 2	31.1.1961	MRLV-2 / #5	253 × 679 km	00:16:39	1.203 kg
Mercury-Atlas 2	21.2.1961	67D / #6	183 × 2.305 km	00:17:56	1.154 kg
Little Joe 5A	18.3.1961	6 / #14	12,3 × 28,8 km	00:22:02	1.141 kg
Mercury Redstone BD	24.3.1961	MRLV-5 / Boilerplate	182,7 × 494 km	00:08:23	1.315 kg
Mercury-Atlas 3	25.4.1961	100D / #8	1,8 × 7,2 km	00:07:19	1.179 kg
Little Joe 5B	28.4.1961	7 / #14A	14 × 4,5 km	00:05:25	1.141 kg
Mercury Redstone 3	5.5.1961	MRLV-7 / #7	187,5 × 487,4 km	00:15:22	1.225 kg
Mercury Redstone 4	21.7.1961	MRLV-8 / #11	190,31 × 486,15 km	00:15:37	1.286 kg
Mercury-Atlas 4	13.9.1961	88D / #8A	149 × 240 × 32,54 °	01:49:20	1.225 kg
Mercury Scout 1	1.11.1961	D-8 / MNTV	Fehlstart	00:00:43	68 kg
Mercury-Atlas 5	29.11.1961	93D / #9	158 × 238 × 32,58 °	03:20:59	1.315 kg
Mercury-Atlas 6	20.2.1962	109D / #13	149 × 249 × 32,54 °	04:55:20	1.354 kg
Mercury Atlas 7	24.5.1962	107D / #18	154 × 260 × 32,53 °	04:45:05	1.349 kg
Mercury Atlas 8	3.10.1962	113D / #16	156 × 287 × 32,55 °	09:13:55	1.370 kg
Mercury Atlas 9	15/16.5.1963	130D / #20	163 × 254 × 32,54 °	34:19:49	1.372 kg

Eine Nachbetrachtung

Das Mercuryprogramm begann vor 60 Jahren, ein Großteil der Beteiligten ist inzwischen gestorben. Doch das Programm ragt bis heute aus der Raumfahrtgeschichte heraus. Auch wenn das Programm weit hinter dem optimistischen Zeitplan lag – die erste bemannte Orbitalmission sollte im April/Mai 1960 stattfinden, also rund eineinhalb Jahre nach Projektbeginn und fast zwei Jahre vor dem echten Termin, so wurde es für heutige Verhältnisse enorm schnell durchgeführt. Vor allem die Designphase wurde schnell durchlaufen. Heute ist es üblich, das man ein Design zwei oder mehr Jahre lang ausarbeitet, bei bemannten Projekten kann dies noch deutlich länger dauern.

An der Raumstation ISS wurde fast ein Jahrzehnt lang nur am Design gearbeitet und auch beim Space Shuttle brauchte die NASA drei Jahre für das Design. Bei Mercury wurde das Grundkonzept als Basis für die Ausschreibung von August 1958 bis Oktober 1958 erarbeitet. Am 23.10.1958 wurde die Ausschreibung veröffentlicht. Bis zum 7.11.1958 konnten die Firmen antworten, ob sie mitbieten wollten. Am 17.11.1958 gab es dann die detaillierte Ausschreibung mit den wichtigsten Kenndaten und am 12.1.1959 wurde McDonnell als Hauptauftragnehmer selektiert – weniger als drei Monate nach der Absichtserklärung „Es gibt ein Projekt" und Selektion der Firma und damit ihres Konzepts.

Im Buch habe ich mehrfach auf die Änderungen hingewiesen, die erst durch die Astronauten (allerdings nicht nur) initiiert wurden. Sie spiegeln auch das Tempo wieder. Die Piloten wurden drei Monate nach dem Raumschiff selektiert. Als sie im Juli bis September 1959 bei McDonnell ankamen, war dort die Produktion der Kapsel – die Erste sollte ein Jahr nach Vertragsabschluss ausgeliefert werden, schon im Gange. Am ersten Los war, obwohl das Programm noch nicht mal ein Jahr alt war, nichts mehr zu ändern.

Nicht alles an diesem Tempo ist positiv. Die ursprüngliche Auslegung der Kapsel für nur wenige Umläufe und einem Menschen als passivem Passagier konnte zwar aufgeweitet werden und die Astronauten bewiesen, dass sie mehr waren, als „Spam in a Can". Das automatische System wäre niemals zu einer Mission von 34 Stunden, die Cooper erreichte, fähig gewesen. Aber die Restriktionen konnten nur aufgeweitet werden, nicht gebrochen. Mercury hatte nicht die Chance, Wostok in der Aufenthaltsdauer im Weltall zu überbieten, weshalb man nach MA-9 auch weitere Flüge strich. Zudem gab es bei fast jeder Mission, auch den bemannten Flügen, Probleme. Ein Dauerproblem war die zu hohe Kabinentemperatur und das unzuverlässige System zur automatischen Ausrichtung der Kapsel. Heute würde man, wenn so etwas auftritt, das ganze System durchsehen und solange mit einem weiteren Start warten. Damals korrigierte man da nach, wo man einen Fehler fand, bis sich ein neuer manifestierte.

Derzeit läuft das CCdev Programm. Es wurde im Dezember 2009 ins Leben gerufen. Der erste bemannte Flug sollte 2015 erfolgen. Beim Schreiben des Buchs wird als wahrscheinlichster Termin Frühjahr 2019 angesehen – eine Verzögerung von mehr als drei Jahren bei einer Projektlaufzeit von neun Jahren. Mercury war dagegen in viereinhalb Jahren mit allen Missionen „abgewickelt". In der Zeit fanden nicht weniger als 22 Starts statt, bis zu elf pro Jahr. Eine so hohe Startfrequenz wurde nie wieder bei einem bemannten Programm erreicht.

Die vielen Tests waren der Tatsache geschuldet, dass man Neuland betrat und vieles erst testen wollte. Der Fluchtturm machte bei den Little Joe Tests keine gute Figur, drei Tests mussten wiederholt werden, dreimal startete er sogar von alleine. Auch die Atlas machte Probleme. Sie alleine verzögerte das Programm um ein Jahr, weil nach dem Verlust von MA-1 und MA-3 jeweils zeitintensiv nachgebessert werden musste. Ihre Zuverlässigkeit blieb während des ganzen Programms ein Risiko. So ist auch zu erklären, dass nicht weniger als 20 echte Kapseln plus etliche Mockups gebaut wurden, von denen nur 15 benötigt wurden (hätte man – wie geplant je sechs orbitale und suborbitale Flüge durchgeführt, so hätten diese 20 Kapseln, durch die Wiederholung von Starts, nicht einmal ausgereicht).

Bei Mercury betrat man in vielen Bereichen Neuland. Es war eben das erste bemannte Projekt. Die für die bemannte Raumfahrt wichtigste Erkenntnis war, dass Menschen aktiv ein Raumschiff steuern können und die Makel und Fehlfunktionen der automatischen Systeme ausgleichen können. Diese Systeme waren bei dem damaligen Stand der Technik primitiv und fehlerhaft. Heute ist dem nicht mehr so. Die beiden Vehikel des CCDev Programms werden primär vom Computer gesteuert, auch während missionskritischer Manöver wie der Ankopplung an die ISS. Der Mensch ist nur noch Backup.

Erstaunlich ist trotzdem, dass Mercury so viel schneller durchgeführt werden konnte als CCDev. Das ist zum einen etlichen bürokratischen Vorschriften geschuldet, zum anderen hat das CCDev-Programm auch nie die Finanzierung erhalten, die es benötigte. Geld spielte beim Mercuryprogramm auch eine Rolle, aber trotz zusätzlicher Flüge und Verzögerungen kostete es mit 400,5 Millionen Dollar nur wenig mehr als die geplanten 344 Millionen Dollar. Das entspricht 3,3 Milliarden Dollar im Wert von 2017. CCdev kostet, obwohl es dreimal länger dauert, bisher 8,3 Milliarden Dollar. Allerdings baut man, obwohl es maximal vier Starts pro Jahr geben wird, zwei Vehikel. Es sind nur wenige Testflüge geplant. Gemessen an der Zahl der gebauten Kapseln und der Flüge war Mercury ein billiges Programm. Ein Flug kostete, was die Hardware anging, rund 11,3 Millionen Dollar, 5,5 Millionen für das Raumschiff, 5,7 Millionen für die Atlas. Dazu kamen noch die Operationskosten, die heute viel geringer wären. Eine Bergungsflotte gibt es heute nicht mehr und Bodenstationen sind durch geostationäre Satelliten ersetzt worden. Zusammen waren dies 17,9 Millionen Dollar bei MA.9. Erstaunlicherweise ist damit eine Mercurymission nicht viel teurer als ein Flug mit der Starliner und Dragon. Inflationsbereinigt sind dies heute 93,7 Millionen Dollar (ohne Bergungsoperationen). Die NASA zahlt Boeing und SpaceX für je zwei Flüge mit vier Astronauten jeweils 600 Millionen Dollar, also 75 Millionen Dollar pro Astronaut.

Die NASA kann heute auf 60 Jahre Entwicklung bei bemannten Raumfahrzeugen und die Erfahrung mehrerer Generationen zurückgreifen. Trotzdem ist CCdev weder billiger noch schneller als Mercury. Mehr noch: Bildet man den Quotienten Masse des Raumschiffs / Astronaut, so ist das Mercuryprogramm mit rund 1.300 kg pro Astronaut besser als jedes andere Raumschiff, auch die aktuellen Raumschiffe Dragon 2 und Starliner, obwohl diese mehr Passagiere transportieren können und bei Kapseln das Innenvolumen (wesentlich für die Zahl der Personen, die transportiert werden) in der dritten Potenz zum Durchmesser ansteigt, die Außenfläche, wichtig für das Gewicht, aber nur in der zweiten Potenz.

Innerhalb der NASA ist bis heute Mercury das Programm mit der schnellsten Umsetzung von der Genehmigung bis zum letzten Start. Es ist nach Apollo das Programm, das den Budgetrahmen am wenigsten überschritt. Es war aber auch ein Programm in einer anderen Zeit, mit einem Wettlauf, wer der Erste im All ist. Man ging damals große Risiken ein. Das begann bei den Trägerraketen. Wernher von Braun wurde kritisiert, weil er nach MR-2 einen weiteren Test haben wollte, weil bis dahin die Redstone „nur" eine Zuverlässigkeit von 1:50 für einen LOC hatte („nur", weil die Atlas bis zum Programmende nicht einmal diesen Wert erreichte). Vielen Verantwortlichen, darunter namentlich Robert Gilruth und Christopher Kraft, war ein Vorziehen von MR-3 wichtiger als eine sichere Rakete.

Heute strebt die NASA ein LOC-Risiko von 1:270 an und die Mindestanforderung ist 1:150. Auch das Mercuryraumschiff war nicht ohne Probleme. Selbst beim letzten unbemannten Flug MA-5 überhitzten Kabine / elektrisches Equipment und der Treibstoffvorrat wurde vorzeitig verbraucht. Beides kam mehrmals vorher vor, war also ein ungelöstes Problem. Die zu hohe Kabinentemperatur blieb sogar ein Dauerproblem bei den Missionen. Heute würde man keinen bemannten Start durchführen, wenn es solch gravierende Probleme mit dem Raumschiff gibt.

Auch die Astronauten haben heute einen anderen Status. Stars sind sie heute nicht mehr, weil es zu viele von ihnen gibt, außer vielleicht ein Land hat nur einen. Der Rummel um „AstroAlex" vermittelt einen Hauch um den Hype, den damals die Astronauten auslösten. Heute ist bei NASA und ESA die technisch-wissenschaftliche Qualifikation wichtiger als die physische Kondition, die das Hauptkriterium bei den Mercury Seven war. Lediglich Russland hat heute noch hohe Anforderungen an die Physis. Eine Kandidatin, die 2018 bei der Kosmonautenselektion in der Zweiten von vier Runden durchfiel, wurde gesagt, ihre Gesundheit wäre mehr als auseichend für einen Astronautenjob bei der NASA, aber nicht gut genug, um Kosmonaut zu werden.

Obwohl die Astronauten heute wesentlich mehr können müssen und komplexere Systeme bedienen müssen als die Mercury-Seven, ist der Einfluss von Astronauten seitdem stetig gesunken. Starliner und Dragon 2 werden erstmals komplett vom Computer gesteuert werden. Im Prinzip sind sie das, was man bei Mercury anstrebte, aber mit dem technischen Stand der Zeit nicht erreichte – automatisch arbeitende Raumschiffe.

Quellen

NASA SP-2008-4407: Exploring the Unknkown Volume VII Human Spaceflight: Projects Mercury, Gemini, and Apollo.
https://history.nasa.gov/SP-4407vol7.pdf

NASA SP-4001 Project Mercury, A Chronology
https://history.nasa.gov/SP-4001/cover.htm

NASA SP-4003: Space Medicine In Project Mercury
https://history.nasa.gov/SP-4003/cover.htm

NASA SP-4201: This New Ocean: A History of Project Mercury
https://history.nasa.gov/SP-4201/cover.htm

Mercury Little Joe & Beach Abort Tests
https://www.raumfahrtkalender.de/features/mercury-little-joe-beach-abort-tests

Performance Characteristics of the Litte Joe Launch Vehicle
https://ntrs.nasa.gov/archive/nasa/casi.ntrs.nasa.gov/19670022649.pdf

Flight Test of a Little Joe boosted full-scale Spacecraft Model and Escape System for Project Mercury
https://ntrs.nasa.gov/archive/nasa/casi.ntrs.nasa.gov/19670022650.pdf

The Mercury-Redstone Programm
https://ntrs.nasa.gov/archive/nasa/casi.ntrs.nasa.gov/20150018552.pdf

U.S. Spacesuit Development and Qualification for Project Mercury
https://www.jsc.nasa.gov/history/spacesuits/presentations/
McBarron_Spacesuit_Mercury.pdf

Flight Summary Report Series Atlas D Missles:
http://www.dtic.mil/dtic/tr/fulltext/u2/833337.pdf

Mercury rising: contractor proposals for the Mercury spacecraft
http://www.thespacereview.com/article/586/1

NASA SP-45: Mercury Project Summary including Results of the fourth manned orbital Spaceflight
http://hdl.handle.net/2060/19630012071

The Triumph of Astronaut L. Gordon Cooper jr and Faith 7:
http://hdl.handle.net/2060/19630008975

Read you loud and Clear – History of NASAs Network
https://ntrs.nasa.gov/archive/nasa/casi.ntrs.nasa.gov/20080020389.pdf

Project Mercury Familiarization Manual:
https://www.scottcarpenter.com/Project%20Mercury%20Familiarization%20Manual.pdf

Summary Results of the First United States Manned Orbital Space Flight
http://hdl.handle.net/2060/19620007576

Results of the Second United States Manned Orbital Space Flight May 24, 1962
http://hdl.handle.net/2060/19620004691

Results of the Third United States Manned Orbital Space Flight, October 3, 1962
http://hdl.handle.net/2060/19630002114

Results of the Second U.S. Manned Suborbital Space Flight, July 21, 1961
http://hdl.handle.net/2060/19640056774

Results of the First US Manned Orbital Space Flight
http://hdl.handle.net/2060/19930074071

A.F. Marfeld: Das Buch der Astronautik, 1-te Auflage 1963, Safari Verlag München

Abkürzungen

A-4: Aggregat 4. Erste Großrakete der Welt. Erfolgreicher Erstflug am 3.10.1942.

ALFA: Air Lubricated Free Attitude. Ein Trainer, der den Piloten frei im Raum bewegen kann. In ihm übten die Astronauten, die Bewegung des Raumschiffs zu kontrollieren.

ABMA: Army Ballastic Missle Agency. Abteilung der US-Army für Raketen. Wurde 1960 durch Präsidentenbeschluss aufgelöst und ging in der NASA auf.

ASIS: **A**utomatic **I**nflight **A**bort sensing **S**ystem: System zur Überwachung von wichtigen Parametern der Trägerrakete und Auslösung des Fluchtturms bei einem drohenden Versagen der Trägerrakete.

CCAF: Cape Canaveral Air Force Station. US-Luftwaffenbasis in Florida von der aus die Mercury Starts stattfanden.

CCDev: Commercial Crew Development. NASA Programm, zum Transport der Astronauten zur ISS mit kommerziell entwickelten Vehikeln.

DoD: Department of Defence: US-Verteidigungsministerium.

EKG: Elektrokardiogramm. Die Aufzeichnung der Summe der elektrischen Aktivitäten aller Herzmuskelfasern mittels eines Elektrokardiografen.

FIDO: Flight Dynamics Officer: Der für die Bahnüberwachung verantwortliche Kontrolleur im MCC.

IBM: International Business Machines. Hersteller der Computer an den Radarstationen (IBM 709) und in Langley (IBM 7090).

ICBM: Intercontinental Ballistic Missle: Interkontinentalrakete (Reichweite über 5.000 km)

ISS: International Space Station. Von der NASA, Roskosmos, ESA und JAXA seit 1998 betriebene Raumstation.

LED: light-emitting Diode. Halbleiterdiode, die beim unter Stromsetzen Licht einer bestimmten Farbe abgibt.

LEO: Low Earth Orbit. Erdnahe Umlaufbahn unterhalb 1.000 km Höhe.

LOC: Loss of Crew: Verlust der Besatzung bei einer bemannten Mission. So vorgekommen bei Sojus 1, Sojus 11, STS-51L und STS-107.

LOM: Loss of Mission: Mission kann nicht oder nur teilweise erfüllt werden, die Besatzung aber wird gerettet. So vorgekommen bei Gemini 8, Apollo 13, Sojus 18A, STS-2, Sojus 33, Sojus T10, Sojus MS-10.

LOX: Liquid Oxygen. Flüssiger Sauerstoff. War der Oxydator bei den Trägerraketen Atlas und Redstone.

LR: Liquid Rocket Engine: Abkürzung für die Triebwerke für flüssige Treibstoffe von Rocketdyne.

MASTIF: Multiple Axis Space Test Inertia Facility. Ein Trainer mit drei ineinander verschachtelten Käfigen die den Piloten im zentralen Käfig in allen drei Achsen mit bis zu 50 U/Min gleichzeitig rotieren lassen konnte.

MCC: Mercury Control Centre. Am CCAF angesiedeltes Missionskontrollzentrum für die Mercurymissionen.

MISS: Man in Space Soonest: Vorgängervorhaben der Air Force im Jahr 1958 für ein bemanntes Weltraumprogramm. Wurde zugunsten Mercury eingestellt.

MRLV: Mercury Redstone Launch Vehicle. Abkürzung für die Redstone-Mittelstreckenrakete im Mercuryprojekt.

MSFC: Marshall Space Flight Center. Nachfolger des militärischen ABMA. Wurde am 8.9.1960 in die NASA eingegliedert. Erster Leiter war Wernher von Braun. Am MFSC wurden die Saturn Trägerraketen und die Antriebe des Space Shuttles entwickelt. Bis heute ist es für Antriebstechnologien bei der NASA verantwortlich.

NACA: National Advisory Committee for Aeronautics. Vorgängerorganisation der NASA. Ging am 1.10.1958 in der NASA auf.

NASA: National Aeronautic and Space Administration. Am 29.7.1958 gegründete zivile Weltraumbehörde der USA.

PAO: Public Affairs Officer: Luftwaffenoffizier bei der NASA, der für die Öffentlichkeitsarbeit (Medien) zuständig ist. Bei Mercury John A. Powers.

RFP: Request for Proposals. Ausschreibung für ein Projekt in den USA.

RSO: Range Safety Officer. Luftwaffenoffizier, der verantwortlich für die Zerstörung einer Rakete ist, wenn sie Leben bedroht.

SARAH: Search And Rescue And Homing. Peilsignal mit Pulsen zur Ortung. War Bestandteil der Rettungsausrüstung und wurde auch als eigener Sender bei einigen Missionen mitgeführt.

SAMOS: Satellite and Missile Observation System – kurzlebiges militärisches Projekt zur fotografischen Fernerkundung.

SCORE: Signal Communications by Orbiting Relay Equipment. Experiment zur Nutzung eines Satelliten zum Übertragen von Daten, wurde am 18.12.58 gestartet.

SLV: Standard Launch Vehikle. Abkürzung für die standardisierten Versionen von Scout, Atlas, Thor und Titan für Air Force und NASA Missionen.

SOFAR: Sound Fixing And Ranging. Unterwasserbombe, deren Schallwellen noch in großer Entfernung ortbar sind.

STG: Space Task Group: Bezeichnung für die Entwicklungsmannschaft des Mercuryprojektes.

STS: Space Transport System. Offizielle Bezeichnung für das Space Shuttle.

TAGIU: Tracking And Ground Instrumentation Unit. Bezeichnung für das Netzwerk aus Empfangs- und Sendestationen für das Mercuryprojekt.

UdSSR: Union der sozialistischen Sowjetrepubliken. Von 1917 bis 1991 bestehender kommunistischer Staatsverbund.

USA: United States of Amerika = Vereinigte Staaten von Amerika.

USAF: United States Air Force. Die Luftwaffe der Vereinigten Staaten von Amerika.

V-2: Vergeltungswaffe 2. Propagandabezeichnung von Joseph Göbbels für die Rakete Aggregat 4 (A-4).

VAFB: Vandenberg Air Force Station. US-Luftwaffenstützpunkt in Kalifornien und zweitwichtigster Weltraumbahnhof der USA nach dem CCAF.

XLR: Experimental Liquid Rocket Engine: Abkürzung für die experimentellen Triebwerke für flüssige Treibstoffe von Rocketdyne. Das „X" wird bei den Serienversionen dann gestrichen.

Literatur

Die folgenden Bücher behandeln das Mercuryprogramm und sind eine sinnvolle Ergänzung:

Chris Kraft: Flight, My Life in Mission Control, ISBN 0-525-94571-7

Die Autobiografie von Chris Kraft, Mitglied der ersten 36 der Space Task Group liefert viele Einsichten, wie hinter den Kulissen die Missionsplanung verlief und welche „Schlachten" es zu schlagen gab. Chris Kraft rückte in der Hierarchie auf bis zum Leiter des Lyndon B. Johnsons Zentrums in Houston. Mercury macht etwa ein Drittel des Buches aus. Es ist sehr lesenswert, weil Chris Kraft von Anfang an dabei war, während viele andere Bücher erst mit den bemannten Missionen beginnen.

Das Buch ist aber sehr persönlich geschrieben, mit zahlreichen Kraftausdrücken. Kraft macht auch keinen Hehl aus seiner Sympathie (Deke Slayton, Bob Gilruth) oder Antipathie (Scott Carpenter und alle Peenemünder – weil für sie die Raketenforschung wichtiger war, als für welches Land sie arbeiten).

Gene Kranz: Failure is not an Option, Mission Control from Mercury to Apollo 13 and Beyond, ISBN 0-7432-0079-9

Auch Gene Kranz ist den Eingeweihten kein Unbekannter. Er kam 1960 zur NASA und stieg während der Apollo-Zeiten zum Flugdirektor auf. Das Buch hat daher den Fokus auf dem Gemini- und Apolloprogramm, doch man findet auch Details zum Mercuryprogramm, dort vor allem aus der Perspektive eines (damals) „kleinen" Ingenieurs. Chris Kraft war damals schon in leitender Position. Das ergänzt das Buch von Kraft recht gut. Kranz schreibt sachlicher als Kraft, das tut dem Buch gut.

Das Astronautenbuch. Sieben amerikanische Weltraumfahrer berichten. ASIN: B0000BP65K

Nach der MA-7 Mission erschien dieses Buch über die Astronauten, geschrieben von den Mercury Seven selbst. Jeder Astronaut schrieb ein Kapitel, wobei sich Dinge oft wiederholen, so der Ratschlag, seine Handkraft mit einem Plastikgriff zu stärken, indem man immer wieder drückt oder ein besonderer Test in der Lovelace Klinik, der für alle ziemlich stressig war. Man erfährt vieles aus erster Hand. Es sind drei Teile. Zuerst beschreibt jeder Astronaut seine Biografie und wie er zum Programm kam.

Dann geht es um das Raumschiff und das Programm, auch hier beschreibt jeder Astronaut die Teile, für die er zuständig ist. Zuletzt kommen die Missionen dran. Das Buch endet mit Carpenters Flug, die beiden anderen Flüge waren zu dem Zeitpunkt der Veröffentlichung noch nicht durchgeführt.

Das Buch ist eine deutsche Übersetzung des Buches „We seven" der Astronauten aus dem Englischen. Die Sprache ist sehr einfach, wer gut englisch kann, sollte das Original wählen, zumal es besonders in den Zahlenangaben einige Fehler gibt, wo man vergessen hat, US-Einheiten umzurechnen. Die Darstellung ist allerdings geschönt. So erfährt man nichts davon, dass Shepard in seinen Raumanzug gepinkelt hat, weil das damals nicht öffentlich gemacht wurde. Auch die Beschreibungen der Astronauten untereinander sind immer nur wohlwollend positiv.

Deke Slayton: Deke! ISBN-13: 978-0312859183

Die Autobiografie von Donald Slayton ist deswegen lesenswert, weil er am längsten von allen Mercuryastronauten bei der NASA war und alle Gemini und Apollomissionen betreut hat. Was mir besonders gefallen hat, sind Einschübe mit der Bezeichnung „other Voices" wo Familienangehörige oder am Programm beteiligte ihre Meinung kundtaten, auch wenn diese von Slaytons Meinung abweicht. So schreibt Walt Williams, in welcher Klemme er war, als man die Herzschwäche bei Slayton feststellte und warum er den Ärzten folgte. Diese Einschübe machen das Buch wertvoller als eine subjektiv gefärbte Biografie. Das Buch deckt auch Gemini und Apollo ab und man erfährt, warum Slayton die Besatzungen so und nicht anders eingeteilt hat. Mercury macht wegen des verlorenen Flugstatus nur einen kleinen Teil des Buches aus.

Harro Zimmer: Das NASA Protokoll und **Der rote Orbit**: Zwei fundiert geschriebene Bücher über die wichtigsten Stationen der US-Raumfahrt und der russischen Raumfahrt. Es finden sich zahlreiche Details zu den Programmen, auch zu Mercury und Wostok. Wer nicht nur am Mercuryprogramm interessiert ist, erhält jeweils ein kompaktes und trotzdem spannendes Buch über die amerikanische bzw. russische Raumfahrt.

NASA SP-4201: „This new Ozean"

Das wohl umfassendste Werk der NASA zu dem Projekt, 683 Seiten stark. Die meisten Details zu den unbemannten Missionen stammen aus diesem Buch. Der Fokus liegt auf der Projektgeschichte. Heute im Web verfügbar:

HTML: https://history.nasa.gov/SP-4201/cover.htm
PDF: http://hdl.handle.net/2060/19670005605

NASA SP-4001: Mercury a Chronology".

Anders als die obige NASA-Publikation eine strenge Chronologie des Mercuryprogramms. Bildete die Hauptquelle für das Kapitel über die Geschichte. Heute frei verfügbar:

HTML: https://history.nasa.gov/SP-4001/cover.htm
PDF: https://ntrs.nasa.gov/search.jsp?R=19630011968

NASA SP-45: Mercury Project Summary including Results of the fourth manned orbital Spaceflight:

Erschienen nach Beendigung des Programms. Eine an das technisch vorgebildete Publikum gerichtete Publikation inklusive der Ergebnisse des Programms, auch wenn, wie der Titel schon sagt, der Fokus auf der letzten Mission liegt. Für technisch interessierte eine Fundgrube an Informationen. Online verfügbar unter:

https://ntrs.nasa.gov/archive/nasa/casi.ntrs.nasa.gov/19630012071.pdf

Project Mercury Familiarization Manual:

Das technische Handbuch von McDonnell für die Kapsel. Heute als PDF verfügbar:

https://www.scottcarpenter.com/Project%20Mercury%20Familiarization%20Manual.pdf

Wer es ganz genau mag: Es gibt von dem Handbuch mehrere Editionen, die auch die Evolution der Kapsel widerspiegeln. Es sind mir mindestens vier vom Dezember 1959 (https://archive.org/details/nasa_techdoc_19790077942), Dezember 1961, Mai 1962 (https://de.scribd.com/document/43404287/Project-Mercury-Familiarization-Manual-1-May-1962) und Dezember 1962 (obiger Link) bekannt. Dieses Manual bildete die Grundlage für das Kapitel über die Kapsel.

The Mercury-Redstone Project

Eine Zusammenfassung des Einsatzes der Redstone im Mercuryprojekt, inklusive ihrer Subsysteme und der Änderungen. Online verfügbar unter:

http://hdl.handle.net/2060/19670028606

Bernd Leitenberger: Das Geminiprogramm ISBN: 9783735762405

Wenn ihnen dieses Buch gefallen hat, dann ist dies die ideale Anschlusslektüre. Der Aufbau ist der gleiche wie bei diesem Buch. Sie erfahren viel über das Raumschiff, die Trägerraketen, das Bodensegment, die Astronauten und Missionen. Es ist aber insgesamt kompakter und kürzer geschrieben. Es gibt weniger über die Missionen und Astronauten zu lesen, dafür noch ein Kapitel über die Pläne des Militärs für militärische Geminiflüge und die militärische Raumstation MOL.

Packungshinweis

Dieser Hinweis soll sie über die richtige Dosierung des Buches sowie seiner Risiken und Nebenwirkungen aufklären.

Was ist „Das Mercuryprogramm" und wofür wird es verwendet?

„Das Mercuryprogramm" ist ein Raumfahrtsachbuch mit Wissen jenseits der Wikipedia. Dieses Buch dient der Behandlung des **R**aumfahrt**w**issens-Defizit-**S**yndroms (RWS) und des **R**aumfahrt**w**issens-**D**emenz-**S**yndroms (RDS). Das RWS äußert sich darin, sich mangels Kenntnissen in Fachdiskussionen über Raumfahrt nicht beteiligen zu können und das RDS darin, dass man wichtige Raumfahrt-Fakten vergisst und eine Suchmaschine oder Wikipedia aufsuchen muss.

Wie wird „Das Mercuryprogramm" angewandt?

Dieses Buch kann sequenziell oder kapitelweise durchgelesen werden. Die Dosierung kann selbst festgelegt werden. Es wird empfohlen, ein- bis maximal dreimal pro Tag einen Abschnitt zu lesen. Allerdings nicht mehr als zehn Seiten am Stück. Nach jeweils zehn Seiten sollten sie eine Pause von mindestens einer Stunde Dauer einlegen. Studien zeigten, dass die Information von „Das Mercuryprogramm" besonders gut ins Gedächtnis übergeht, wenn man nach dem Lesen Ausdauersport betreibt. Das Lesen im Bett (vor dem Schlafen) sollte vermieden werden. Dabei wird nur ein Bruchteil des Inhalts memoriert.

Sie können mit dem Lesen aussetzen, wenn dies jedoch länger als eine Woche dauert, so sollten sie beim Kapitelanfang neu beginnen und bei mehr als einem Monat sollten sie das Buch neu vom Anfang an aus lesen.

„Das Mercuryprogramm" kommt ohne Therapieplan aus, sie können es also mit selbst gesetztem zeitlichen Abstand lesen und mitten im Buch anfangen. Für eine wirksame Therapie sowohl des RDS wie auch RWS wird empfohlen, jeweils ein Kapitel vollständig durchzulesen, bevor man das nächste angeht.

Bei sporadischem Lesen sind **Lesezeichen** eine natürliche und nebenwirkungsfreie Unterstützungsmaßnahme, um sich die Position zu merken, bei der man beim letzten Mal mit dem Lesen stehen geblieben ist.

Für die Intensivtherapie hat sich der Einsatz von **Textmarkern** bewährt. Zu beachten ist, dass diese unter Umständen auch auf der Rückseite einer Seite sichtbare Spuren hinterlassen. Für die schnelle Suche nach speziellen Informationen empfiehlt sich die Anschaffung der elektronischen Ausgabe dieses Buches. Bei der Verwendung von elektronischen Geräten zum Lesen ist auf ausreichende Helligkeit und Kontrast zu achten.

Zur Steigerung der Aufnahme der Information wurden in das Buch zahlreiche Grammatik- und Rechtschreibfehler eingebaut, da diese den Leser dazu bringen, Sätze mehrmals zu lesen und er sie so besser im Gedächtnis behält. Weiterhin wurden wichtige Fakten in verschiedenen Kapiteln des Buches wiederholt, damit sie mehrmals gelesen und besser aufgenommen werden.

Sie können und sollten das Buch mehrmals lesen, sollten aber dazwischen mindestens einen Monat Abstand einhalten.

Intensive Studien ergaben, dass der Kauf und das Durchlesen mehrerer Exemplare einer Auflage des Mercuryprogramms keine Steigerung der Wirkung erbrachten, aber auch keinerlei negative Auswirkungen mit sich brachten. Dagegen vergrößerten sich die Aufnahmefähigkeit und die Aufmerksamkeit beim Lesen zweier verschiedener Auflagen des Mercuryprogramms deutlich.

Für eine **Intensivtherapie** folgen sie jedem Seitenverweis (S. XXX), lesen sich das dortige Unterkapitel durch und kehren dann zu der Seite zurück, auf der sie den Verweis fanden. Diese Vorgehensweise erfordert aber deutlich mehr Zeit als das lineare Durchlesen des Buchs.

Welche Nebenwirkungen sind möglich?

„Das Mercuryprogramm" ist ein weitestgehend risikoarmes Buch. Folgende Nebenwirkungen wurden beobachtet:

Häufig: Schmerzen in den Armen: Dies wird oft durch eine falsche Lesehaltung verursacht. Legen Sie das Buch auf einen Tisch, anstatt es frei zu halten.

Häufig: Nackenschmerzen: Dies wird verursacht, wenn das Buch zwar auf dem Tisch befindet, ihre Sitzgelegenheit aber zu hoch ist oder der Tisch zu niedrig, sodass sie sich zum Lesen nach vorne neigen müssen. Passen Sie Tischhöhe und Sitz aufeinander an.

Selten: brennende Augen: Dies kommt beim Lesen unter schlechtem Licht, z. B. nachts im Bett, vor. Lesen Sie bei ausreichender Beleuchtung und lesen sie nicht mehr als zehn Seiten am Stück. Sie sollten das Lesen in sich bewegenden Verkehrsmitteln wie Busse, Züge oder Flugzeugen vermeiden. Das gilt besonders, wenn sie der Fahrer des Verkehrsmittels sind.

Selten: allergische Reaktionen. Diese kommen vornehmlich bei Liebhabern der deutschen Sprache sowie Deutschlehrern und Germanisten vor. Diese sollten das Buch konsequent meiden, allerdings sind diese mangels Interesse an der Raumfahrt auch meist nicht vom RWS und RDS betroffen.

Selten: Es wurde die Abhängigkeit (Sucht) nach weiteren Raumfahrtbüchern, insbesondere Büchern des Autors beobachtet (Raumfahrtsuchtsymptom). An Raumfahrtsuchtsymptom Erkrankte müssen dieses Buch strengstens meiden.

Sehr selten: Kopfschmerzen. Kommen oft vor, wenn ihr Partner sich vernachlässigt fühlt und das Buch nach ihnen wirft. Lesen Sie weniger, verbringen Sie mehr Zeit mit dem Partner und reden Sie dabei nicht über das Mercuryprogramm.

Nebenwirkungen und Wechselwirkungen mit anderen Informationsquellen, wie Büchern oder Filme.

„Das Mercuryprogramm" kann die Wirkung anderer Informationsquellen verstärken. Dazu gehören insbesondere die bei den Literaturhinweisen und den Quellenangaben genannten Bücher, aber auch andere Büchern des Autors. Dies gilt besonders für das Buch „Das Geminiprogramm" und in geringem Maße auch noch für das Buch „Die ISS". Damit kann das RWS noch stärker bekämpft werden und dem RDS entgegengewirkt werden.

Die aufgenommene Information kann zu allergischen Reaktionen, Ablehnung und Desinteresse bei anderen Medien führen. Das betrifft vor allem Fernsehproduktionen und -Dokumentationen der Sender N24, Pro7, RTL und SAT1. Durch das verringerte RWS wird der Leser in diesen „Dokumentationen" zahlreiche Fehler entdecken, die das Sehvergnügen deutlich senken. Dasselbe gilt für die Bücher bestimmter Autoren und deutschsprachige Wikipediaeinträge. Zu Vermeidung der negativen Wechselwirkungen müssen diese Quellen konsequent gemieden werden.

„Das Mercuryprogramm" hat nach internationalen Einstufungen des Informationsgehalts einen Index von 7,2 auf der Informationsdichteskala. Vereinzelt wurden heftige Reaktionen beobachtet, wenn nach dem Konsum dieses Buches Medien mit einem Index von kleiner 5 konsumierte wurden. Diesen weisen viele Raumfahrtbücher, die sich an das Allgemeinpublikum wenden und alle Fernsehproduktionen auf. Oft kommt bei Büchern mit geringer Informationsdichte die Abneigung gegen das „Schnell-Zusammengerotzt-Syndrom" auf. Typische Symptome sind: Enttäuschung, Ärger über den Kauf, Leseweigerung.

Bei Fernsehformaten kann das Mercuryprogramm die „Wiederholt alles mehrfach und ist schlecht übersetzt"-Krankheit verstärken. Typische Symptome sind unwillkürliche Zappneigung, Langweile, spontanes Einschlafen. Da diese beiden Krankheiten als unheilbar gelten und mit abnehmendem RWS zunehmen, hilft gegen Sie nur konsequentes Meiden der entsprechenden Medien.

Entsorgung

„Das Mercuryprogramm", besteht aus ungebleichtem, FSC-zertifiziertem Papier ohne Säurebestandteile. Es kann zum Altpapier gegeben werden. Es ist jedoch anzuraten, es einem anderen Raumfahrtfan zur Entsorgung zu schenken.

Pflichten des Käufers

Mit dem Kauf dieses Buches haben sie sich implizit zu Folgendem verpflichtet:

Wenn Sie Fehler entdecken, melden sie diese an kontakt@raumfahrtbuecher.de. Damit kann der Autor diese bei einer Folgeauflage korrigieren und die Wirkung von „Das Mercuryprogramm" noch verstärken.

Sofern sie das Buch online gekauft haben, müssen sie eine Kritik bei dem Händler über das Buch abgeben, um die Heilung anderer an RWS und RDS betroffener durch „Das Mercuryprogramm" zu ermöglichen.

Abbildung 122: Empfohlene Anschlusslektüre